Python 物联网程序设计

[美] 加斯顿 • C. 希勒 著

郑铁文 译

清华大学出版社

北 京

内 容 简 介

本书详细阐述了与 Python 物联网程序开发相关的基本解决方案，主要包括了解和设置基础物联网硬件、结合使用 Intel Galileo Gen 2 和 Python、使用 Python 实现交互式数字输出、使用 RESTful API 和脉宽调制、使用数字输入、使用模拟输入和本地存储、使用传感器从现实世界中检索数据、显示信息和执行操作、使用云、使用基于云的 IoT Analytics 服务分析海量数据等内容。此外，本书还提供了相应的示例、代码，以帮助读者进一步理解相关方案的实现过程。

本书适合作为高等院校计算机及相关专业的教材和教学参考书，也可作为相关开发人员的自学教材和参考手册。

北京市版权局著作权合同登记号 图字：01-2017-7945

图书在版编目（CIP）数据

Python 物联网程序设计 /（美）加斯顿·C. 希勒（Gaston C. Hillar）著；郑铁文译. —北京：清华大学出版社，2021.2

书名原文：Internet of Things with Python

ISBN 978-7-302-57081-3

Ⅰ. ①P… Ⅱ. ①加… ②郑… Ⅲ. ①软件工具—程序设计 Ⅳ. ①TP311.561

中国版本图书馆 CIP 数据核字（2020）第 251183 号

责任编辑： 贾小红
封面设计： 刘　超
版式设计： 文森时代
责任校对： 马军令
责任印制： 沈　露

出版发行： 清华大学出版社
　　网　　址： http://www.tup.com.cn，http://www.wqbook.com
　　地　　址： 北京清华大学学研大厦 A 座　　**邮　　编：** 100084
　　社 总 机： 010-62770175　　**邮　　购：** 010-62786544
　　投稿与读者服务： 010-62776969，c-service@tup.tsinghua.edu.cn
　　质量反馈： 010-62772015，zhiliang@tup.tsinghua.edu.cn
印 装 者： 三河市龙大印装有限公司
经　　销： 全国新华书店
开　　本： 185mm×230mm　　**印　　张：** 22　　**字　　数：** 440 千字
版　　次： 2021 年 2 月第 1 版　　**印　　次：** 2021 年 2 月第 1 次印刷
定　　价： 119.00 元

产品编号：075237-01

译 者 序

2020 年是我国新型基础设施建设（简称“新基建”）元年，这个概念和发展战略的提出并非一时之举，而是随着我国社会、经济、科技和产业的深入发展而出现的自发性需要，它暗合了国家生态化、数字化和智能化等趋势，可以为我国社会和经济的数字转型、智能升级、融合创新等提供强大的软硬件基础，也可以为科技和产业的发展、腾飞插上有力的翅膀。

新基建主要包括 5G 基站建设、特高压、城际高速铁路和城市轨道交通、新能源汽车充电桩、大数据中心、人工智能、工业互联网七大领域，涉及诸多产业链。在这些产业中，物联网是非常重要的一环。如果从“万物互联”的角度考虑，可以说新基建的所有领域都和物联网相关。本书从细微处着眼，介绍了基础物联网硬件的使用和相应的 Python 编程技术，有助于读者更好地理解物联网底层硬件、传感器、执行器、总线和显示屏等的选择和连接，制作出自己的项目，并通过 Python 编程实现相应的功能。本书是一本从软、硬件两方面提升读者对物联网认知和实践操作能力的良好读物。

本书以 Intel Galileo Gen 2 开发板为基础，介绍了其技术规格和组件，解释了不同引脚、LED 和连接器的含义，介绍了 Linux Yocto 镜像、mraa 和 wiring-x86 库、Tornado Web 服务器、MQTT 协议及其发布/订阅模型、与 MQTT 协议兼容的 PubNub 云、Mosquitto 和 Eclipse Paho 等，并通过实际项目演示了面包板、LED、光敏电阻、按钮、加速度计、温度和湿度传感器、OLED 点阵屏等的使用。每个项目均提供了详细的连接方案、电子示意图、Python 代码及其详细解释，非常有利于读者的跟随学习。

在翻译本书的过程中，为了更好地帮助读者理解和学习，本书以中英文对照的形式保留了大量的术语，这样的安排不但方便读者理解书中的代码，而且也有助于读者通过网络查找和利用相关资源。

本书由郑铁文翻译，陈凯、马宏华、唐盛、黄刚、郝艳杰、黄永强、黄进青、熊爱华等也参与了部分翻译工作。由于译者水平有限，错漏之处在所难免，在此诚挚欢迎读者提出任何意见和建议。

献给我的儿子 Kevin 和 Brandon，以及我的妻子 Vanesa

前　言

物联网（Internet of Things，IoT）正在改变我们的生活方式，它是IT行业最大的挑战之一。开发人员正在创造大量低成本设备，以收集大量数据，彼此交互并利用云服务和基于云的存储方案。世界各地的创客都在进行这种创造，它可以将日常物品转换为带有传感器和执行器的智能设备。

例如，咖啡杯已不再是一个简单的杯子，它可以向智能手表发送一条消息，指示其中的液体温度是否合适，这样你就可以放心饮用它而不必考虑是否太烫。如果你在收到消息之前移动了咖啡杯，则可穿戴设备会震动提示你现在还不到喝咖啡的时候。

你可以在智能手机中查看到咖啡机的咖啡豆余量，而不必担心购买了过多的咖啡豆：当咖啡机的咖啡豆余量不足时，咖啡机会提前一天自动下单购买。你只需要批准智能咖啡机建议的在线咖啡豆订单即可。根据某些统计算法，咖啡机将知道何时订购最为合适。

当有更多人来到办公室，他们的智能手表或智能手机将与咖啡机通信并下订单，以防出现咖啡不足的情况。我们有智能咖啡杯、智能咖啡分配器、智能手表、智能手机和可穿戴设备，所有这些都可以利用云来创建一个智能生态系统，为人们的工作和生活提供更大的便利。

Intel Galileo Gen 2主板是用于物联网项目的功能强大且用途广泛的微型计算机主板。我们可以启动Linux版本并轻松执行可以与主板上包含的不同组件进行交互的Python脚本。本书将教你开发物联网原型，从选择硬件到使用Python 2.7.3的所有必要软件包、库和工具，应有尽有。如果你需要较小的主板或其他主板，则本书中包含的所有示例均与Intel Edison主板兼容，因此，你可以根据需要切换到该主板。

Python是最流行的编程语言之一。它是开源和跨平台的，你可以使用它来开发任何类型的应用程序，从网站到极其复杂的科学计算应用程序均可。Python是开发完整的物联网项目的理想选择。本书涵盖了将日常对象转换为物联网项目所需的所有知识。

本书将告诉你如何使用Python语言从头开始设计和开发物联网解决方案。你将学会利用现有的Python知识来捕获现实世界中的数据，与物理对象进行交互，开发API，以及使用不同的物联网协议。你将通过特定的库轻松地使用底层硬件、传感器、执行器、总线和显示屏。最终，你将掌握如何通过Intel Galileo Gen 2主板开发有趣的物联网项目。

本书涵盖的内容

第 1 章“了解和设置基础物联网硬件”，主要介绍了 Intel Galileo Gen 2 主板提供的不同功能，并逐一讲解了其不同组件。本章解释了不同引脚、LED 和连接器的作用。

第 2 章“结合使用 Intel Galileo Gen 2 和 Python”，主要介绍了将 Linux Yocto 镜像写入 microSD 卡、配置主板使其引导该映像、更新库以使用其最新版本，以及启动 Python 解释器等操作。

第 3 章“使用 Python 实现交互式数字输出”，重点介绍了如何使用两个不同的库来控制 Python 中的数字输出：mraa 和 wiring-x86。我们将把 LED 和电阻器连接到面包板上，并编写代码以打开 0 至 9 个 LED。此外，本章还改进了 Python 代码以利用其面向对象功能。

第 4 章“使用 RESTful API 和脉宽调制”，介绍了使用 Tornado Web 服务器、Python、HTTPie 命令行 HTTP 客户端以及 mraa 和 wiring-x86 库。本章生成了多版本的 RESTful API，以便在连接到局域网的计算机和设备中与主板交互。

第 5 章“使用数字输入”，介绍了通过轮询读取按钮状态与使用中断之间的区别。本章将编写代码，使用户可以通过主板上的按钮或 HTTP 请求执行相同的操作。

第 6 章“使用模拟输入和本地存储”，介绍了如何使用模拟输入来测量电压值。本章使用模拟引脚以及 mraa 和 wiring-x86 库来测量电压，通过实例演示了将可变电阻转换为电压源，并使用模拟输入、光敏电阻和分压器来测量照明。当环境光线变化时，将触发动作，同时使用模拟输入和输出。

第 7 章“使用传感器从现实世界中检索数据”，介绍了使用各种传感器从现实世界中检索数据。本章利用了 upm 库中包含的模块和类，同时使用了模拟和数字传感器。

第 8 章“显示信息和执行操作”，介绍了通过 I^2C 总线连接到开发板的不同显示。本章先是使用带 RGB 背光的 LCD 显示屏制作示例，然后又替换使用了 OLED 点阵屏。此外，本章还编写了与模拟伺服电机交互的代码。

第 9 章“使用云”，介绍了如何结合基于云的服务，这些服务使开发人员能够轻松发布从传感器收集的数据，并在基于 Web 的仪表板上可视化它们。本章使用了 MQTT 协议及其发布/订阅模型、与 MQTT 协议底层的 PubNub 云、Mosquitto 和 Eclipse Paho 等。

第 10 章“使用基于云的 IoT Analytics 服务分析海量数据”，阐释了物联网和大数据之间的紧密关系，并介绍了如何使用 Intel IoT Analytics REST API 进行交互。本章还介绍了 IoT Analytics 提供的用于分析大数据的不同选项，并定义了触发警报的规则。

充分利用本书

为了使用不同工具连接到Intel Galileo Gen 2主板并实现Python示例，你需要配置有Intel Core i3或更高CPU和至少4 GB RAM的计算机。此外，你可以使用以下任何操作系统：

- ❑ Windows 7或更高版本（Windows 8、Windows 8.1或Windows 10）。
- ❑ Mac OS X Mountain Lion或更高版本。
- ❑ 任何能够运行Python 2.7.x的Linux版本。
- ❑ 任何具有JavaScript支持的现代浏览器。

你还需要一块Intel Galileo Gen 2主板和一个面包板，面包板要求带有830个连接点（用于连接的孔）和两条电源轨。

此外，你还需要不同的电子元器件和分线板来制作本书包含的示例。本书在具体的章节中提供了对这些元器件和分线板的详细介绍。

本书适合的读者

本书非常适合想探索Python生态系统中的工具以构建自己的物联网项目的Python程序开发人员。具有创作和设计背景的人们也会发现这本书的有用之处。

本书约定

在本书中，你将看到许多不同的文本样式。以下是这些样式的一些示例以及对其含义的解释。

（1）在界面词汇后面使用括号附加对应的中文含义，方便读者对照查看。以下段落就是一个示例：

> 初始视图将显示Details（详细信息）选项卡。如果Activation Code（激活码）包含代码已过期（Code Expired）字样，则意味着激活码不再有效，必须单击Activation Code（激活码）文本框右侧的刷新图标（第二个带有两个箭头的图标）。

（2）代码块显示如下：

```
if __name__ == "__main__":
    print ("Mraa library version: {0}".format(mraa.getVersion()))
    print ("Mraa detected platform name: {0}".format(mraa.
getPlatformName()))

    number_in_leds = NumberInLeds()
    # 从 0 到 9 计数
    for i in range(0, 10):
        number_in_leds.print_number(i)
        time.sleep(3)
```

（3）当我们希望引起你对代码块特定部分的注意时，相关的行或项目将以粗体显示：

```
class NumberInLeds:
    def __init__(self):
        self.leds = []
        for i in range(9, 0, -1):
            led = Led(i, 10 - i)
            self.leds.append(led)

    def print_number(self, number):
        print("==== Turning on {0} LEDs ====".format(number))
        for j in range(0, number):
            self.leds[j].turn_on()
        for k in range(number, 9):
            self.leds[k].turn_off()
```

（4）新术语和重要单词以中英文对照的形式表示，中文在前：

```
我们可以轻松识别出主板上出现的许多标签，它们是符号中每个连接器的标签。Fritzing 使我们可以轻松使用面包板（Breadboard）和电子示意图。
```

图标旁边的文字表示警告或重要的信息。

图标旁边的文字表示提示或技巧。

下载示例代码文件

读者可以从 www.packtpub.com 下载本书的示例代码文件。具体步骤如下：

（1）登录或注册 www.packtpub.com。

（2）选择 Support（支持）选项卡。

（3）单击 Code Downloads & Errata（代码下载和勘误表）。

（4）在 Search（搜索）框中输入图书名称 Internet of Things with Python，然后按照界面上的说明进行操作。

下载文件后，请确保使用最新版本解压缩或解压缩文件夹：

- WinRAR/7-Zip（Windows 系统）。
- Zipeg/iZip/UnRarX（Mac 系统）。
- 7-Zip/PeaZip（Linux 系统）。

该书的代码包也已经在 GitHub 上托管，网址如下，欢迎访问：

https://github.com/PacktPublishing/Internet-of-Things-with-Python

如果代码有更新，也会在现有 GitHub 存储库上更新。

下载彩色图像

本书还提供了一个 PDF 文件，其中包含书中屏幕截图/图表的彩色图像，可以通过以下地址下载：

https://www.packtpub.com/sites/default/files/downloads/InternetofThingswithPython_ColorImages.pdf

关于作者

Gastón C. Hillar 是意大利人，从 8 岁开始就学习计算机。20 世纪 80 年代初，他开始使用传奇的 Texas TI-99/4A 和 Commodore 64 家用计算机进行编程。他拥有计算机科学学士学位（以优异的成绩毕业）和 MBA 学位（以出色的论文毕业）。目前，Gastón 是一名独立的 IT 顾问和自由作家，他一直在全球范围内寻找新的机会。

他一直是 *Dr. Dobb's Journal* 电子杂志的资深特约编辑，并撰写了一百多篇有关软件开发主题的文章。Gastón 还是技术计算方面的微软 MVP。他 7 次获得享有盛誉的 Intel ® Black Belt Software Developer 奖。

他是 Intel® Software Network（http://software.intel.com）的特邀博主。他的电子邮箱是 gastonhillar@hotmail.com，博客是 http://csharpmulticore.blogspot.com。

他与妻子 Vanesa 和两个儿子 Kevin 和 Brandon 住在一起。

致谢

在撰写本书时，我很幸运地能与 Packt Publishing Ltd 的优秀团队一起工作，他们的贡献极大地改善了本书的呈现方式。Reshma Raman 给了我机会，我提出了编写本书的想法，然后我就投入了一个激动人心的项目，教授如何将电子组件、传感器、执行器、Intel Galileo Gen 2 主板和 Python 组合在一起，以创建令人兴奋的物联网项目。Divij Kotian 帮助我完善了对本书的构想，并针对文本、格式和流程提供了许多聪明的建议。在此还要感谢技术审核人员和校对人员的全面审核和有见地的评论。这本书之所以成为可能，正是因为他们提供了宝贵的反馈意见。

特别要感谢我的父亲 José C. Hillar，他在很早时就向我介绍电子产品。我在晶体管、电阻器和烙铁的陪伴中长大。他对电子组件、微控制器和微处理器的发展有着清晰的认知和理解，这也使我得以熟悉和了解构建物联网项目所需的一切。他还和我一起测试了本书中包含的所有示例项目。

与英特尔开发人员社区的众多专家的良好互动使我熟悉了 Intel Galileo 平台，多年以来对英特尔开发者论坛的访问也使我了解了开发人员要成功创建现代物联网项目必须掌握的所有内容。特别感谢 Kathy Farrel 和 Aaron Tersteeg，因为正是在加利福尼亚州旧金山与他们的多次交流，启发了我撰写本书的想法。

写书的过程既漫长又寂寞，好在有我的儿子 Kevin 和 Brandon 以及侄子 Nicolas 陪着我一起踢足球消遣。虽然我从来没赢过一场比赛，但是我确实有进球。

关于审稿者

Navin Bhaskar 在嵌入式系统方面拥有 4 年以上的经验，编写了从设备驱动程序到智能卡固件在内的众多代码。他的“嵌入式系统可重构计算”项目在嵌入设计挑战赛中获得了杰出优胜奖。在 OpenWorld 竞赛中，他的 EvoMouse 赢得了三等奖。

他的博客是 https://navinbhaskar.wordpress.com/，在其中可以找到有关物联网和相关主题的教程。

目　　录

第 1 章　了解和设置基础物联网硬件

本章将使用 Python 和 Intel Galileo Gen 2 主板引领你步入物联网（Internet of Things，IoT）的旅程。

本章将介绍 Intel Galileo Gen 2 主板中包含的功能。

本章包含以下主题：

- ❑ 了解 Intel Galileo Gen 2 主板及其组件。
- ❑ 识别输入/输出和 Arduino 1.0 引脚。
- ❑ 了解其他扩展和连接功能。
- ❑ 了解主板上的按钮和 LED。
- ❑ 检查并升级主板的固件。

1.1　了解 Intel Galileo Gen 2 主板及其组件

每天都有无数人盼望轻松地将自己的想法变为现实。抛开“九天揽月，手摘星辰”之类的空想不谈，作为一个物联网领域的科技达人，我们的想法都是非常低调、有意义而且完全有可能变成现实的，例如：

- ❑ 在开心拍手时屏幕上同步显示“生日快乐”的消息。
- ❑ 从现实世界中收集大量的数据。
- ❑ 创建可穿戴设备，以跟踪记录一天内的所有活动。
- ❑ 使用数据来执行操作并与现实世界的元素进行交互。
- ❑ 使用我们的移动设备来控制机器人。
- ❑ 基于从温度传感器检索到的数据来判断天气是热还是冷。
- ❑ 基于从湿度传感器收集到的值来做出决策。
- ❑ 测量杯子中还有多少我们喜欢的饮料，并在 LCD 点阵显示器上显示信息。
- ❑ 分析由物联网收集到的所有数据。
- ❑ 利用现有的 Python 编程技能，成为物联网时代的创客。

我们将使用 Python 作为主要编程语言来控制连接到 Intel Galileo Gen 2 主板的不同组件，具体地说，是 Python 2.7.3。但是，在成为创客之前，有必要了解此主板的某些功能。

拆开 Intel Galileo Gen 2 的包装后，我们将发现以下部件：

- Intel Galileo Gen 2 主板。
- 12 VDC（直流电压），1.5 A（安培）电源。

图 1-1 显示了已开箱的 Intel Galileo Gen 2 主板的正面图。

图 1-1

让我们来仔细看一下这块主板的正面图。在这里我们能看到许多熟悉的元器件，例如以太网插孔、主机 USB 端口和许多带有标签的引脚。

如果你以前有 Arduino UNO R3 主板的经验，那么就会很容易意识到，这里的许多元器件都与 R3 主板的位置相同。如果你以前有过嵌入式系统和电子产品的经验，那么也会很容易意识到该板提供了必要的引脚（SCL 和 SDA），以便与支持 I^2C 总线的设备进行通信。当然，如果你缺少上面提到的这些经验，也不必将本书束之高阁，因为我们将在后续章节的示例中向你详细介绍如何使用这些引脚。

图 1-2 显示了 Fritzing 开源和免费软件中 Intel Galileo Gen 2 主板的图片。该图仅包括主板的重要部分以及我们可以连线和连接的部分，并带有必要的标签以帮助我们可以轻松识别这些部件。我们将使用该 Fritzing 示意图来说明完成本书的每个示例项目所必须进行的布线。

图 1-2

提示：

你可以从以下地址下载最新版本的 Fritzing。

http://fritzing.org/download/

Fritzing 可在 Windows、Mac OS X 和 Linux 上运行。你可以在本书附带的源代码中找到所有示例的带有 FZZ 扩展名（*.fzz）的 Fritzing 草图，这些 *.fzz 文件也是本书源代码文件的一部分。这些文件使用 Fritzing 0.92 保存。因此，你可以在 Fritzing 中打开草图，检查面包板视图，并根据需要对其进行任何更改。

图 1-3 显示了 Intel Galileo Gen 2 主板的电子示意图，即该主板的符号表示，它可以帮助我们理解与该主板相关的电子电路的互连。

电子示意图（Electronic Schematic）也称为电路图（Circuit Diagram）或电气图（Electrical Diagram）。其符号包括主板上显示为连接器（Connector）的所有引脚（Pin）。我们可以轻松识别出主板上出现的许多标签，即每个连接器符号化的标签。Fritzing 使我们可以轻松地使用面包板（Breadboard）和电子示意图。

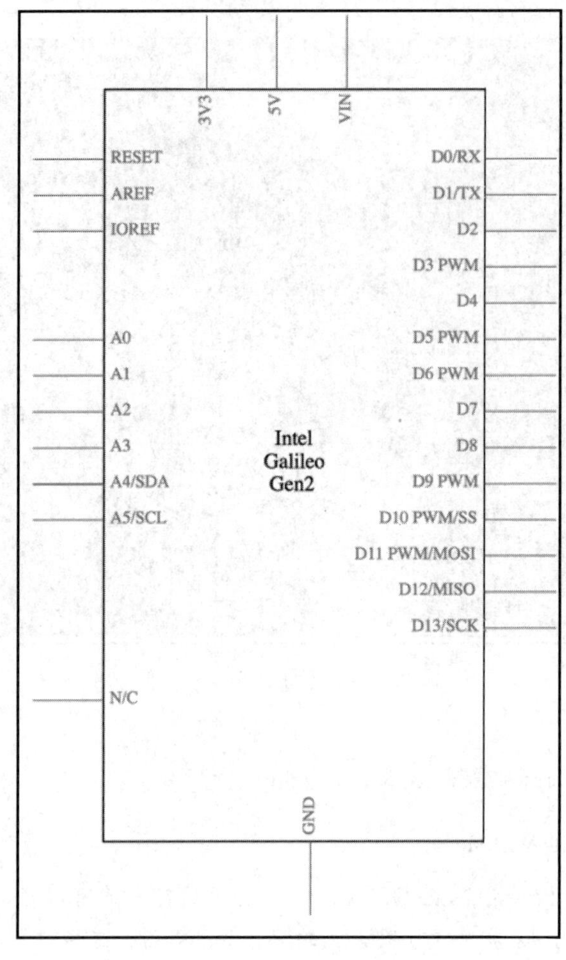

图 1-3

提示：

打开本书包含的每个示例的 Fritzing 文件时，可以通过单击 Fritzing 主窗口顶部的 Breadboard（面包板）或 Schematic（示意图）按钮，轻松地从面包板视图切换到电子示意图。

图 1-4 显示了 Intel Galileo Gen 2 主板的系统框图（System Block Diagram）。该图是 Intel Galileo Gen 2 设计文档中包含内容的一部分。该设计文档的网址如下：

http://www.intel.com/content/dam/www/public/us/en/documents/guides/galileo-g2-schematic.pdf

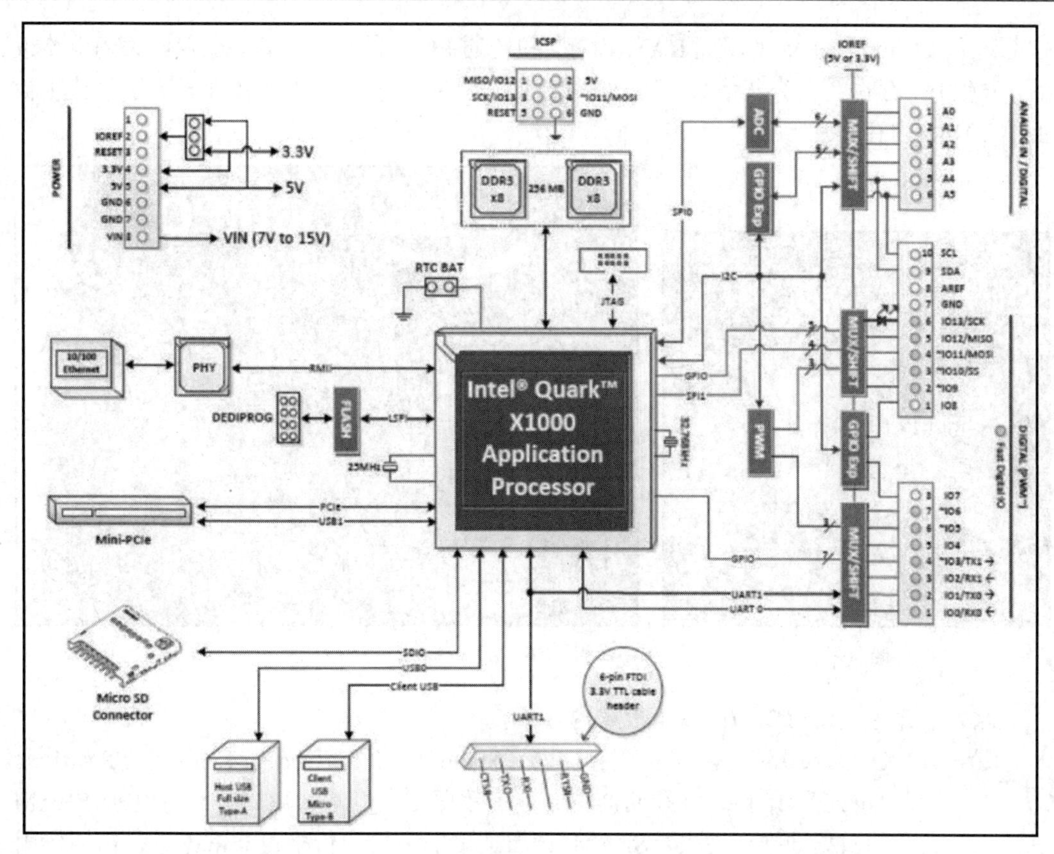

图 1-4

Intel Galileo Gen 2 主板是经过 Arduino 认证的嵌入式计算机，我们将使用它来开发物联网项目并制作原型。

该主板基于 Intel 架构，并使用 Intel Quark SoC X1000 片上系统（System on a Chip，SoC），片上系统也称为应用处理器（Application Processor）。该 SoC 是与 Intel Pentium 32 位指令集架构（Instruction Set Architecture，ISA）兼容的单核和单线程应用处理器。它的运行速度高达 400 MHz。

图 1-5 显示了该 SoC，它大约位于 Intel Galileo Gen 2 主板中心略偏右下角（参考图 1-1）的位置。以下网址提供了有关 Intel Quark SoC X1000 的详细信息：

http://ark.intel.com/products/79084/Intel-Quark-SoC-X1000-16K-Cache-400-MHz

在该 CPU 的右侧，还有两个集成电路，可提供 256 MB 的 DDR3 RAM。RAM 是随机存取存储器（Random Access Memory）的缩写，也就是我们日常所说的“内存”。操作系统和 Python 将能够使用此 RAM 内存。和普通 PC 上的内存一样，在我们关闭电路板后，RAM 内存也会丢失其信息。因此，我们说 RAM 是易失性的。图 1-6 显示了该主板上的 DDR3 内存芯片。

图 1-5

图 1-6

此外，该主板还可以访问以下板载内存：

- 512 KB 嵌入式静态随机存取存储器（Static Random Access Memory，SRAM）。所谓“静态”，是指这种存储器中储存的数据可以恒常保持。当然，断电时 SRAM 储存的数据同样会消失。SRAM 读取速度非常快，价格也非常昂贵，常用作固定在主板上的高速缓存。
- 8 MB 传统 SPI NOR 闪存。这是一种非易失性（Non-volatile）存储器。其目标是存储主板的固件和草图。

  注意，SPI 是指串行外设接口（Serial Peripheral Interface），SPI 闪存一般指 NOR 闪存。闪存（Flash）有两种：NAND Flash 和 NOR Flash。NAND 就是 Not AND，表示与非，NOR 则表示或非，它们表示的是闪存单元连接方式的区别。NOR Flash 的读取和 SDRAM 的读取是一样，用户可以直接运行装载在 NOR Flash 里面的代码，这样可以减少 SRAM 的容量从而节约成本。

  NAND Flash 没有采取内存的随机读取技术，它的读取是以一次读取一块的形式来进行的，通常是一次读取 512 个字节，采用这种技术的 Flash 比较廉价，但是用户不能直接运行 NAND Flash 上的代码，因此好多使用 NAND Flash 的主板除了使用 NAND Flah 以外，还添加了一块小的 NOR Flash 来运行启动代码。

- 11 KB 的电可擦可编程只读存储器（Electrically Erasable Programmable Read-Only Memory，EEPROM）。EEPROM 是通过电子擦出的，价格很高，写入时间很长，写入很慢，但它同样是非易失性的，我们可以出于自己的目的将数据存储其中。

1.2　识别输入/输出和 Arduino 1.0 引脚

该主板提供以下 I/O 引脚：

- 14 个数字 I/O 引脚。
- 6 个脉冲宽度调制（Pulse Width Modulation，PWM）输出引脚。
- 6 个模拟输入引脚。

该主板的硬件和软件引脚与为 Arduino Uno R3 设计的 Arduino 扩展板（Shield）引脚兼容。14 个数字 I/O 引脚编号为 0~13，位于板卡的右上角。和 Arduino Uno R3 一样，它们也包括相邻的 AREF（Analog REFerence，模拟输入参考电压引脚）和 GND（GrouND，接地引脚）。该引脚配置也称为 Arduino 1.0 pinout（Arduino 1.0 引脚排列）。

提示：

所谓扩展板（Shield），就是我们可以插入 Intel Galileo Gen 2 主板顶部以扩展其功能的板卡。例如，你可以插入一个扩展板以提供两个大电流电机控制器，或者插入一个扩展板以添加 LED 矩阵。

和 Arduino Uno R3 一样，我们可以使用这些数字 I/O 引脚中的 6 个作为脉宽调制（Pulse Width Modulation，PWM）输出引脚。具体来说，用波浪号（~）作为数字前缀的引脚均具有此功能，它们是~11、~10、~9、~6、~5 和~3。

以下是从左到右各个引脚的名称：

- SCL
- SDA
- AREF
- GND
- 13
- 12
- ~11
- ~10

- ~9
- 8
- 7
- ~6
- ~5
- 4
- ~3
- 2
- TX→1
- RX←0

图 1-7 显示了 14 个数字 I/O 引脚和 6 个以波浪号（~）作为数字前缀的 PWM 输出引脚。从左侧开始的前两个引脚用于两条 I^2C 总线：SCL（Serial CLock，串行时钟）和 SDA（Serial DAta，串行数据）。从左侧开始的最后两个引脚则是 UART 0 端口引脚，分别标记为 TX→1 和 RX←0。UART 端口代表的是通用异步接收器/发送器（Universal Asynchronous Receiver/Transmitter）。

图 1-7

与 Arduino Uno R3 一样，在 Intel Galileo Gen 2 主板的右下角有 6 个从 A0 到 A5 编号的输入引脚，编号中的 A（Analog）表示模拟输入。

在这些模拟输入引脚的左侧，还可以看到下列以 POWER（电源）接头开始的引脚：

- POWER

- IOREF
- RESET
- 3.3 V
- 5 V
- GND
- GND
- VIN

电源接头中的 VIN 引脚有一个电源插孔，可以给电路板提供输入电压（VIN 本身代表的就是 Voltage IN）。Intel Galileo Gen 2 主板包装盒中包含的电源是 12 V 的。但是，该板可以在 7~15 V 的输入电压范围内工作。

该板还提供对以太网供电（Power over Ethernet，PoE）的支持，PoE 功能可以通过以太网电缆将电能与数据一起传递给主板。

图 1-8 显示了电源引脚和 6 个模拟输入引脚。这些电源引脚也称为电源插头（Power Header）连接器。

图 1-8

如前文所述，该主板包含一个标有 IOREF 的跳线，IOREF 表示的是输入/输出参考（Input/Output REFerence）引脚，它提供了微控制器工作的参考电压，使我们可以在 3.3 V 或 5 V 的扩展板工作电压之间进行选择，并为所有 I/O 引脚提供电压电平转换。

根据跳线位置，该主板可以与 3.3 V 或 5 V Arduino 扩展板一起工作。默认情况下，IOREF 跳线设置在 5 V 位置，因此，初始设置允许我们使用 5 V 扩展板。如图 1-9 所示，IOREF 跳线被设置在 5 V 位置。

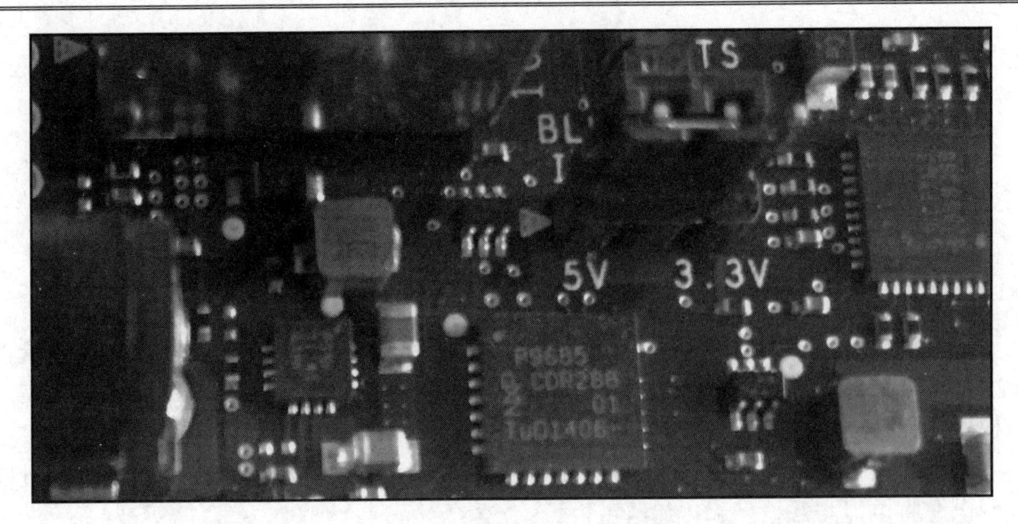

图 1-9

提示：

电源接头连接器中的 IOREF 引脚将根据 IOREF 跳线位置提供工作电压参考。因此，根据 IOREF 跳线的位置，IOREF 引脚中的参考电压可以为 5 V 或 3.3 V。

在该主板的右侧，有一个 6 引脚（设计为 2×3 引脚）的 ICSP 插头，标记为 ICSP，代表的是在线串行编程（In-Circuit Serial Programming）。此插头的位置也与 Arduino 1.0 引脚排列兼容。图 1-10 显示了该 ICSP 标头。

图 1-10

1.3　认识额外的扩展和连接功能

电源插孔位于主板的左侧，标记为 PWR（代表的是 PoWeR）。电源插孔下方有一个 microSD 卡连接器，标记为 SDIO。microSD 卡连接器支持 microSD 卡，最大支持容量为 32 GB。我们将使用 microSD 卡作为主要存储设备，以存储操作系统、Python 和必要的库。

主板可从 microSD 卡启动，因此，我们可以将 microSD 卡视为与物联网项目一起工作的主要硬盘。图 1-11 显示了已连接电源的电源（PWR）插孔和已插入 8 GB microSD 卡的 microSD 卡连接器。

图 1-11

以太网插孔位于电源插孔上方，板卡的左上角，标记为 10/100 LAN。以太网端口同时支持以太网和快速以太网标准，因此，它可以按 10 Mbps 或 100 Mbps 的标称吞吐速率工作。

以太网端口对于将主板连接到我们的局域网并通过 IP 地址进行访问非常有用。以太网板载网络接口卡上有一个带有媒体访问控制（Media Access Control，MAC）地址的不干胶标签。MAC 地址也称为物理地址。

图 1-12 显示了以太网插孔和已经插入的网线接头，在以太网护套上还可以看到 MAC 地址标签。图像中显示该板的 MAC 地址是 A1B2C3D4E5F6 形式的。

图 1-12

如果我们按照约定将 MAC 地址表示为以冒号（:）分隔的 6 组十六进制的数字（每组两个数字），则该 MAC 地址将表示为 A1:B2:C3:D4:E5:F6。该 MAC 地址对于在我们的 LAN DHCP 客户端列表中标识主板非常有用。出于安全原因，原始 MAC 地址已被删除，我们在示例中使用的是伪造的 MAC 地址。

6 个引脚的 3.3 V USB TTL UART 接头连接器位于以太网插孔旁边，特别是 UART 1，即该板中的第二个 UART 端口。这 6 个引脚的 3.3 V USB TTL UART 接头在其右侧分别包含以下标记：

- CTS
- TXO
- RXI
- 无标记（空）
- RTS

- GND

以太网插孔和 UART 接头旁边是微型 USB Type B 连接，标记为 USB CLIENT。我们可以使用此连接将计算机连接到主板，以便执行固件更新或传输草图。

提示：

当然，重要的是要知道，你无法通过 USB 给主板供电。此外，在将电源连接到主板之前，切勿将电缆连接到微型 USB Type B 接口。

微型 USB 接口旁边是 USB 2.0 主机接口，标记为 USB HOST。该连接器最多支持 128 个 USB 终端设备。我们可以使用此连接器插入 USB 驱动设备，例如 U 盘、USB 键盘、USB 鼠标或我们可能需要的任何其他 USB 设备。但是，在插入任何设备之前，必须考虑必要的驱动程序，以及它与主板使用的 Linux 发行版的兼容性。

图 1-13 从左到右分别显示了以太网接头旁边的 UART 接头、微型 USB Type B 连接器和 USB 2.0 端口。

图 1-13

图 1-14 显示了上述连接器和插孔的侧视图。从左到右分别是 USB 2.0 端口、微型 USB Type B 连接器、UART 接头连接器、带有绿色（表示 SPEED）和黄色（表示 LINK）LED 的以太网插孔。

主板的背面提供了一个迷你 PCI Express 插槽，也称为 mPICe 插槽，它符合 PCIe 2.0 标准，标记为 PCIE。该插槽与全尺寸和半尺寸的 mPCIe 模块兼容，可以将其连接到板上以扩展主板的功能。半尺寸的 mPCIe 模块需要一个适配器才能连接到板上的插槽。

提示：

可以通过 mPCIe 插槽添加另一个 USB 主机端口。该 mPCIe 插槽对于提供 Wi-Fi、蓝牙和其他板载功能未包含的连接非常有用。

图 1-14

在 mPCIe 插槽旁边，有一个 10 针 JTAG 接头，标记为 JTAG。JTAG 代表的是联合测试工作组（Joint Test Action Group），是一种国际标准测试协议（IEEE 1149.1 兼容），主要用于芯片内部测试。

JTAG 接口可用于调试，并与支持 Intel Quark SoC X1000 应用处理器的调试软件结合使用，例如，免费和开源的片上调试软件 OpenOCD。

图 1-15 显示了包含 mPCIe 插槽和 JTAG 接头的主板的背面视图。

图 1-15

1.4　了解按钮和指示灯

Intel Galileo Gen 2 主板的前面有两个按钮，它们都位于底部，分别标记为 REBOOT 和 RESET。图 1-16 显示了这两个按钮。

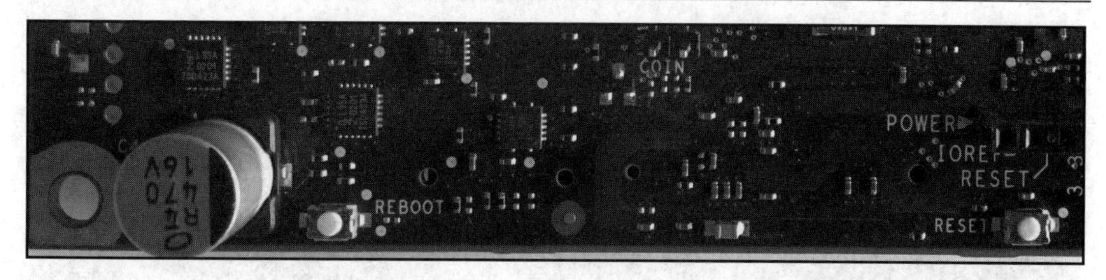

图 1-16

标记有 REBOOT 的按钮可以重启 Intel Quark SoC X1000 应用处理器（REBOOT 是重启的意思）。标记有 RESET 的按钮可以重置草图和所有连接到该板上的扩展板卡。

在本书中，我们将不使用 Arduino 草图，但可能需要重置扩展板卡。

在 USB 2.0 主机连接器旁有 5 个矩形 LED，左侧 2 个，右侧 3 个。以下是这些 LED 的标签和含义。

- OC：通过 micro USB 连接器为主板供电时，LED 会发出过电流（Over-Current，OC）信号。但是，此功能未在 Intel Galileo Gen 2 主板上启用，因此，可以看到该 LED 始终是熄灭的。如果该 LED 点亮，则表示板卡无法正常工作或电源出现故障。当该主板变砖时，此 LED 通常会亮起。所谓“变砖”其实是一种戏称，就是说这块主板已经做不了任何事情，唯一的功能是把它当砖头用。
- USB：这是表示支持微型 USB 的 LED。主板完成引导过程后，该 LED 指示灯点亮，并允许我们将 micro USB 电缆连接到标有 USB CLIENT 的 micro USB 连接。切勿在此 LED 点亮之前将电缆连接到 micro USB 连接，因为这会损坏电路板。
- L：该 LED 连接到数字 I/O 引脚的引脚 13，因此，发送到引脚 13 的高电平将点亮该 LED，而低电平则会将其关闭。
- ON：这是电源 LED，指示该主板已连接到电源。
- SD：该 LED 指示 microSD 卡连接器（标记为 SDIO）的输入/输出活动。因此，只要该主板在 microSD 卡上进行读写操作，该 LED 就会闪烁。

图 1-17 显示了 USB 2.1 主机连接器两边的 5 个 LED 灯。可以看到，左侧的是 OC 和 USB，右侧的是 L、ON 和 SD。

该主板还包括一个集成的实时时钟（Real-Time Clock），称为 RTC。可以安装 3 V 纽扣电池，使 RTC 在关机之后仍然可以正常运行。糟糕的是，在包装盒中并没有包含电池，所以电池需要另购。

有两个 RTC 纽扣电池连接器引脚位于 Intel Quark SoC X1000 应用处理器的左下角，

标记为 COIN 并带有电池图标。图 1-18 显示了这两个 RTC 纽扣电池连接器引脚。

图 1-17

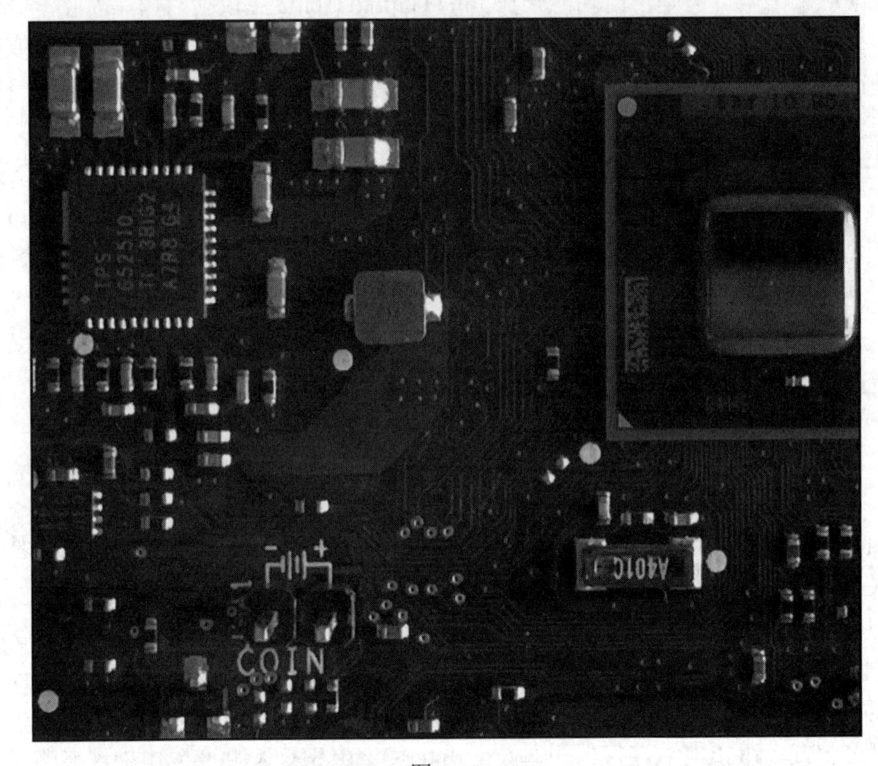

图 1-18

1.5　检查和升级主板的固件

如果你购买的是新产品，则主板中包含的原始固件（Firmware）很可能就是 Intel Galileo Gen 2 可用的最新固件。但是，如果你现有的板卡已经入手很长一段时间，则可能需要更新固件。无论如何，使用板载固件的最新可用版本总是最方便的。

提示：

固件更新解决了错误和兼容性问题。因此，使用最新固件最为方便省事。但是，如果你不确定是否要执行更新固件的过程，可以保留主板自带的版本。在更新固件时，错误的过程或中途断电都可能会损坏主板，也就是说，可能会使主板直接变砖。相信你绝对不希望这种情况发生在你的主板上。

1.5.1　检查固件版本

如果要检查当前固件版本，并检查是否有必要升级主板的固件，则必须执行以下步骤：

转到 Intel Galileo 固件和驱动程序下载页面。其网址如下：

http://downloadcenter.intel.com/download/24748/Intel-Galileo-Firmware-and-Drivers-1-0-4

到目前为止，最新的固件版本为 1.1.0。请始终确保从 Intel 驱动程序和软件下载中心下载最新的可用版本。请注意，上面链接显示的固件版本为 1.0.4（这是本书英文原版写作时的最高固件版本），但其实使用该链接地址同样是有效的，它们将跳转到相同的固件下载页面，本书后面介绍的操作与此相同。

Web 浏览器将显示支持的操作系统的可用下载。该网页不会检测到你正在使用的操作系统，因此，它提供了所有受支持的操作系统的下载：Windows、Mac OS X 和 Linux。图 1-19 显示了该网页的内容。

你还可以在 Download Documentation（下载说明文档）中找到并下载 PDF 格式的用户指南：Galileo_FW_tool-UserGuide.pdf。

单击左侧列表中与你的操作系统对应的固件的 Download（下载）按钮，阅读并接受 Intel 软件许可协议，阅读 IntelGalileo 固件更新程序工具的说明文档。该说明文档包括在 Windows 和 Linux 操作系统中安装驱动程序的所有必需步骤。Mac OS X 操作系统则不需要安装任何驱动程序。

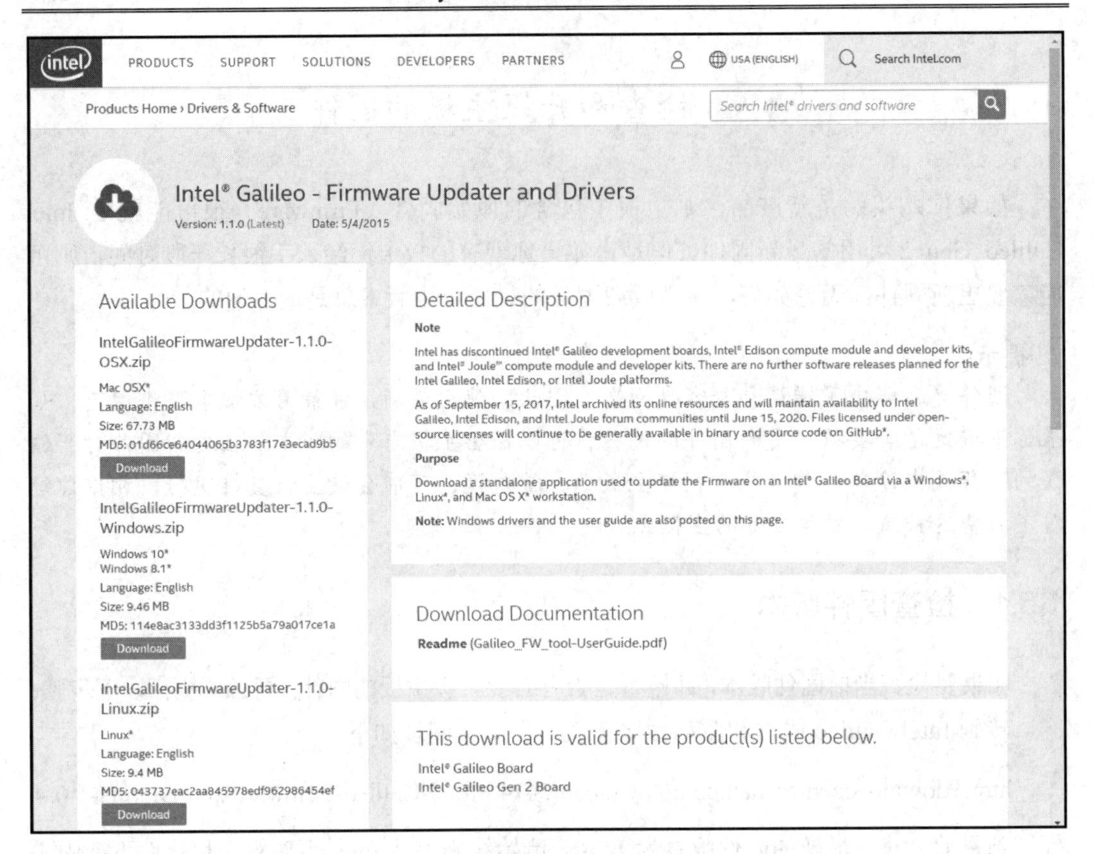

图 1-19

在安装驱动程序或开始检查主板中固件版本的过程之前，请断开主板上所有连接，例如 micro USB 电缆和插入 USB 2.0 主机连接器的任何 USB 设备。删除所有草图以及 microSD 卡。你的 Intel Galileo Gen 2 主板应该一切还原，就好像新开箱时一样。

现在将电源连接到主板上，然后等待几秒，直到标有 USB 的矩形 LED 亮起。一旦该指示灯点亮，表明引导过程已经完成，可以安全地使用 USB Type A 到 Micro-B USB 连接线（该连接线的外观见图 1-20）将你的计算机连接到主板上标有 USB CLIENT 的 micro USB 接口。糟糕的是，在主板的包装盒中，同样没有包含该连接线，所以你需要另购该连接线。图 1-20 显示了已经连接到 MacBook 的 Intel Galileo Gen 2 主板，并且在 Mac OS X 上已经运行了固件更新程序工具。

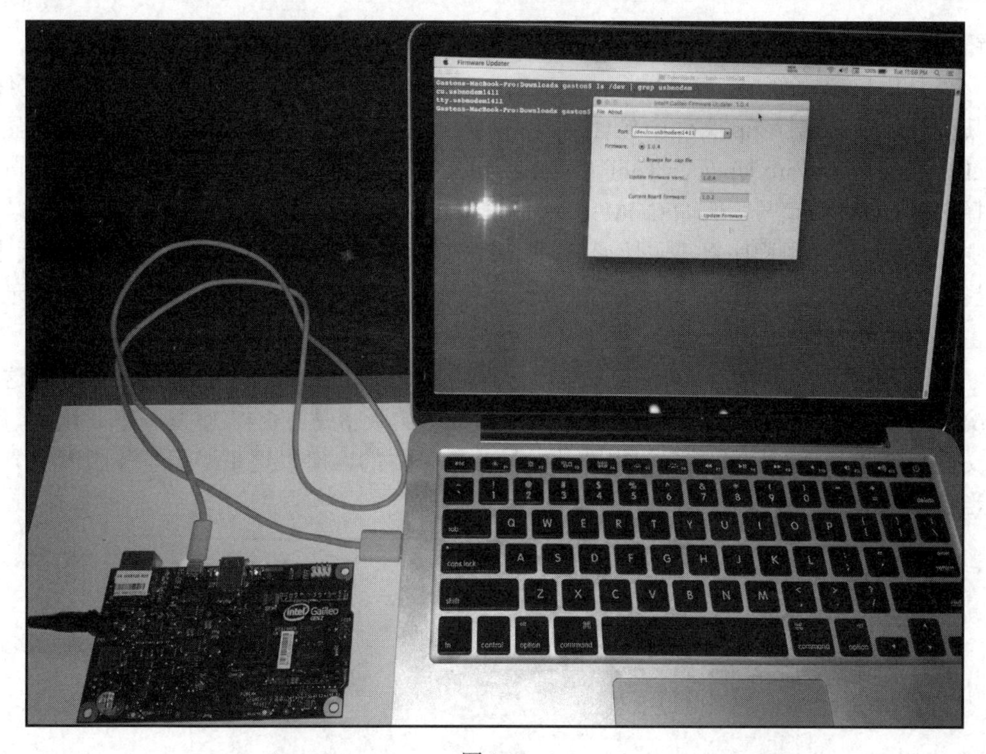

图 1-20

1.5.2　在 Windows 系统中更新固件

如果你使用的是 Windows 或 Linux 操作系统，请阅读 Galileo_FW_tool-UserGuide.pdf 说明文档中的说明，按照以下步骤安装必要的驱动程序。

提示：

如果你已经将主板连接到计算机，则可以跳过说明文档中的步骤。实际上，这个说明文档的许多版本都没有说明开发人员必须等到 USB LED 亮起，然后才能通过 micro USB 连接器将主板连接到计算机，这导致许多主板出现意外问题。

在计算机中安装了驱动程序并将主板连接到计算机后，就可以为你的操作系统下载并执行 Intel Galileo 固件更新程序的 zip 文件。

对于 Windows 系统来说，固件的文件名为 IntelGalileoFirmwareUpdater-1.0.4-Windows.zip。对于 Mac OS X 系统来说，文件名为 IntelGalileoFirmwareUpdater-1.0.4- OSX.zip。

你可能需要向下滚动网页才能找到适合你的操作系统的文件。单击 Download（下载）

按钮后，必须阅读并接受 Intel 软件许可协议，然后才能下载 zip 文件。

在 Windows 系统中，下载的是 IntelGalileoFirmwareUpdater-1.0.4-Windows.zip 文件，将其打开，然后执行 zip 文件中包含的 firmware-updater-1.0.4.exe 应用程序。系统将显示 Intel Galileo Firmware Updater Tool（Intel Galileo 固件更新程序工具）窗口，程序将自动选择虚拟 COM 端口号，例如 COM3，这是由先前安装的驱动程序在 Port（端口）下拉列表中生成的。该应用程序将与主板通信，然后在 Update Firmware Version（更新固件版本）中显示该工具自带的固件版本，并在 Current Board Firmware（当前主板固件）中显示当前主板的固件版本。

图 1-21 显示了在 Windows 10 系统上运行的 Intel Galileo 固件更新程序工具。在这种情况下，该工具自带固件的最新版本，因为它提供的版本是 1.0.4（重复一下，这是写作英文原版书时的最新固件版本，刷固件的操作是一样的，所以这里沿用了原版图片），而当前主板的固件版本为 1.0.2。

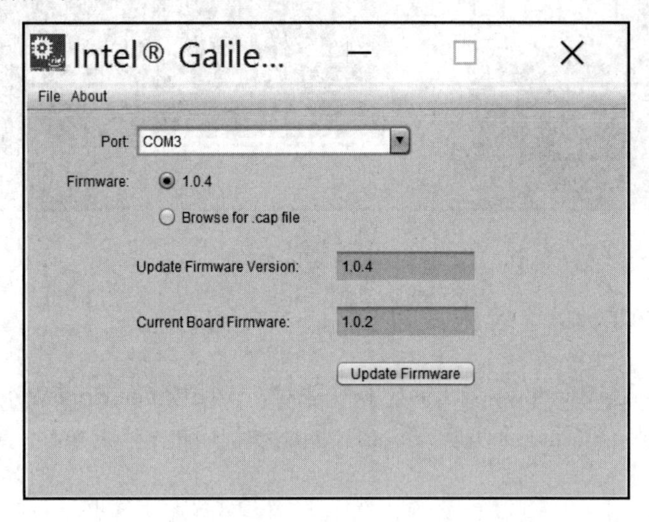

图 1-21

1.5.3 在 Mac OS X 系统中更新固件

在 Mac OS X 系统中，需要下载 IntelGalileoFirmwareUpdater-1.0.4-OSX.zip 文件，然后执行下载的 Firmware Updater 应用程序。你可能需要根据安全设置和 OS X 版本授权操作系统运行该应用程序。

运行固件更新程序之后，系统将显示 Intel Galileo Firmware Updater Tool（Intel Galileo 固件更新程序工具）窗口，它将在 Port（端口）下拉列表框中为连接的主板自动选择生成的 USB 调制解调器设备，例如/dev/cu.usbmodem1411。该应用程序将与主板通信，然后在 Update Firmware Version（更新固件版本）中显示该工具自带的固件版本，并在 Current Board Firmware（当前主板固件）中显示当前主板的固件版本。

图 1-22 显示了在 OS X El Capitan 上运行的 Intel Galileo 固件更新程序工具。在该示例中，更新程序工具自带最新的固件版本，因为它提供的版本为 1.0.4，而当前主板的固件为 1.0.2（与 Windows 版本一样）。

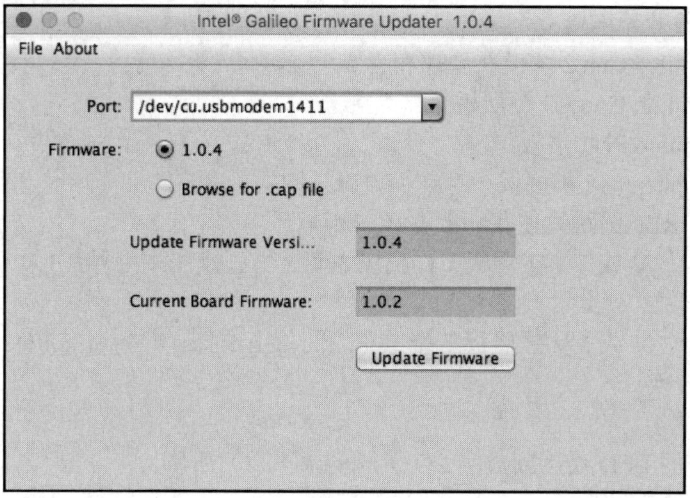

图 1-22

如果你已经考虑清楚前面解释过的风险，确定没有问题并决定更新固件，则只需单击 Update Firmware（更新固件）按钮，然后等待该工具指示更新过程完成即可。对于 Windows 或 Mac OS X 来说，该过程是一样的。

提示：

不要从连接到主板的计算机上拔掉 USB 连接线，也不要关掉主板的连接电源，并且在工具指示固件更新完成之前，不要关闭应用程序。

执行固件更新的最安全方法是将其电源插入 UPS（不间断电源），以防止固件更新过程中出现电源故障。

一旦固件更新过程完成并且该工具显示主板上的固件与该工具自带的固件版本相同，就可以关闭该应用程序，并断开计算机和主板之间的连接。确保不要将 USB 连接线留在主板上，然后再拔下电源。

1.6　牛刀小试

1．Intel Galileo Gen 2 主板包括（　　）。

A．板载带有 3 根天线的 Wi-Fi 连接

B．板载以太网连接

C．板载蓝牙连接

2．Intel Galileo Gen 2 主板在硬件和引脚上兼容（　　）。

A．Arduino Uno R3 扩展板

B．Arduino Pi 扩展板

C．Raspberry Pi 扩展板

3．标有 IOREF 的跳线使我们能够（　　）。

A．在 3.5 V 或 7 V 扩展板工作电压之间做出选择，并为所有 I/O 引脚提供电压电平转换

B．在 3.3 V 或 5 V 扩展板工作电压之间做出选择，并为所有 I/O 引脚提供电压电平转换

C．重置板

4．标有 L 的 LED 连接到数字 I/O 引脚的（　　）引脚。

A．11

B．12

C．13

5．主板背面提供的插槽是（　　）。

A．迷你 PCI Express

B．PCMCIA

C．Thunderbolt

1.7　小　　结

本章详细介绍了 Intel Galileo Gen 2 主板提供的不同功能。我们直观展示了该主板的不同组件，并且阐释了不同引脚、LED 和连接器的含义。我们还学习了检查主板的固件版本，并掌握了在必要时进行固件更新的操作技巧。

在认识了主板的不同组件之后，即可将 Intel Galileo Gen 2 与 Python 编程语言结合起来使用，第 2 章将对此展开深入讨论。

第 2 章　结合使用 Intel Galileo Gen 2 和 Python

本章将介绍结合使用 Intel Galileo Gen 2 主板和 Python。

Python 是目前最为流行和通用的编程语言之一。开发人员可以利用它做很多事：

- 使用 Python 创建多平台桌面以及 Web、移动和科学应用程序。
- 处理大量数据，并使用 Python 开发在大数据场景中流行的复杂算法。有成千上万个 Python 程序包，可用于将 Python 功能扩展到你可以想象的任何类型的领域。
- 利用现有的 Python 及其所有软件包的知识来为物联网生态系统的不同部分编写不同功能的代码。
- 使用 Python 中颇受欢迎的面向对象功能，实现与 Intel Galileo Gen 2 主板以及与主板相连的电子组件进行交互的代码。
- 使用不同的程序包，以轻松运行 Web 服务器并提供 RESTful API。
- 使用已知的所有软件包来与数据库、Web 服务和不同的 API 进行交互。

总之，Python 可以使开发人员轻松进入物联网世界而不需要学习其他的编程语言。

本章包含以下主题：

- 设置环境以使用 Python 作为主要编程语言。
- 在启动 Yocto Linux 发行版后检索主板被分配的 IP 地址。
- 连接到主板的操作系统并在其上运行命令。
- 安装和升级必要的库，以使用 Python 与主板的组件进行交互。
- 在主板上运行第一行 Python 代码。

2.1　设置主板以使用 Python 作为编程语言

在将 Python 作为控制主板的主要编程语言之前，需要做一些准备工作。

2.1.1　可能需要另购的硬件

开发人员需要以下未包含在 Intel Galileo Gen 2 产品包装盒中的其他部件（也就是说，这些东西可能是你需要另购的）：

- 至少 4 GB 的 microSD 卡。microSD 卡目前最大支持容量为 1 TB，不过此类容量的产品非常昂贵，购买 32 GB、64 GB、128 GB、256 GB 等容量的产品更为合适。其实，该类存储卡比比皆是，如果你稍微留心一些，就有可能从淘汰不用的手机、数码相机、行车记录仪等物品中“回收”到这些微小的卡片。

在购买或“回收”时也可以注意一下 microSD 卡的速度（一般在存储卡正面会有明显标识）。microSD 卡的读写速度有两个等级分类，一个是 Class，这是传输速度等级，Class 2 代表 2 MB/s，Class 4 代表 4 MB/s，以此类推。还有一个是 UHS，UHS 的意思是超高速（Ultra High Speed），UHS 速度等级指的是最低写入速度，例如 UHS-I 速度等级 1（存储卡正面标记为 U1）的最低写入速度为 10 MB/s，而 UHS-I 速度等级 3 的最低写入速度为 30 MB/s。需要注意的是，大多数 microSD 卡的实际速度都比标称最低速度快得多。

最后提示一下，如果你使用的是“回收”的 microSD 卡，那么该卡中的原有内容都将丢失，你也许应该查看或备份一下，以防重要数据丢失。

- microSD 到 SD 存储卡适配器。microSD 卡和 SD 存储卡的大小不一样，从名称上就可以知道，microSD 卡更小，如果要在 SD 卡的读取器设备上使用 microSD 卡，就需要这种适配器。该适配器通常包含在 microSD 卡的包装内。
- 带有 SD 存储卡读取器的计算机。大多数现代笔记本电脑和台式计算机都包括 SD 卡的读取器。如果没有，那么你需要购买一个带 USB 接口的 SD 读取器并将其插入计算机中的任意一个 USB 端口。

  SD 卡的读取器实际上是读/写设备，因此，在拥有上面介绍的 microSD 到 SD 存储卡适配器和 SD 存储卡读取器之后，即可在计算机上读写 microSD 卡。
- 以太网连接线缆（网线）。
- 具有可用以太网端口的以太网交换机或 Wi-Fi 路由器。我们需要将 Intel Galileo Gen 2 主板连接到局域网。

提示：

如果你无法访问局域网的交换机，则需要找网络管理员寻求解决方案。

图 2-1 显示了标记为 SDC4/8 GB 的 microSD 卡（左），这意味着它的容量为 8 GB，速度等级为 Class 4，右图为 microSD 到 SD 存储卡适配器。

2.1.2 下载 Yocto Linux 启动镜像

我们必须从 Intel IoT Development Kit Images Repository 网站下载最新版本的 Yocto

Linux meta distribution 启动镜像。在 Web 浏览器中输入以下地址：

http://iotdk.intel.com/images/

图 2-1

在该网页上有一个启动镜像列表，选择并下载 iot-devkit-latest-mmcblkp0.direct.bz2 压缩文件。当然，你也可以通过在 Web 浏览器中输入以下完整 URL 来下载它：

http://iotdk.intel.com/images/iot-devkit-latest-mmcblkp0.direct.bz2

提示：

我们将使用 devkit-latest-mmcblkp0.direct.bz2 文件，该文件的最新修改时间为 2015 年 7 月 2 日。

下载文件后，有必要解压缩下载的镜像文件并将提取的镜像写入 microSD 卡。在 Windows 和 Mac OS X 系统中，此过程有所不同。

2.1.3　在 Windows 系统中提取并写入镜像

在 Windows 系统中，可以使用 7-Zip 从下载的.bz2 文件中提取内容。7-Zip 是免费的开源软件，可以从以下地址下载。

http://www.7-zip.org

从.bz2 文件中提取 Yocto Linux meta distribution 启动镜像 iot-devkit-Latest-mmcblkp0.direct 之后，必须将此镜像写入 microSD 卡。

将 microSD 卡插入 microSD 至 SD 存储卡适配器，然后将适配器插入计算机的 SD 存储卡读取器。

Win32 Disk Imager 工具是 Windows 系统的镜像写入器，使用它即可将镜像写入 USB 记忆棒或 SD/CF 卡。可以使用此免费软件将镜像写入 microSD 卡。其下载地址如下：

http://sourceforge.net/projects/win32diskimager/files/Archive

该软件最新版本的安装程序是 Win32DiskImager-0.9.5-install.exe 文件。安装软件后，必须在 Windows 中以管理员身份执行该应用程序。你可以用鼠标右键单击该应用程序的图标，然后选择"以管理员身份运行"。

单击 Image File（镜像文件）文本框右侧的图标，并将文件过滤器从 Disk Images (*.img *.IMG) 更改为*.*，这样才能选择具有 direct 扩展名的 Yocto Linux 引导镜像。

在 Device（设备）下拉列表框中选择 Windows 分配给 microSD 卡的驱动器号。

严重警告：

请确保选择了正确的驱动器号，因为该驱动器的所有内容都将被擦除并被引导镜像覆盖。如果选择了错误的驱动器号，则将丢失整个驱动器的内容。

单击 Write（写入），然后在确认覆盖的对话框中单击 Yes（是）。

现在，你要做的就是等待该工具将内容写入 microSD 卡。图 2-2 显示了 Windows 10 系统中的 Win32 Disk Imager 工具，该工具正在将镜像写入 microSD 卡，底部的 Progress（进度）栏显示了即时进度。

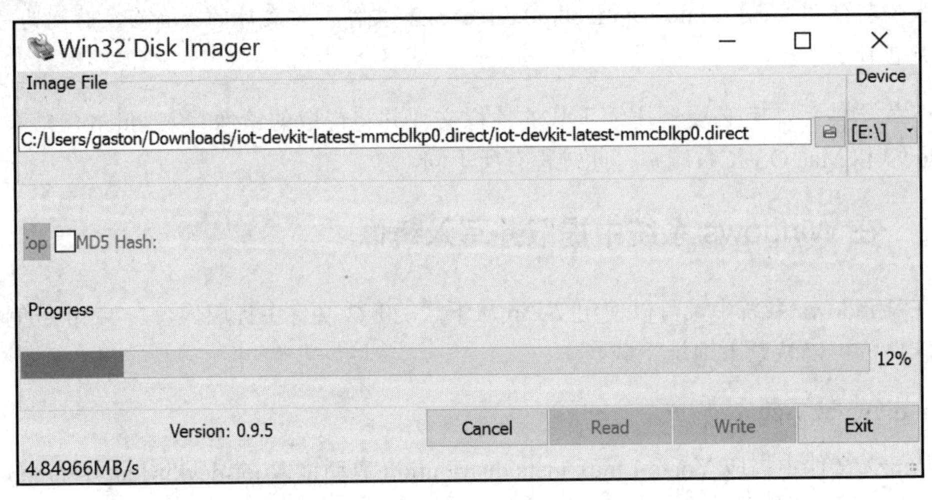

图 2-2

该工具需要一点时间才能将镜像写入 microSD 卡的过程。在写入过程完成后，该工具将显示 Complete（完成）对话框，其中包含 Write Successful（写入成功）的消息。单击 OK（确定）按钮关闭对话框，然后关闭 Win32 Disk Imager 窗口。

在 Windows 中弹出 microSD 卡，然后从 SD 卡读取器中取出 SD 存储卡适配器。

2.1.4　在 Mac OS X 系统中提取并写入镜像

在 Mac OS X 和 Linux 系统中，可以使用 bunzip2 从下载的 bz2 文件中提取内容，使用 diskutil 卸载 microSD 卡，并使用 dd 将镜像写入 microSD 卡；也可以通过在包含下载文件的文件夹中运行以下命令来打开 Terminal（终端）并解压已下载的 bz2 文件：

```
bunzip -c iot-devkit-latest-mmcblkp0.direct
```

严重警告：

你需要非常小心地使用这些命令，以免擦除错误的设备，例如硬盘驱动器的分区。

还可以通过在 Finder 上双击下载的 bz2 文件来解压缩该文件。但是，我们将在 Terminal（终端）窗口中运行更多命令，因此，使用命令解压缩文件会更容易。

在从 bz2 文件中提取了 Yocto Linux 引导镜像文件 iot-devkit-latest-mmcblkp0.direct 之后，必须将此镜像写入 microSD 卡。

将 microSD 卡插入 microSD 至 SD 存储卡适配器，然后将该适配器插入计算机的 SD 存储卡读取器。

启动 Disk Utility（磁盘工具）应用程序，并检查连接到读卡器的媒体的详细信息。例如，在任何 MacBook 中，都可以通过以下方法找到信息：单击 APPLE SD Card Reader Media（APPLE SD 卡读取器媒体），然后单击 Info（信息）按钮。检查 Device name（设备名称）或 BSD device node（BSD 设备节点）中列出的名称。我们将在命令中使用该名称，该命令会将启动镜像写入 microSD 卡。

图 2-3 显示了 Disk Utility（磁盘工具）应用程序以及 BSD device node（BSD 设备节点）为 disk2 的 microSD 卡的信息。我们只需要在该设备名称上添加/dev/作为前缀即可，因此，在本示例中，完整的名称就是/dev/disk2。

也可以通过运行 diskutil 命令来列出所有设备，并找出分配给 microSD 卡的设备名称。但是，该命令提供的信息有点难以阅读，并且 Disk Utility（磁盘工具）应用程序使你更易于理解哪一个是存储卡读取器的设备名称。以下命令列出了所有设备：

```
diskutil list
```

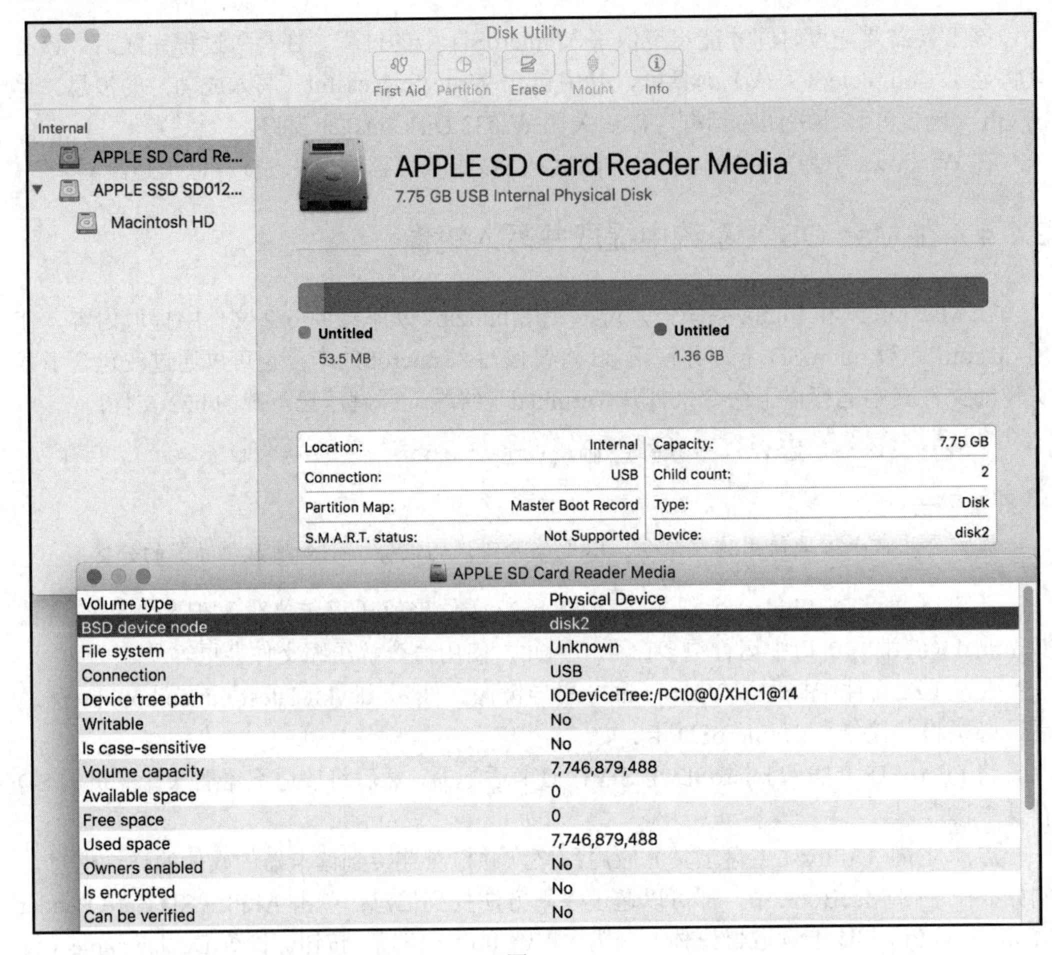

图 2-3

下面是该命令生成的示例输出。加粗显示的行显示了 microSD 卡的设备名称：/dev/disk2。

```
/dev/disk0 (internal, physical):
   #:                        TYPENAME               SIZE
IDENTIFIER
   0:      GUID_partition_scheme                  *121.3 GB
disk0
   1:                          EFIEFI              209.7 MB
disk0s1
   2:          Apple_CoreStorageMacintosh HD       120.5 GB
```

```
disk0s2
   3:                   Apple_BootRecovery HD          650.0 MB
disk0s3
/dev/disk1 (internal, virtual):
   #:                        TYPENAME                  SIZE
IDENTIFIER
   0:                    Apple_HFSMacintosh HD         +120.1 GB
disk1
                                 Logical Volume on disk0s2
                                 4BADDDC3-442C-4E75-B8DC-82E38D8909AD
                                 Unencrypted
/dev/disk2 (internal, physical):
   #:                        TYPENAME                  SIZE
IDENTIFIER
   0:       FDisk_partition_scheme                    *7.7 GB
disk2
   1:                       Linux                      53.5 MB
disk2s1
   2:                       Linux                      1.4 GB
disk2s2
```

严重警告：

请确保记下正确的设备名称，因为驱动器的所有内容都将被擦除并被引导镜像覆盖。如果指定了错误的设备名称，则将丢失整个驱动器的内容。

使用以下命令卸载 microSD 卡。如果你收集的设备名称是 disk2，则需要用/dev/disk2 替换/dev/devicename。如果不是，请用适当的设备名称替换它。

```
sudo diskutil unmountDisk /dev/devicename
```

Terminal（终端）将要求你输入密码，并卸载 microSD 卡。

运行以下 dd 命令，将名为 iot-devkit-latest-mmcblkp0.direct 的输入文件中的镜像写入你在上一步收集的设备名称的 microSD 卡中。如果你收集的设备名称是 disk2，则需要用 of = /dev/disk2 替换 of = /dev/devicename。如果不是，请用适当的设备名称替换它。该命令不包含设备名称，因此不会意外覆盖任何磁盘。

```
sudo dd if=iot-devkit-latest-mmcblkp0.direct of=/dev/devicename bs=8m
```

将镜像写入 microSD 卡需要一些时间。等待命令完成后，Terminal（终端）会再次显示提示。

请注意，这通常需要几分钟的时间，并且在写入过程完成之前，没有任何带有进度指示的输出。命令完成后，你将看到以下输出：

```
169+1 records in
169+1 records out
1417675776 bytes transferred in 1175.097452 secs (1206433 bytes/sec)
```

现在，再次使用以下命令卸载 microSD 卡。如果你收集的设备名称是 disk2，则需要用/dev/disk2 替换/dev/devicename。如果不是，请用适当的设备名称替换它。

```
sudo diskutil unmountDisk /dev/devicename
```

关闭 Terminal（终端）窗口，然后从 SD 卡读取器中卸下 SD 存储卡适配器。

2.1.5　启动 Intel Galileo Gen 2 主板

现在，我们有了一个带有 Yocto Linux 发行版的 microSD 卡，其中包括 Python 2.7.3 和许多有用的库和实用程序。现在是时候从写入 MicroSD 卡的 Yocto 镜像启动 Intel Galileo Gen 2 主板了。

确保拔下主板，然后将带有 Yocto 镜像的 microSD 卡插入主板上标有 SDIO 的 microSD 卡插槽中。图 2-4 显示了插入主板插槽中的 microSD 卡。

图 2-4

然后，使用以太网网线将主板连接至局域网（LAN），并插入主板的电源以启动它。

你会注意到，标有 SD 的矩形板载 LED 将不断闪烁以指示 microSD 卡有活动。等待大约 30 s，以确保主板完成引导过程。

在引导过程完成后，标有 SD 的 LED 将停止闪烁。

2.2　检索主板分配的 IP 地址

该主板已使用 Yocto Linux microSD 卡完成了启动过程，并通过以太网端口连接到局域网（LAN）。DHCP 服务器已为该主板分配了 IP 地址，我们需要知道该 IP 地址，以便在 Yocto Linux 控制台上运行命令。

开发人员可以通过多种方式来获取主板分配的 IP 地址。下面将介绍不同的选项，你可以根据自己的 LAN 配置选择最方便的一种。

2.2.1　通过路由器回收主板 IP 地址

如果该主板连接到无线路由器的以太网端口之一，并且可以访问路由器的 Web 界面，则可以轻松知道分配给该主板的 IP 地址。某些路由器的 Web 界面会显示连接的客户端列表。由于我们的板是通过以太网线连接的，因此它将被列为连接的客户端之一，并且设备的 MAC 地址将与主板以太网护套上的不干胶标签中的 MAC 地址相匹配。

图 2-5 显示了路由器 Web 界面中的已连接客户端的列表，该列表包括一个名为 galileo 的设备，其 MAC 地址与 A1-B2-C3-D4-E5-F6 形式匹配，且主板输出的 MAC 地址中没有连字符（-），即 A1B2C3D4E5F6。

分配给主板的 IP 地址为 192.168.1.104。出于安全原因，原始 MAC 地址已被删除，我们在示例中使用的是伪造的 MAC 地址。

有时，路由器的 Web 界面不提供显示已连接客户端列表的选项。如果你的路由器是这种情况，可以检索 DHCP 客户端列表，该列表提供分配给连接到 LAN 的无线或有线设备的所有 IP 地址，我们只需要找到具有主板 MAC 地址的设备即可。

图 2-6 显示了路由器 Web 界面中的 DHCP 客户端列表，该列表包括一个名为 galileo 的设备，其 MAC 地址的形式为 A1-B2-C3-D4-E5-F6，这就是它的 MAC 地址，与主板设备中输出的不带连字符（-）的 MAC 地址匹配：A1B2C3D4E5F6。分配给主板的 IP 地址为 192.168.1.104。

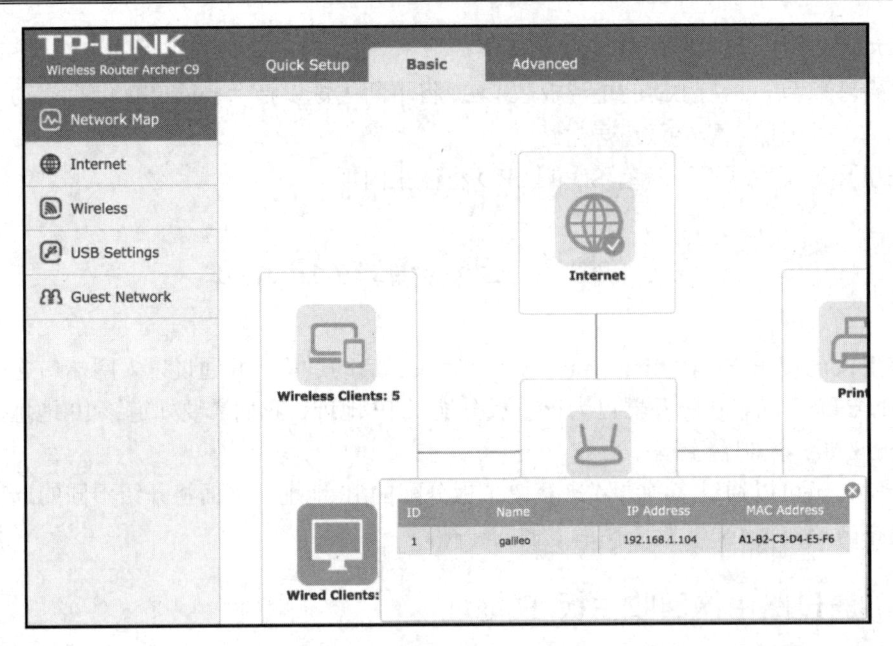

图 2-5

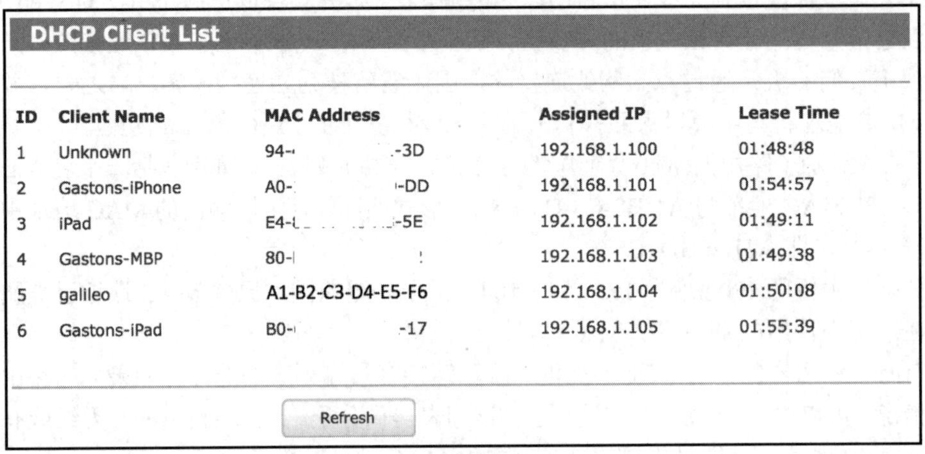

DHCP Client List

ID	Client Name	MAC Address	Assigned IP	Lease Time
1	Unknown	94- -3D	192.168.1.100	01:48:48
2	Gastons-iPhone	A0- -DD	192.168.1.101	01:54:57
3	iPad	E4- -5E	192.168.1.102	01:49:11
4	Gastons-MBP	80-	192.168.1.103	01:49:38
5	galileo	A1-B2-C3-D4-E5-F6	192.168.1.104	01:50:08
6	Gastons-iPad	B0- -17	192.168.1.105	01:55:39

Refresh

图 2-6

2.2.2 使用 Bonjour 浏览器

另外还有一种选择是安装 Bonjour 浏览器（Bonjour Browser），它可以自动发现 LAN 上的主板及其服务，而无须知道分配给主板的 IP。

Bonjour 浏览器是一种零配置网络程序，在 Windows 中，可以从以下网址下载，安装并启动免费的 Windows Bonjour 浏览器。

http://hobbyistsoftware.com/bonjourbrowser

该应用程序将显示以 galileo 为名称的许多可用 Bonjour 服务。图 2-7 显示了_ssh._tcp 服务类型，其名称为 galileo，我们还可以看到更多详细信息。IP Addresses（IP 地址）部分显示了 SSH 服务的 IP 地址和端口号：192.168.1.105:22。

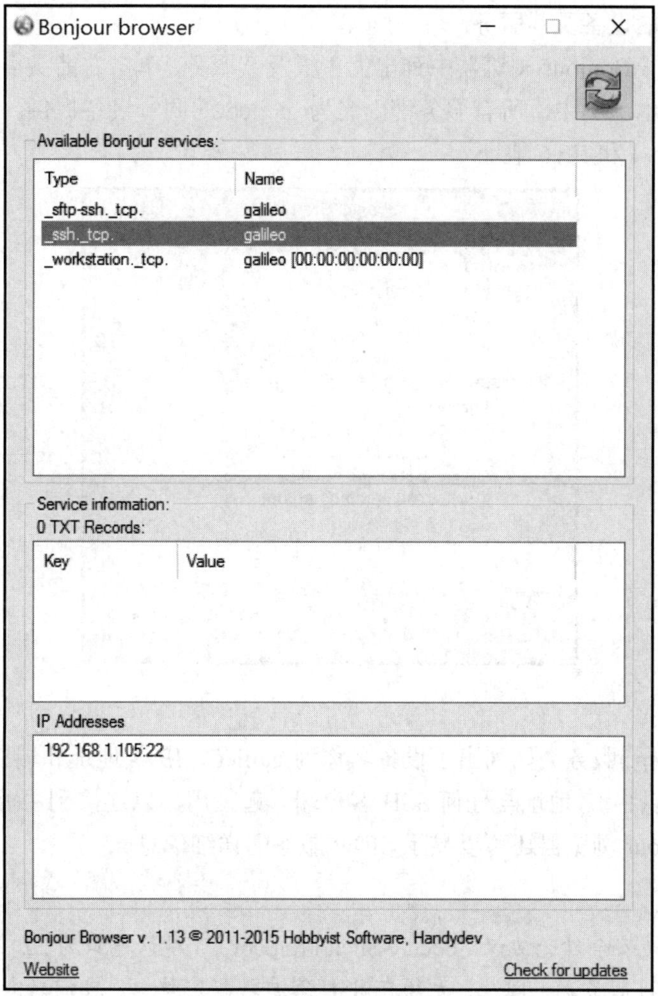

图 2-7

我们可以将该 IP 地址与任何 SSH 客户端一起使用，以连接到主板。此外，Bonjour 浏览器还使我们知道该主板具有 SFTP 服务，这使我们可以轻松地通过连接的计算机与主板上运行的 Yocto Linux 之间来回传输文件。

在 OS X 中，可以从以下网址下载并运行免费的 Bonjour 浏览器。

http://www.tildesoft.com

在 Bonjour Browser（Bonjour 浏览器）中，可以单击 Reload Services（重新加载服务）按钮以刷新发现的设备及其服务。

图 2-8 显示了 Bonjour 浏览器中列出的主板及其服务。单击右箭头可以展开每个服务的详细信息。在本示例中，所有服务都由名为 galileo 的同一设备提供。展开设备后，应用程序将显示 IPv4 和 IPv6 地址。

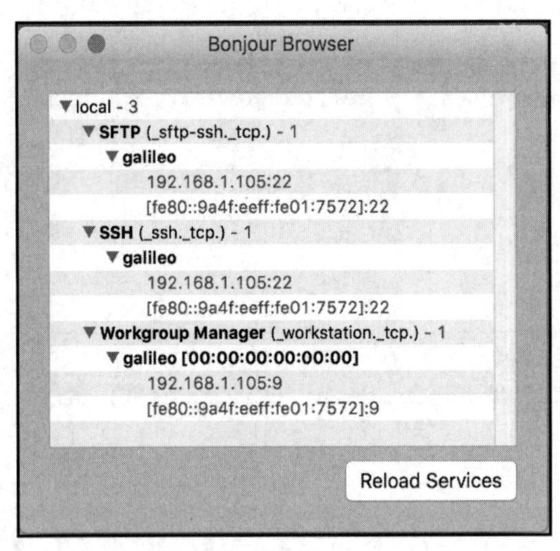

图 2-8

SSH(_ssh._tcp.)服务类型列出了设备名称为 galileo，IPv4 地址和端口号为 192.168.1.105:22。我们可以将 IP 地址与任何 SSH 客户端一起使用，以连接到主板。

此外，Bonjour 浏览器还可以显示 SFTP 服务的详细信息。

提示：

SSH 代表的是安全外壳协议（Secure Shell Protocol），默认端口为 22。Yocto Linux 在默认端口中运行 SSH 服务器，因此，无须在 SSH 客户端指定端口，我们只需指定发现的 IP 地址即可。

2.3　连接到主板的操作系统

现在，我们需要使用 SSH 客户端连接到主板上运行的 Yocto Linux 系统，并更新一些库，这些库将用于与主板上的组件和功能进行交互。

OS X 和 Linux 系统都在终端中包含 ssh 命令。但是，Windows 则不包含 ssh 命令，我们必须安装 SSH 客户端。

2.3.1　在 Windows 系统中安装和配置 PuTTY 终端

在 Windows 系统中，可以使用免费的开源 PuTTY SSH 和 telnet 客户端。但是，如果你在 Windows 系统中对 SSH 客户端有其他任何偏好，也可以使用任何其他软件。无论使用的是哪一种 SSH 客户端，在终端执行的命令都是相同的。

我们可以从以下网址（任选）下载并在 Windows 中安装 PuTTY。

http://www.putty.org

http://www.chiark.greenend.org.uk/~sgtatham/putty/download.html

安装后即可启动，同时确保 Windows 防火墙或任何其他已安装的防火墙允许打开进行连接所需的端口。你将看到弹出的警告，具体内容取决于 Windows 上运行的防火墙软件。

启动 PuTTY 后，应用程序将显示 PuTTY Configuration（PuTTY 配置）对话框。在主机名（或 IP 地址）文本框中输入分配给主板的 IP 地址，并将 Port（端口）值保留为默认值 22。图 2-9 显示了该对话框，其中包含用于连接到主板的设置，可以看到该主板分配的 IP 为 192.168.1.105。保留默认设置即可。当然，你可以更改 Window（窗口）|Appearance（外观）设置以更改默认字体。

在首次想要建立连接时单击 Open（打开）按钮，PuTTY 将显示安全警报，因为该服务器的主机键值尚未缓存到注册表中。由于你完全信任自己的主板和运行于其上的 Yocto Linux，因此，只需单击 Yes（是）按钮即可。图 2-10 显示了该安全警报对话框。

PuTTY 将显示一个新窗口，这是一个终端窗口，标题中包含 IP 地址。你将看到以下消息：

```
login as:
```

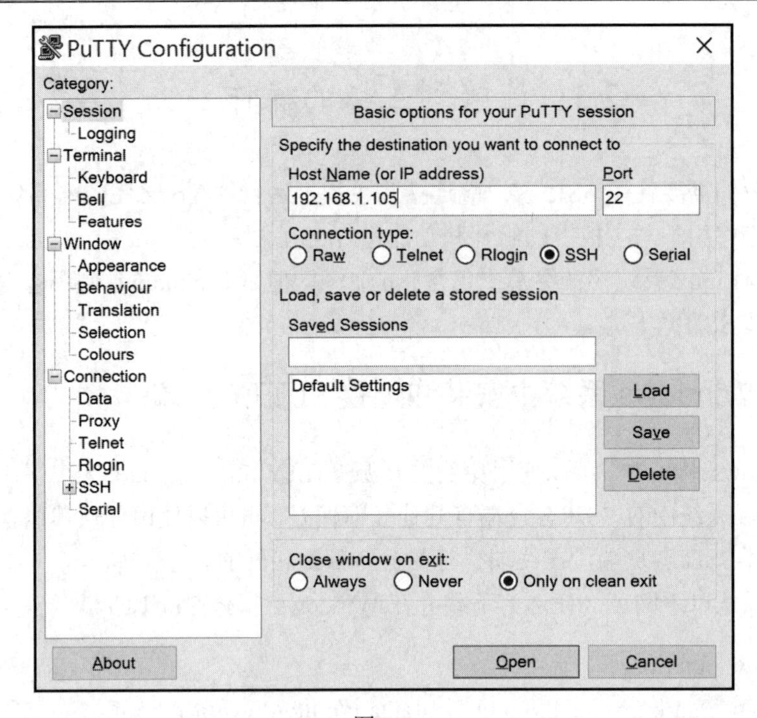

图 2-9

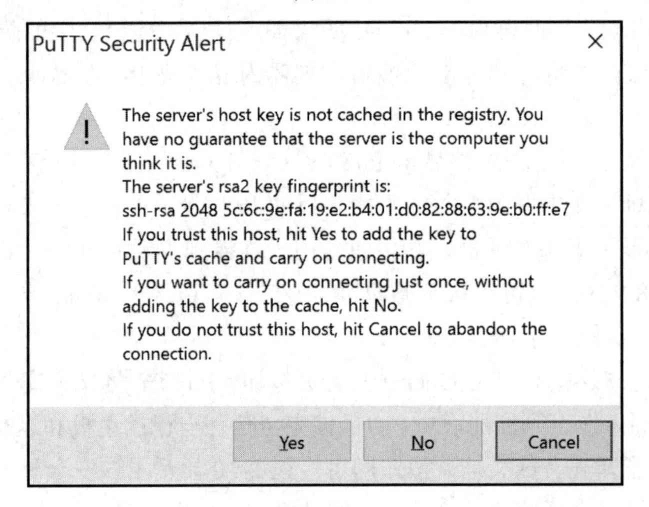

图 2-10

输入 root 并按回车键。在 Yocto Linux 默认配置中，你将以不需要密码的 root 用户身份登录。现在，你可以运行任何 shell 命令。例如，你可以输入以下命令来检查当前已安装的 Python 版本：

```
python --version
```

图 2-11 显示了 PuTTY 终端窗口，可以看到我们以 root 用户身份登录并运行了一些命令。

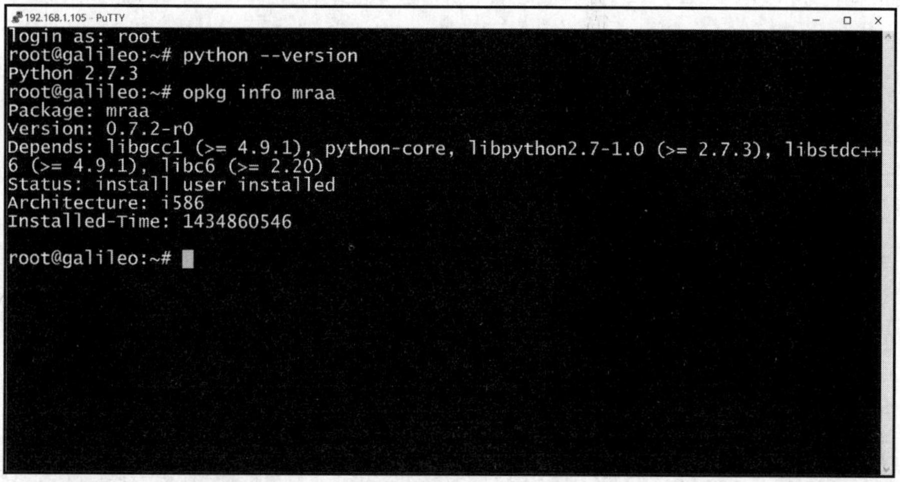

```
192.168.1.105 - PuTTY
login as: root
root@galileo:~# python --version
Python 2.7.3
root@galileo:~# opkg info mraa
Package: mraa
Version: 0.7.2-r0
Depends: libgcc1 (>= 4.9.1), python-core, libpython2.7-1.0 (>= 2.7.3), libstdc++6 (>= 4.9.1), libc6 (>= 2.20)
Status: install user installed
Architecture: i586
Installed-Time: 1434860546

root@galileo:~#
```

图 2-11

2.3.2　在 OS X 系统中通过 ssh 命令连接到 Yocto Linux

在 OS X 和 Linux 系统中，可以打开一个 Terminal（终端）并运行 ssh 命令以连接到主板上运行的 Yocto Linux。输入的格式如下：

先输入 ssh，然后输入空格，用户名，@ 和 IP 地址。

在本示例中，我们要使用 root 用户名进行连接，因此，可以先输入 ssh，后跟一个空格，root @，然后输入 IP 地址。

以下命令适用于在 IP 地址为 192.168.1.105 和端口号为 22 的主板中运行 SSH 服务器。你在使用该命令时，必须用检索到的 IP 地址替换这里的 192.168.1.105。

```
ssh root@192.168.1.105
```

首次建立连接时，ssh 命令将显示安全警报，这是因为无法确立主机的真实性。我们信任自己的主板和在其上运行的 Yocto Linux，因此，在出现与以下问题类似的提问时，输入 yes，然后按回车键。

```
The authenticity of host '192.168.1.105 (192.168.1.105)' can't be
established.
ECDSA key fingerprint is SHA256:Ln7j/g1Np4igsgaUP0ujFC2PPcb1pnkLD8Pk0
AK+Vow.
Are you sure you want to continue connecting (yes/no)?
```

ssh 命令将显示类似于以下内容的消息，表示已经将主板的 IP 地址永久添加到已知主机列表中：

```
Warning: Permanently added '192.168.1.105' (ECDSA) to the list of
known hosts.
```

在 Yocto Linux 默认配置中，你将以不需要密码的 root 用户身份登录。现在，可以运行任何 shell 命令。例如，可以输入以下命令来检查已安装的 Python 版本。

```
python --version
```

请注意，当看到提示符 root @ galileo:~# 时，意味着所有的命令都是在主板的 Yocto Linux 上运行，而不是在 OS X Terminal 或 Linux Terminal 上运行。图 2-12 显示了 OS X Terminal 窗口，可以看到我们以 root 用户身份登录并运行了一些命令。

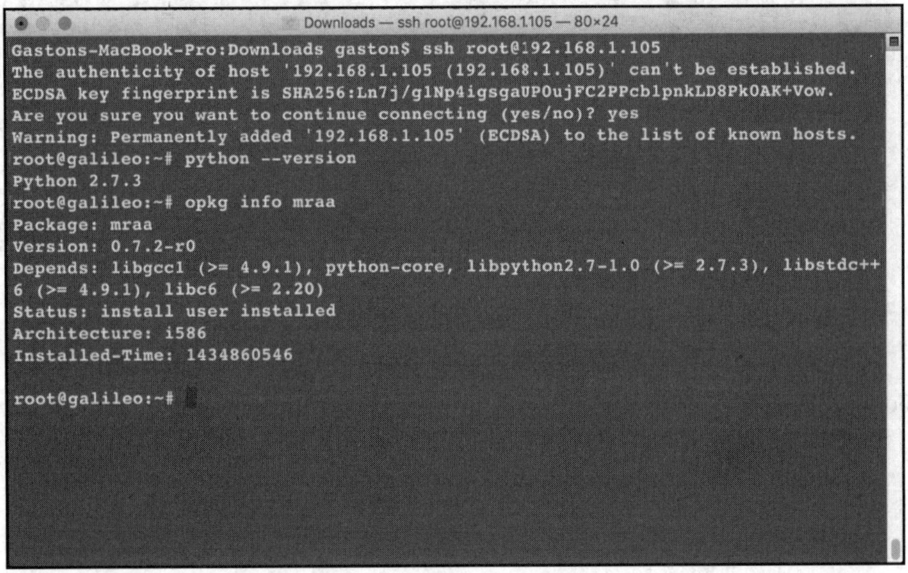

```
Downloads — ssh root@192.168.1.105 — 80×24
Gastons-MacBook-Pro:Downloads gaston$ ssh root@192.168.1.105
The authenticity of host '192.168.1.105 (192.168.1.105)' can't be established.
ECDSA key fingerprint is SHA256:Ln7j/g1Np4igsgaUP0ujFC2PPcb1pnkLD8Pk0AK+Vow.
Are you sure you want to continue connecting (yes/no)? yes
Warning: Permanently added '192.168.1.105' (ECDSA) to the list of known hosts.
root@galileo:~# python --version
Python 2.7.3
root@galileo:~# opkg info mraa
Package: mraa
Version: 0.7.2-r0
Depends: libgcc1 (>= 4.9.1), python-core, libpython2.7-1.0 (>= 2.7.3), libstdc++
6 (>= 4.9.1), libc6 (>= 2.20)
Status: install user installed
Architecture: i586
Installed-Time: 1434860546

root@galileo:~#
```

图 2-12

提示：

主板启动的 Yocto Linux 包含预安装的 Python 2.7.3。

我们还可以在平板电脑或智能手机等移动设备上运行任何 SSH 客户端。有许多为 iOS 和 Android 开发的 SSH 客户端。可以使用平板电脑和与其链接的蓝牙键盘，并可以在 SSH 客户端中轻松运行命令。

2.4　安装和升级必要的库以与主板交互

现在，我们将在 SSH 客户端运行许多命令。在运行命令之前，请确保 SSH 客户端已按照 2.3 节的说明连接到在主板上运行的 Yocto Linux SSH 服务器。特别是，如果使用的是 OS X 或 Linux 系统，则必须确保不要在计算机上运行命令，而要在远程 shell 上执行此命令。进行这样的区别很简单，只需确保在运行任何命令之前看到的提示符始终是 root @ galileo:~#。

提示：

主板应连接到具有 Internet 访问权限的局域网（LAN），因为我们将需要从 Internet 下载内容。

我们将使用 opkg 实用程序下载并安装 mraa 和 upm 库的更新版本。

- mraa 库：也称为 libmraa，是一个低级 C/C++库，具有与 Python 的绑定，使我们可以与 Intel Galileo Gen 2 主板和其他支持的平台上的 I/O 功能进行连接。
- upm 库：为传感器和执行器提供了高级接口，可以将其插入 mraa 库支持的平台。upm 库简化了使用传感器和执行器的工作，并包含与 Python 的绑定。

在接下来的章节中，我们将使用这两个库，因此，需要安装它们的最新版本。

2.4.1　检查现有库的版本

opkg 实用程序是轻量级的软件包管理器，它使我们可以轻松下载和安装 OpenWrt 软件包。OpenWrt 是嵌入式设备的 Linux 发行版。

首先，我们将使用 opkg 实用程序检查 mraa 和 upm 已经安装的版本。

运行以下命令即可检查已安装的 mraa 版本：

```
opkg info mraa
```

以下诸行显示了该命令的输出，它包含 mraa 软件包的版本和依赖项。在本示例中，输出信息显示 mraa 的安装版本为 0.7.2-r0。

```
Package: mraa
Version: 0.7.2-r0
Depends: libgcc1 (>= 4.9.1), python-core, libpython2.7-1.0 (>= 2.7.3),
libstdc++6 (>= 4.9.1), libc6 (>= 2.20)
Status: install user installed
Architecture: i586
Installed-Time: 1434860546
```

运行以下命令来检查已安装的 upm 版本：

```
opkg info upm
```

以下诸行显示了该命令的输出，它包含 upm 软件包的版本和依赖项。在本示例中，输出信息显示 upm 的安装版本为 0.3.1-r0。

```
Package: upm
Version: 0.3.1-r0
Depends: libgcc1 (>= 4.9.1), libpython2.7-1.0 (>= 2.7.3), libc6 (>= 2.20),
python-core, libstdc++6 (>= 4.9.1), mraa (>= 0.7.2)
Status: install user installed
Architecture: i586
Installed-Time: 1434860596
```

运行以下命令来检查 mraa 和 upm 库的存储库配置：

```
cat /etc/opkg/mraa-upm.conf
```

如果看到返回的结果是下面的行，则表明该存储库已配置为使用 1.5 版本，这意味着我们需要更改配置，以便可以将 mraa 和 upm 库都更新到其最新版本。

```
src mraa-upm http://iotdk.intel.com/repos/1.5/intelgalactic
```

运行以下命令来配置 mraa 和 upm 库的存储库以使用 2.0 版而不是 1.5 版：

```
echo "src mraa-upm http://iotdk.intel.com/repos/2.0/intelgalactic" > /
etc/opkg/mraa-upm.conf
```

现在，运行以下命令来检查 mraa 和 upm 库的存储库配置：

```
cat /etc/opkg/mraa-upm.conf
```

可以看到，输出中的 1.5 已被 2.0 取代。

```
src mraa-upm http://iotdk.intel.com/repos/2.0/intelgalactic
```

2.4.2　安装最新版本的库

我们将使用 opkg 实用程序从 Internet 上先前配置的存储库中更新软件包。在更改 mraa 和 upm 库的存储库配置后，运行以下命令以使 opkg 实用程序更新可用软件包的列表。

```
opkg update
```

上一条命令将生成以下输出，指示已更新的可用软件包的列表。请注意，输出的最后几行表示该命令已从 http://iotdk.intel.com/repos/2.0/intelgalactic/Packages 下载可用的软件包，并且将其保存在/var/lib/opkg/mraa-upm 中。

```
Downloading http://iotdk.intel.com/repos/1.5/iotdk/all/Packages.
Updated list of available packages in /var/lib/opkg/iotdk-all.
Downloading http://iotdk.intel.com/repos/1.5/iotdk/i586/Packages.
Updated list of available packages in /var/lib/opkg/iotdk-i586.
Downloading http://iotdk.intel.com/repos/1.5/iotdk/quark/Packages.
Updated list of available packages in /var/lib/opkg/iotdk-quark.
Downloading http://iotdk.intel.com/repos/1.5/iotdk/x86/Packages.
Updated list of available packages in /var/lib/opkg/iotdk-x86.
Downloading http://iotdk.intel.com/repos/2.0/intelgalactic/Packages.
Updated list of available packages in /var/lib/opkg/mraa-upm.
```

运行以下命令来检查/var/lib/opkg/mraa-upm 中存储的 mraa 和 upm 库的版本：

```
cat /var/lib/opkg/mraa-upm
```

结果如下所示。请注意，版本号可能会有所不同，因为 mraa 和 upm 库都是非常活跃的项目，它们会频繁更新。因此，当运行上述命令时，版本号可能会更高。

```
Package: mraa
Version: 0.9.0
Provides: mraa-dev, mraa-dbg, mraa-doc
Replaces: mraa-dev, mraa-dbg, mraa-doc, libmraa, libmraa-dev, libmraa-doc
Conflicts: mraa-dev, mraa-dbg, mraa-doc
Section: libs
Architecture: i586
Maintainer: Intel IoT-Devkit
MD5Sum: b92167f26a0dc0dba4d485b7bedcfb47
Size: 442236
Filename: mraa_0.9.0_i586.ipk
Source: https://github.com/intel-iot-devkit/mraa
Description: mraa built using CMake
```

```
Priority: optional


1   Package: upm
2   Version: 0.4.1
3   Depends: mraa (>= 0.8.0)
4   Provides: upm-dev, upm-dbg, upm-doc
5   Replaces: upm-dev, upm-dbg, upm-doc
6   Conflicts: upm-dev, upm-dbg, upm-doc
7   Section: libs
8   Architecture: i586
9   Maintainer: Intel IoT-Devkit
10  MD5Sum: 13a0782e478f2ed1e65b33249be41424
11  Size: 16487850
12  Filename: upm_0.4.1_i586.ipk
13  Source: https://github.com/intel-iot-devkit/upm
14  Description: upm built using CMake
15  Priority: optional
```

在本示例中，我们获得的 mraa 版本是 0.9.0，upm 版本是 0.4.1。这些版本号高于初始安装的版本号。我们希望将 mraa 0.7.2-r0 升级到 0.9.0，并将 upm 0.3.1-r0 升级到 0.4.1。

在上面代码的第 3 行中可以看到，upm 依赖 mraa 0.8.0 或更高版本，因此，首先要升级的是 mraa。

运行以下命令来安装 mraa 库的最新可用版本：

```
opkg install mraa
```

输出结果如下：

```
Upgrading mraa from 0.7.2-r0 to 0.9.0 on root.
Downloading http://iotdk.intel.com/repos/2.0/intelgalactic/mraa_0.9.0_
i586.ipk.
Removing package mraa-dev from root...
Removing package mraa-doc from root...
Removing obsolete file /usr/lib/libmraa.so.0.7.2.
Removing obsolete file /usr/bin/mraa-gpio.
Configuring mraa.
```

运行以下命令来安装 upm 库的最新可用版本：

```
opkg install upm
```

输出结果如下（仅显示了前面几行和最后一行）。请注意，该软件包的安装过程会删除大量的过时文件：

```
Upgrading upm from 0.3.1-r0 to 0.4.1 on root.
Downloading http://iotdk.intel.com/repos/2.0/intelgalactic/upm_0.4.1_
i586.ipk.
Removing package upm-dev from root...
Removing obsolete file /usr/lib/libupm-wt5001.so.0.3.1.
Removing obsolete file /usr/lib/libupm-adc121c021.so.0.3.1.
Removing obsolete file /usr/lib/libupm-joystick12.so.0.3.1.
Removing obsolete file /usr/lib/libupm-grove.so.0.3.1.
Removing obsolete file /usr/lib/libupm-tm1637.so.0.3.1.
…
Removing obsolete file /usr/lib/libupm-groveloudness.so.0.3.1.
Configuring upm.
```

现在，运行以下命令来检查已安装的 mraa 版本：

```
opkg info mraa
```

以下输出结果显示了 mraa 软件包的版本和依赖项。注意：前面几行显示的 mraa 版本 0.7.2-r0 是不再安装的，后面加粗显示的 mraa 版本 0.9.0 才是已安装的。

```
Package: mraa
Version: 0.7.2-r0
Depends: libgcc1 (>= 4.9.1), python-core, libpython2.7-1.0 (>= 2.7.3),
libstdc++6 (>= 4.9.1), libc6 (>= 2.20)
Status: unknown ok not-installed
Section: libs
Architecture: i586
Maintainer: Intel IoT Devkit team <meta-intel@yoctoproject.org>
MD5Sum: b877585652e4bc34c5d8b0497de04c4f
Size: 462242
Filename: mraa_0.7.2-r0_i586.ipk
Source: git://github.com/intel-iot-devkit/mraa.git;protocol=git;rev=29
9bf5ab27191e60ea0280627da2161525fc8990
Description: Low Level Skeleton Library for Communication on Intel
platforms Low
 Level Skeleton Library for Communication on Intel platforms.

Package: mraa
Version: 0.9.0
Provides: mraa-dev, mraa-dbg, mraa-doc
Replaces: mraa-dev, mraa-dbg, mraa-doc, libmraa, libmraa-dev, libmraa-doc
Conflicts: mraa-dev, mraa-dbg, mraa-doc
```

```
Status: install user installed
Section: libs
Architecture: i586
Maintainer: Intel IoT-Devkit
MD5Sum: b92167f26a0dc0dba4d485b7bedcfb47
Size: 442236
Filename: mraa_0.9.0_i586.ipk
Source: https://github.com/intel-iot-devkit/mraa
Description: mraa built using CMake
Installed-Time: 1452800349
```

运行以下命令来检查已安装的 upm 版本：

```
opkg info upm
```

以下输出结果显示了 upm 软件包的版本和依赖项。同样，前面几行显示的 upm 版本 0.3.1-r0 是不再安装的，后面加粗显示的 upm 版本 0.4.1 才是已安装的。

```
Package: upm
Version: 0.3.1-r0
Depends: libgcc1 (>= 4.9.1), libpython2.7-1.0 (>= 2.7.3), libc6 (>= 2.20),
python-core, libstdc++6 (>= 4.9.1), mraa (>= 0.7.2)
Status: unknown ok not-installed
Section: libs
Architecture: i586
Maintainer: Intel IoT Devkit team <meta-intel@yoctoproject.org>
MD5Sum: 9c38c6a23db13fbeb8c687336d473200
Size: 10344826
Filename: upm_0.3.1-r0_i586.ipk
Source: git://github.com/intel-iot-devkit/upm.git;protocol=git;rev=3
d453811fb7760e14da1a3461e05bfba1893c2bd file://0001-adafruitms1438-
CMakeLists.txt-stop-RPATH-being-added.patch
Description: Sensor/Actuator repository for Mraa  Sensor/Actuator
repository for Mraa.

Package: upm
Version: 0.4.1
Depends: mraa (>= 0.8.0)
Provides: upm-dev, upm-dbg, upm-doc
Replaces: upm-dev, upm-dbg, upm-doc
Conflicts: upm-dev, upm-dbg, upm-doc
Status: install user installed
```

```
Section: libs
Architecture: i586
Maintainer: Intel IoT-Devkit
MD5Sum: 13a0782e478f2ed1e65b33249be41424
Size: 16487850
Filename: upm_0.4.1_i586.ipk
Source: https://github.com/intel-iot-devkit/upm
Description: upm built using CMake
Installed-Time: 1452800568
```

现在，我们已经安装了 mraa 和 upm 库的最新版本，并且能够从任何 Python 程序中使用它们。

2.5　安装 pip 和其他库

默认情况下，pip 软件包管理系统是未安装的，但是，由于 pip 能够帮助轻松安装和管理用 Python 编写的软件包，而我们又将使用 Python 作为主要编程语言，因此，有必要安装 pip 软件包管理系统。

2.5.1　安装 pip 软件包管理系统

首先，输入 curl 命令以从 https://bootstrap.pypa.io 网址下载 get-pip.py 文件，并将其保存到当前文件夹：

```
curl -L "https://bootstrap.pypa.io/get-pip.py" > get-pip.py
```

你将看到类似于以下内容的输出，它指示了下载进度：

```
  % Total    % Received % Xferd Average  Speed   Time    Time    Time
Current
                                Dload   Upload  Total   Spent   Left
Speed
100 1379k  100 1379k    0      0  243k       0  0:00:05 0:00:05 --:--
:--  411k
```

下载完成后，以 get-pip.py 作为参数运行 python 命令。

```
python get-pip.py
```

你将看到类似于以下内容的输出，指示安装进度以及与 SSLContext 相关的一些警告。

不用担心这些警告。

```
Collecting pip
/tmp/tmpe2ukgP/pip.zip/pip/_vendor/requests/packages/urllib3/util/
ssl_.py:90: InsecurePlatformWarning: A true SSLContext object
is not available. This prevents urllib3 from configuring SSL
appropriately and may cause certain SSL connections to fail. For more
information, see https://urllib3.readthedocs.org/en/latest/security.
html#insecureplatformwarning.
  Downloading pip-7.1.2-py2.py3-none-any.whl (1.1MB)
    100% |################################| 1.1MB 11kB/s
Collecting wheel
  Downloading wheel-0.26.0-py2.py3-none-any.whl (63kB)
    100% |################################| 65kB 124kB/s
Installing collected packages: pip, wheel
Successfully installed pip-7.1.2 wheel-0.26.0
/tmp/tmpe2ukgP/pip.zip/pip/_vendor/requests/packages/urllib3/util/
ssl_.py:90: InsecurePlatformWarning: A true SSLContext object
is not available. This prevents urllib3 from configuring SSL
appropriately and may cause certain SSL connections to fail. For more
information, see https://urllib3.readthedocs.org/en/latest/security.
html#insecureplatformwarning.
```

2.5.2　安装 wiring-x86 软件包

现在，我们可以使用 pip 安装程序轻松安装其他 Python 2.7.3 软件包。我们将使用 pip 安装程序从 PyPI 中获取 wiring-x86 软件包并进行安装。

PyPI 表示的是 Python 软件包索引（Python Package Index），wiring-x86 软件包是一个 Python 模块，提供类似于 WiringPi 模块的简单 API，以使用 Intel Galileo Gen 2 主板和其他受支持平台上的通用 I/O 引脚。

只需要运行以下命令即可安装该软件包：

```
pip install wiring-x86
```

在上述命令的输出结果中，最后几行将指示 wiring-x86 软件包已成功安装。不必担心与 wiring-x86 的构建 wheel 包有关的错误消息。

```
Installing collected packages: wiring-x86
  Running setup.py install for wiring-x86
Successfully installed wiring-x86-1.0.0
```

2.6　调用 Python 解释器

我们已经安装了与 Intel Galileo Gen 2 主板功能进行交互所需的最重要库的最新版本。现在，可以通过输入经典命令来调用 Python 解释器：

```
python
```

输入以下两行 Python 代码：

```
import mraa
mraa.getVersion()
```

Python 解释器将显示以下输出：

```
'v0.9.0'
```

我们导入了 mraa 库，并调用了 mraa.getVersion 方法以检查 Python 是否能够检索 mraa 库的已安装版本。

调用该方法的结果显示了我们为 mraa 库安装的版本是 v0.9.0，由此可以知道，Python 使用的正是我们需要的版本。值得一提的是，该 Python 代码是在 Intel Galileo Gen 2 主板的 Yocto Linux 上运行的。

现在，输入以下代码以检查 mraa 库是否已成功检测到主板类型：

```
mraa.getPlatformName()
```

Python 解释器将显示以下输出：

```
'Intel Galileo Gen 2'
```

我们调用了 mraa.getPlatformName 方法，并且调用该方法的结果显示了主板的名称：Intel Galileo Gen 2。图 2-13 显示了调用上述方法的结果。

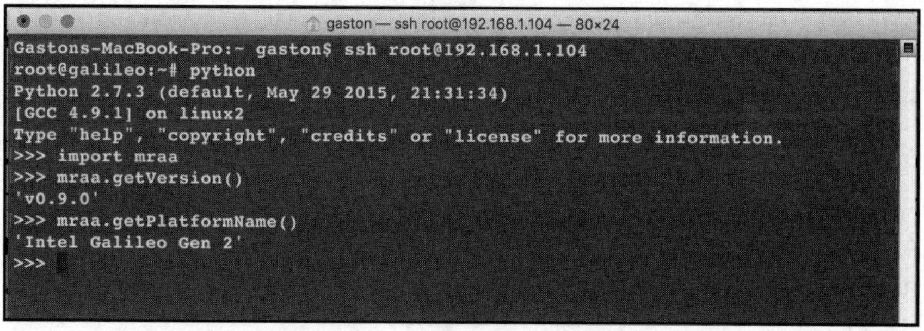

```
gaston — ssh root@192.168.1.104 — 80×24
Gastons-MacBook-Pro:~ gaston$ ssh root@192.168.1.104
root@galileo:~# python
Python 2.7.3 (default, May 29 2015, 21:31:34)
[GCC 4.9.1] on linux2
Type "help", "copyright", "credits" or "license" for more information.
>>> import mraa
>>> mraa.getVersion()
'v0.9.0'
>>> mraa.getPlatformName()
'Intel Galileo Gen 2'
>>>
```

图 2-13

现在，在连接到局域网（LAN）的任何计算机或设备上打开 Web 浏览器，然后输入主板被分配的 IP 地址。例如，如果该 IP 地址是 192.168.1.104，则输入它作为要浏览的 URL。图 2-14 显示了将在 Web 浏览器上看到的内容：It works！

图 2-14

“It works!”正是/www/pages/index.html 文件的内容，返回这个内容表明该主板一切正常，可以作为 Web 服务器。

2.7　牛 刀 小 试

1．何时可以访问在 Intel Galileo Gen 2 主板上的 Python 2.7.x？（　　）

　　A．从闪存启动预安装的 SPI 镜像之后

　　B．从 microSD 卡启动 Yocto Linux 之后（特指 IoT Devkit 镜像）

　　C．引导预安装的 SPI 镜像并按 3 次重启按钮之后

2．将 Intel Galileo Gen 2 主板连接到局域网（LAN）后，可以使用任意实用工具访问其外壳，以使我们能够使用（　　）接口和协议。

　　A．SSH

　　B．Telnet

　　C．X.25

3．以下（　　）库具有与 Python 的绑定，允许我们在 Intel Galileo Gen 2 主板上使用 I/O。

　　A．IotGalileoGen2

　　B．Mraa

　　C．Mupm

4．以下（　　）软件包是 Python 模块，提供与 WiringPi 模块类似的 API，以使用 Intel Galieo Gen 2 主板上的通用 I/O 引脚。

A．wiring-py-galileo

B．galileo-gen2-x86

C．wiring-x86

5．以下（　　）方法将返回 mraa 库自动检测到的板卡。

A．mraa.getPlatformName()

B．mraa.getBoardName()

C．mraa.getGalileoBoardName()

2.8　小　　结

本章详细介绍了许多操作步骤，使得我们可以使用 Python 作为主要编程语言，并通过 Intel Galileo Gen 2 主板创建物联网（IoT）项目。

我们将 Linux Yocto 镜像写入了 microSD 卡，并配置了主板使其启动该镜像，以便可以访问 Python 和其他有用的库来与主板进行交互。我们还更新了许多库以使用其最新版本，并启动了 Python 解释器。

现在我们的主板已准备好使用 Python 进行编程，我们可以开始将电子组件连接到主板上，并使用 Python 和库来编写程序，这正是第 3 章要讨论的主题。

第 3 章　使用 Python 实现交互式数字输出

本章将使用 Python 以及 mraa 和 wiring-x86 两个库来处理数字输入。

本章包含以下主题：

- 在 Intel Galileo Gen 2 和带有电子组件的面包板之间建立连接。
- 编写 Python 脚本的第一个版本，以打开和关闭连接到主板上的电子组件。
- 将 Python 代码传输到主板上运行的 Yocto Linux。
- 执行与主板互动的 Python 脚本。
- 学习利用 Python 的面向对象功能来改进代码并使其更易于理解。
- 准备代码，使构建 API 变得更容易以便和 IoT 设备交互。

3.1　打开和关闭板载组件

首先，我们将利用板载 LED（发光二极管）编写第一个 Python 代码，以便与 Intel Galileo Gen 2 主板上包含的数字输出功能交互。

3.1.1　编写点亮或熄灭 LED 的 Python 代码

我们制作这个简单示例的目的是使开发人员了解，mraa 库使我们能够轻松地使用 Python 代码打开和关闭一个板载组件。

如前文所述，在 Intel Galileo Gen 2 主板中包含不同的组件。我们知道 USB 2.0 主机连接器的右侧有 3 个矩形 LED。第一个 LED 标有 L，连接到数字 I/O 引脚的引脚 13，因此，发送到引脚 13 的高电平将打开该 LED，而低电平则会将其关闭。

我们将编写若干行 Python 代码，使用 mraa 库让标记为 L 的板上 LED 重复以下循环，直到 Python 程序被中断：

- 打开（点亮）。
- 保持点亮状态 3 s。
- 关闭（熄灭）。
- 保持关闭状态 2 s。

执行上述操作的 Python 代码如下所示。

以下示例的代码文件是 iot_python_chapter_03_01.py。

```
import mraa
import time


if __name__ == "__main__":
    print ("Mraa library version: {0}".format(mraa.getVersion()))
    print ("Mraa detected platform name: {0}".format(mraa.
getPlatformName()))

    # 配置 GPIO 引脚，13 为输出引脚
    onboard_led = mraa.Gpio(13)
    onboard_led.dir(mraa.DIR_OUT)

    while True:
        # 打开板载 LED
        onboard_led.write(1)
        print("I've turned on the onboard LED.")
        # 睡眠 3 s
        time.sleep(3)
        # 关闭板载 LED
        onboard_led.write(0)
        print("I've turned off the onboard LED.")
        time.sleep(2)
```

提示：

本书在前言中提供了下载本书配套代码包的详细步骤。

另外，本书的代码包也托管在 GitHub 上，网址如下：

https://github.com/PacktPublishing/Internet-Things-with-Python

3.1.2　使用 FileZilla 将 Python 代码文件传输到主板

第 2 章已经介绍过，运行在主板上的 Yocto Linux 系统可通过运行 Bonjour 浏览器同时提供 SSH 和 SFTP 服务。

SFTP 是 SSH 文件传输协议（SSH File Transfer Protocol）或安全文件传输协议（Security File Transfer Protocol）的缩写。

开发人员可以使用任何 SFTP 客户端连接到主板，并传输在任何计算机或移动设备上创建的文件。当然，我们也可以在 SSH 终端使用任何 Linux 编辑器（例如 vi），或仅在

Python 解释器中输入代码。但是，通常来说更方便的方式是：在计算机或移动设备中使用我们喜欢的编辑器或集成开发环境（Integrated Development Environment，IDE），然后使用任何 SFTP 客户端将文件传输到主板上。

提示：

一些 Python 集成开发环境（IDE）具有远程开发功能，使开发人员能够轻松地传输必要的文件并在主板上启动它们的执行。例如，JetBrains PyCharm 的付费专业版就有该功能。遗憾的是，社区版不包含此功能。

我们不希望该过程只能通过特定的 IDE 进行，因此，本示例将使用 SFTP 客户端传输文件。FileZilla 客户端是支持 SFTP 的免费、开源和多平台 FTP 客户端。开发人员可以在以下网址下载并安装它：

http://filezilla-project.org

一旦安装并执行了 FileZilla Client，就可以按照以下步骤将运行在主板上的 SFTP 服务器添加到该应用程序的站点管理器中：

（1）选择 File（文件）| Site Manager（站点管理器）。

（2）单击 Site Manager（站点管理器）对话框中的 New site（新建站点）。输入所需名称，例如 IntelGalileo2，以轻松识别主板的 SFTP 服务。

（3）在 Host（主机）中输入主板的 IP 地址。

注意：不需要在 Port（端口）中输入任何值，因为 SFTP 服务器将使用默认的 SFTP 端口，即 SSH 守护程序侦听的端口：端口 22。

（4）在 Protocol（协议）下拉列表框中选择 SFTP - SSH File Transfer Protocol（SFTP-SSH 文件传输协议）。

（5）在 Logon Type（登录类型）下拉列表框中选择 Normal（正常）。

（6）在 User（用户）文本框中输入 root。

图 3-1 显示了主板（分配的 IP 地址为 192.168.1.107）的配置值。

（7）单击 Connect（连接）按钮。

FileZilla 将显示一个 Unknown host key（未知主机键）对话框，指示该服务器的主机键未知。它类似于使用 SSH 客户端首次建立与主板的连接时提供的信息（见图 2-10）。

其详细信息包括主机和指纹。选中 Always trust this host, add this key to the cache（始终信任此主机，将此键添加到缓存）复选框，然后单击 OK（确定）按钮。

（8）在建立连接之后，FileZilla 将打开新站点窗口，并且在窗口右侧 Remote site（远程站点）下显示主板上运行的 Yocto Linux 的/home/root 文件夹。

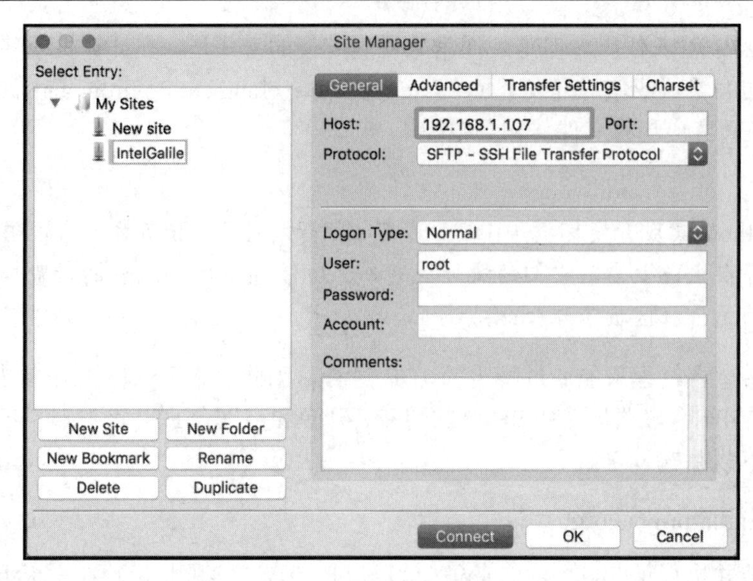

图 3-1

（9）在窗口左侧 Local site（本地站点）下，可以导航到本地计算机中保存了要传输的 Python 文件的文件夹。

（10）选择要传输的文件，然后按回车键即可将文件传输到主板上的/home/root 文件夹。另一种方法是用鼠标右键单击所需的文件，然后在弹出的快捷菜单中选择 Upload（上传）命令。

FileZilla 将在 Remote site（远程站点）下的/home/root 文件夹中显示上传的文件。这样，在使用 SSH 终端登录时，即可在 Yocto Linux 使用的默认位置（即 root 用户的 home 文件夹）中访问 Python 文件。

图 3-2 显示了许多通过 FileZilla 上传到/home/root 文件夹并在/home/root 文件夹内容中列出的 Python 文件。

提示：

在处理其他项目时，需要在/home/root 下创建新文件夹，以便更好地组织 Yocto Linux 文件系统中的 Python 代码。

下次需要将文件上传到主板上时，无须在 Site Manager（站点管理器）对话框中设置新站点即可建立 SFTP 连接。只需要选择 File（文件）| Site Manager（站点管理器），然后在 Select Entry（选择条目）下选择站点名称，单击 Connect（连接）即可。

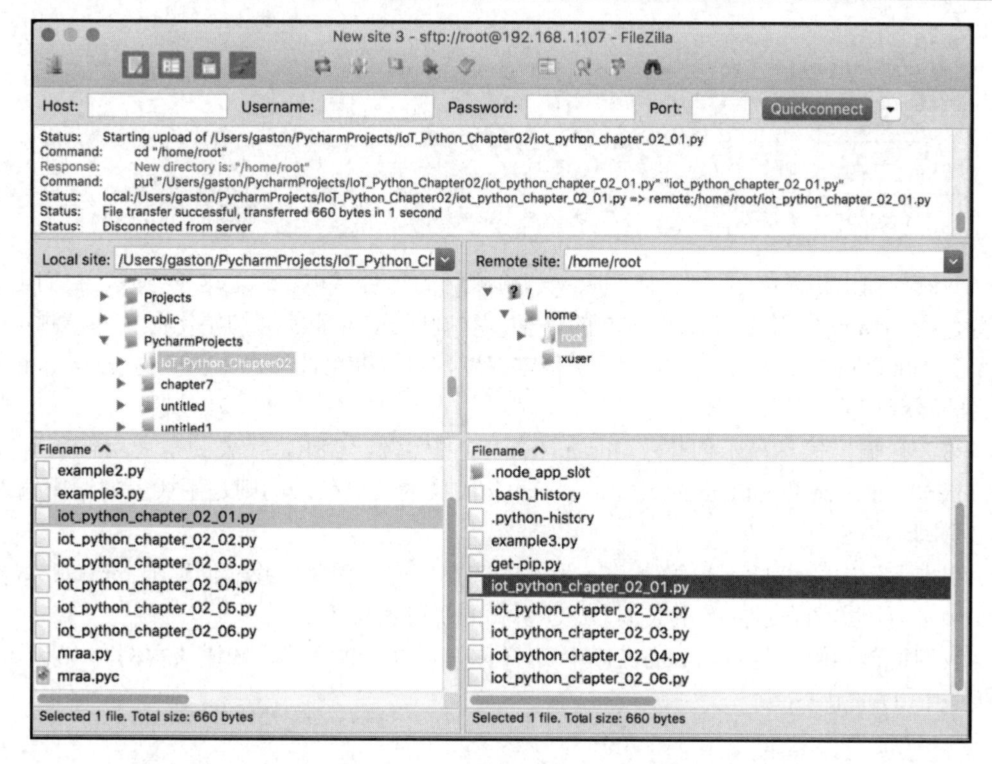

图 3-2

登录后，如果在 SSH 终端运行以下命令，Linux 将输出当前文件夹或目录：

```
pwd
```

上述命令的结果将是我们上传 Python 代码的文件夹。

```
/home/root
```

3.1.3　在主板上运行 Python 代码

将文件传输到主板后，即可在主板的 SSH 终端上使用以下命令运行前面介绍过的与 LED 交互的代码：

```
python iot_python_chapter_03_01.py
```

该代码非常简单。这里使用了许多 print 语句，以使我们易于理解控制台上消息的状态。以下几行显示了运行代码几秒钟后生成的输出：

```
Mraa library version: v0.9.0
Mraa detected platform name: Intel Galileo Gen 2
Setting GPIO Pin #13 to dir DIR_OUT
I've turned on the onboard LED.
I've turned off the onboard LED.
I've turned on the onboard LED.
I've turned off the onboard LED.
```

前两行输出信息显示了 mraa 库版本和检测到的平台名称。通过这种方式，我们可以获得有关 Python 使用的 mraa 库版本的信息，并确保 mraa 库能够初始化自身并检测正确的平台：Intel Galileo Gen 2。如果遇到特定问题，可以使用此信息来检查与 mraa 库和检测到的平台有关的特定问题。

第 3 行输出信息显示创建了 mraa.Gpio 类的实例。GPIO 代表的是通用输入/输出（General Purpose Input/Output），而 mraa.Gpio 类的实例代表的则是主板上的通用输入/输出引脚。

在本示例中，我们将 13 作为 pin 形参的实参传递，因此，我们创建了 mraa.Gpio 类的实例，而该实例表示的是主板上 GPIO 引脚的引脚编号 13。

我们将该实例命名为 onboard_led，这样你就可以一目了然，知道该实例允许我们控制板载 LED 的状态。

```
onboard_led = mraa.Gpio(13)
```

提示：

在这里，只需要指定 pin 形参的值即可初始化 mraa.Gpio 类的实例。其实它还有两个附加的可选形参（owner 和 raw），但是我们应将其保留为默认值。

默认情况下，无论何时创建 mraa.Gpio 类的实例，我们都拥有该引脚，并且 mraa 库将在销毁时将其关闭。

正如我们可能从其名称中猜到的那样，mraa.Gpio 类的实例使我们可以将引脚用作输入或输出。因此，有必要为 mraa.Gpio 实例指定所需的方向（Direction）。在本示例中，我们要使用引脚 13 作为输出引脚。因此，下一行就是调用 dir 方法将该引脚配置为输出引脚，即设置其方向值为 mraa.DIR_OUT。

```
onboard_led.dir(mraa.DIR_OUT)
```

然后，该代码将永远运行这个循环。也就是说，除非按下 Ctrl+C 快捷键停止执行，否则该循环不会中断。

当然，如果使用的是具有远程开发功能的 Python 集成开发环境（IDE），那么，在运行主板上的代码时也可以单击 Stop 按钮停止它。

while 循环中的第一行调用了 mraa.Gpio 实例 onboard_led 的 write 方法，其中的 1 是 value 这个必需形参的实参。通过这种方式，我们向配置为数字输出的引脚 13 发送了高电平值（1）。

因为引脚 13 上连接有板载 LED，所以引脚 13 中的高值导致板载 LED 点亮。

```
onboard_led.write(1)
```

打开 LED 之后，下一行代码使用了 print 语句将消息打印到控制台输出，这样我们就知道打开了 LED。

接下来调用了 time.sleep 方法，并且使用 3 作为 seconds 实参值，将执行延迟 3 s。由于并没有更改引脚 13 的状态，因此在此延迟期间，LED 将保持打开（点亮）状态。

```
time.sleep(3)
```

下一行再次调用了 mraa.Gpio 实例 onboard_led 的 write 方法，但这一次使用 0 作为 value 必需形参的实参。通过这种方式，我们向配置为数字输出的引脚 13 发送了低电平值（0）。

因为引脚 13 上连接有板载 LED，所以引脚 13 中的低电平值导致板载 LED 关闭（熄灭）。

```
onboard_led.write(0)
```

在关闭 LED 之后，下一行代码使用了 print 语句将消息打印到控制台输出，这样我们就知道关闭了 LED。

接下来调用了 time.sleep 方法，并且使用 2 作为 seconds 实参值，将执行延迟 2 s。由于并没有更改引脚 13 的状态，因此在此延迟期间，LED 将保持关闭（熄灭）状态。

然后，循环再次开始。

提示：

由于开发人员可以使用任何 ssh 客户端来运行该 Python 代码，因此可以在控制台输出中看到 print 语句的结果，这对于开发人员理解数字输出应该发生的情况非常有用。

稍后，我们将利用 Python 中包含的更高级的日志记录功能来处理更复杂的场景。

通过上面的示例可以了解到，mraa 库封装了所有在 mraa.Gpio 类中使用 GPIO 引脚所必需的方法。上述代码并没有利用 Python 的面向对象功能，而是与 mraa 库中包含的类之一进行交互。

在接下来的示例中，我们将充分利用更多的 Python 功能。此外，一旦开始处理更复杂的示例，就需要使主板通过网络进行交互。

3.2　认识面包板

在上面的示例中，只是与板载 LED 进行了交互，因此，并没有将任何其他电子组件连接到板上。现在，我们将转向更复杂的示例，并且必须开始使用其他组件和工具。

我们不想创建新的印刷电路板（Printed Circuit Board，PCB），并且每次想将一些电子组件连接到电路板上时，都将电子组件焊接到该板上。我们将在本书中对许多电子项目进行原型设计，并且在学习完有关物联网的每个课程之后，继续进行原型设计，因此，我们将使用无焊面包板作为电子原型的基础。

提示：

无焊面包板（Solderless Breadboard）也称为免焊面包板、面包板、无焊插入式面包板或原型板。我们将以其最简单的名称来称呼它们：面包板。

对于所有需要将电子元件连接到主板上的原型，我们将使用包含 830 个连接点（用于连接的孔）和两条电源轨的面包板。图 3-3 显示了这种面包板，它由一块大约 6.5"×2.1"（16.51×5.33 cm）的塑料块和许多小孔组成。

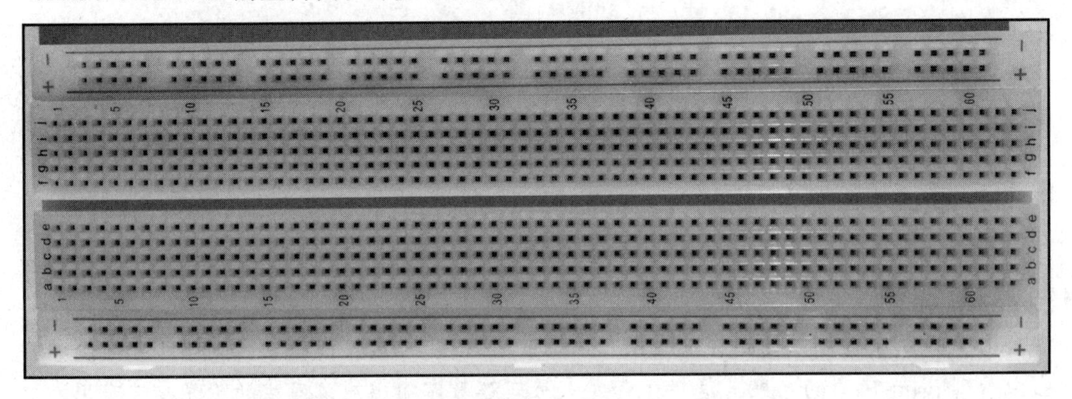

图 3-3

图 3-4 显示了带有两条电源轨面包板的 830 个连接点（Tie Point）的内部连接。可以看到，面包板内部有金属条连接小孔。

可以看到，面包板在板子的上面和下面分别提供了两个电源轨（Power Lane）、总线带（Bus Strip）——也称为水平总线（Horizontal Bus）。这些电源轨连接该行中的所有孔。每列有 5 个连接的行孔。

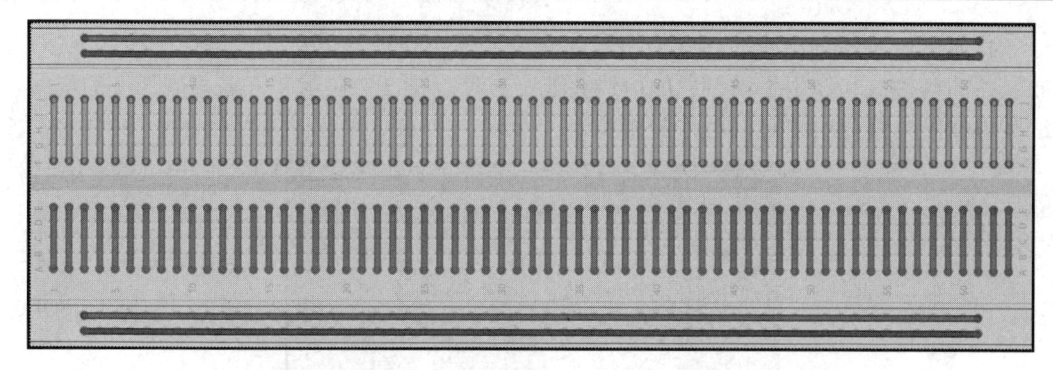

图 3-4

但是，我们必须小心，因为有些类似的面包板会中断电源轨或中间的水平总线，因此，这样的电源轨将不会连接该行中的所有孔。图 3-5 就显示了这样的面包板连接。

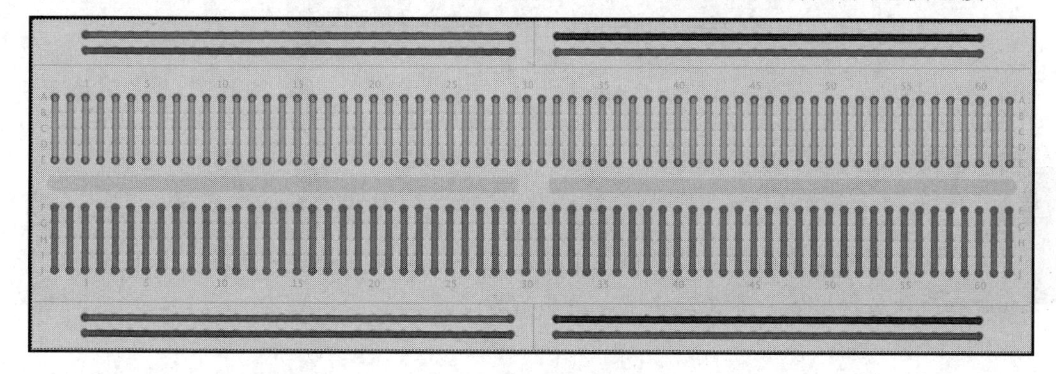

图 3-5

如果要使用这种面包板，则必须与总线建立如图 3-6 所示的连接。这实际上模拟了和图 3-3 或图 3-4 中面包板一样的连接。

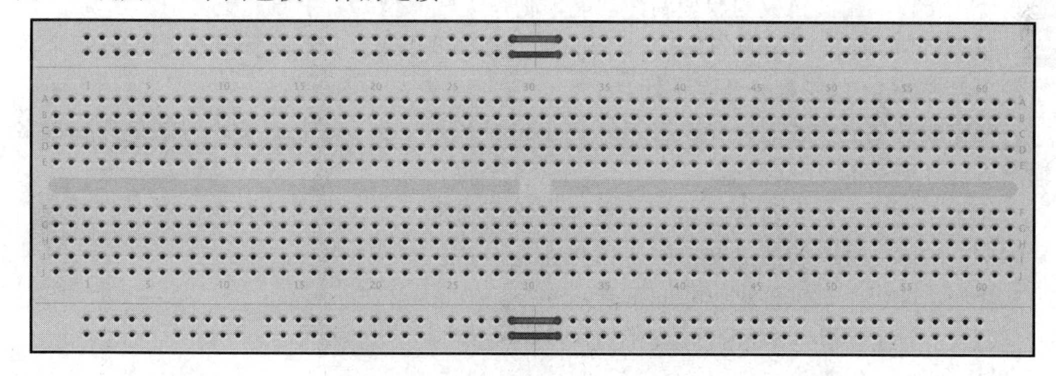

图 3-6

我们可以将没有绝缘的导线末端插入面包板的小孔中，以对元件进行接线。准备不同长度的跨接线和使用不同颜色的电线会非常方便。图 3-7 显示了许多不同长度的电线，这些电线没有绝缘层，可以用作跨接线。

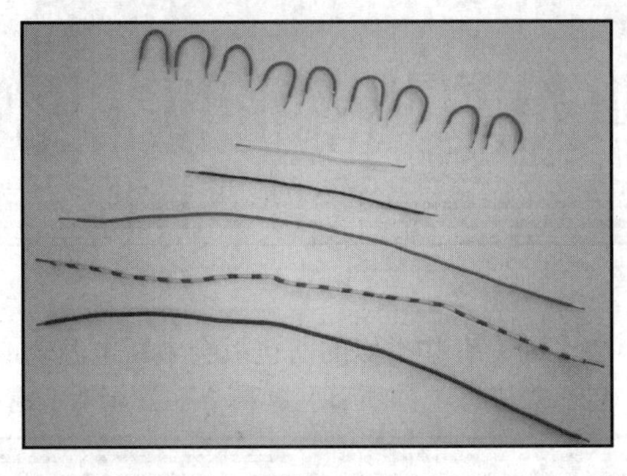

图 3-7

如果不想花时间自己制作跨接线，可以购买预制的公对公无焊接柔性面包板跨接线，它们在电线末端连接了微小的插头。

提示：

可以使用上面说明的任何方法为本书中的每个示例建立必要的连接。如果你决定使用公对公面包板跨接线，那么请确保它们是高质量的。

3.3　制作数字输出示例

现在可以利用面包板的原型制作功能来制作一些原型并着手研究更复杂的示例。

我们将使用 Intel Galileo Gen 2 主板的 9 个数字输出来打开和关闭 9 个 LED。每个数字输出将控制 LED 是打开还是关闭。

在完成必要的接线后，我们将编写 Python 代码从 1 到 9 进行计数，方法是控制数字输出以打开所需的 LED 数量。

在本示例中，第一种方法将不是最佳方法。但是，在学习了更多的知识之后，我们将创建新版本，并且将改进初始原型和 Python 代码。

我们需要以下零部件来制作此示例：

- 3 个红色超亮 5 mm LED。
- 3 个白色超亮 5 mm LED。

- ❑ 3 个绿色超亮 5 mm LED。
- ❑ 9 个 270 Ω 电阻器，具有 5%的公差（色环为红紫棕金）。

3.3.1　使用电子示意图

图 3-8 显示了连接到面包板的元器件、必要的布线以及从 Intel Galileo Gen 2 主板到面包板的布线。该示例的 Fritzing 文件是 iot_fritzing_chapter_03_02.fzz。

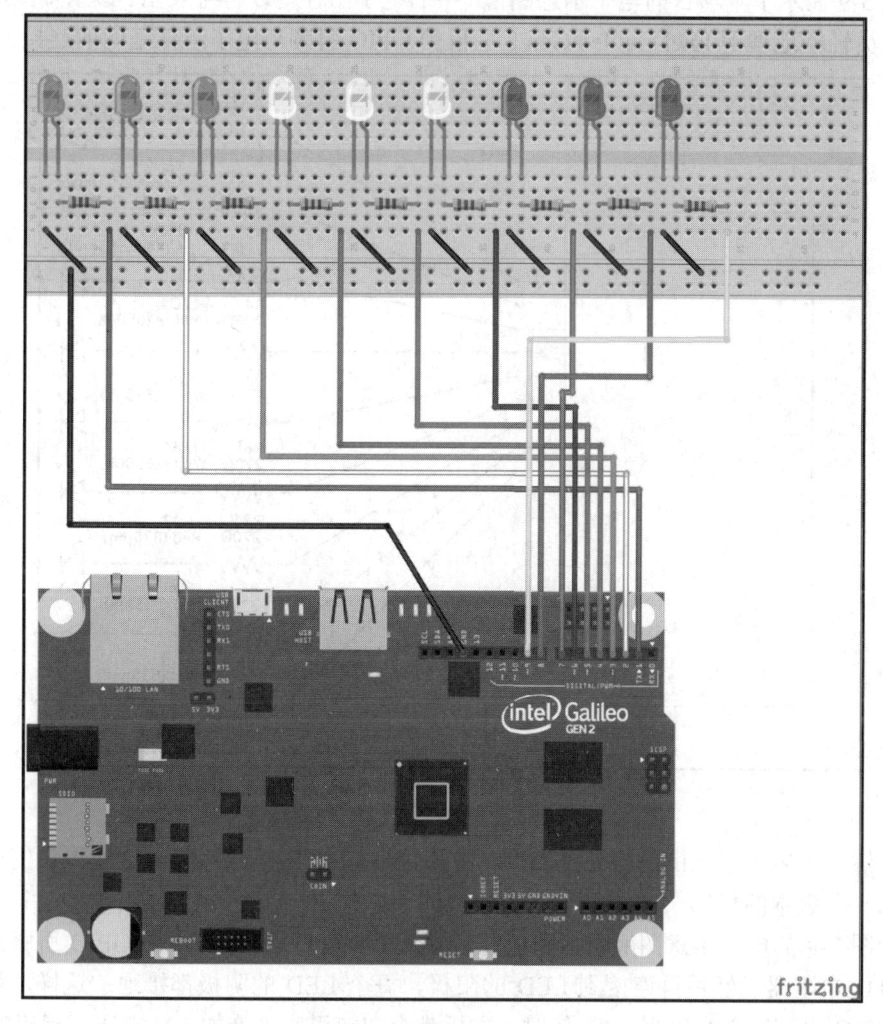

图 3-8

在本示例中，我们决定将 GPIO 引脚编号与 LED 编号匹配。这样，每当要打开（点亮）LED 1 时，便向 GPIO 引脚 1 写入一个高电平（1）值；每当要打开 LED 2 时，就向 GPIO 引脚 2 写入一个高电平（1）值，以此类推。

稍后我们会发现这并不是一个最佳的决定，因为由于主板上引脚位置的原因，此方案的布线变得比预期的要复杂。稍后我们将详细分析这种情况，并在第一个版本所学知识的基础上创建此示例的新版本并加以改进。

图 3-9 显示了本项目的电子示意图，其中的电子组件均以符号表示。该示意图可以使开发人员轻松地理解 Intel Galileo Gen 2 主板的 GPIO 引脚与电子组件之间的连接。

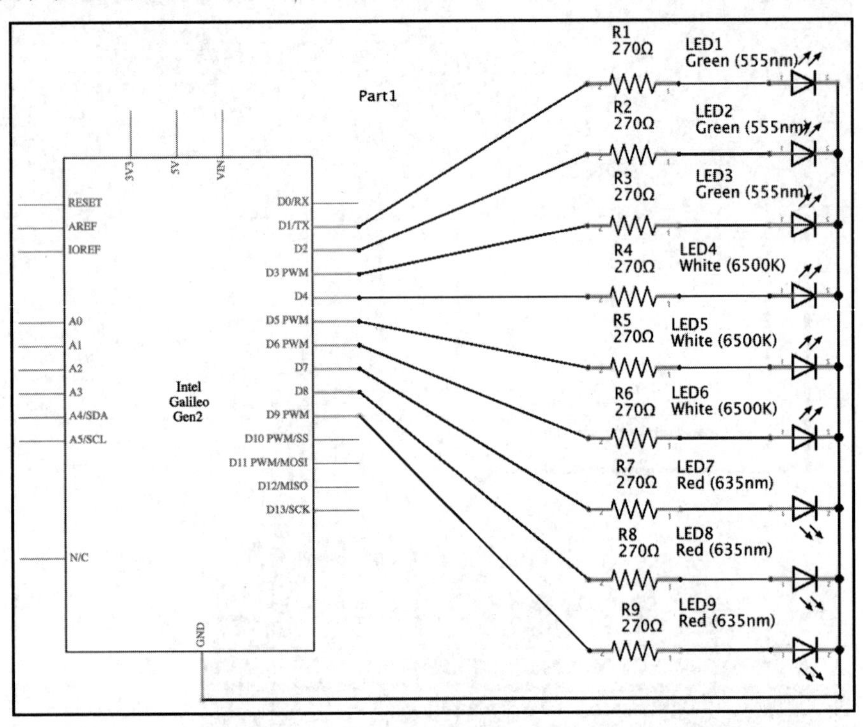

图 3-9

显然，该电子示意图的好处是 GPIO 引脚编号与 LED 编号匹配，这使得我们很容易编写第一个版本的代码。

如图 3-9 的电子示意图所示，主板符号中从 D1 到 D9 标记的每个 GPIO 引脚都连接到 270 Ω 电阻器，然后再连接到 LED 的阳极，每个 LED 的阴极都接地。这样，每当向任何 GPIO 引脚写入高电平（1）值时，主板都会在该引脚上施加 5 V 电压，相应的 LED 会点亮；每当向任何 GPIO 引脚写入低电平（0）值时，主板都会在该引脚上施加 0 V 电压，相应的 LED 会熄灭。

提示：

当将标有 IOREF 的跳线保留在其默认的 5 V 位置时，该主板的 GPIO 引脚将以 5 V 工作。因此，当向其写入高电平值时，GPIO 引脚将具有 5 V 电压。

如果将此跳线的位置更改为 3.3 V，则当向其写入高电平值时，GPIO 引脚将具有 3.3 V。

除非另有说明，否则在本书所有示例中，我们都使用该跳线的默认位置。

现在，是时候将元器件插入面包板并进行所有必要的布线了。

提示：

在执行任何引脚的接入或移除操作之前，始终应关闭 Yocto Linux，等待所有板载 LED 熄灭，然后从 Intel Galileo Gen 2 主板上拔下电源。

在插入或拔出任何扩展板之前，也需要执行相同的操作。

要关闭 Yocto Linux，请在 ssh 终端输入以下命令。在输入命令时，请确保已经退出 Python 解释器。

```
shutdown
```

在输入上述命令后，将看到关闭过程开始的时间。该消息将类似于以下输出，当然日期和时间会是不一样的。

```
Shutdown scheduled for Mon 2016-01-25 23:50:04 UTC, use 'shutdown -c'
to cancel.
root@galileo:~#
Broadcast message from root@galileo (Mon 2016-01-25 23:49:04 UTC):

The system is going down for power-off at Mon 2016-01-25 23:50:04 UTC!
```

通过该提示可以看到，在真正关机之前，你有 1 min 的“后悔期”。1 min 时间内，可以输入 shutdown -c 命令取消关机。

在确定需要关机后，等待大约 1 min，直到操作系统关闭并且所有板载 LED 熄灭。此时，可以安全地断开主板的电源。

3.3.2　使用 LED

在将 LED 插入面包板中时，必须特别注意。正如我们在电子示意图中所看到的，电阻器连接到 LED 的阳极，而每个 LED 的阴极则需要接地。

我们可以轻松地识别出 LED 的阳极（即正极）引脚，因为它的引脚比另一根引脚稍长。另一根引脚也就是 LED 的阴极（即负极）引脚。

在图 3-10 中，LED 的阴极（负极）引脚位于左侧（较短的引脚），而 LED 的阳极（正极）引脚则位于右侧（稍长的引脚）。

图 3-10 中的 LED 与前面显示的面包板图片（见图 3-8）中的 LED 位于相同的位置。因此，我们必须在面包板的左侧连接较短的引脚，在右侧连接较长的引脚。图 3-11 显示了面包板图片中的 LED 以及负极（阴极）和正极（阳极）。

图 3-12 显示了 LED 的示意性电子符号，其负极（阴极）和正极（阳极）的位置同上。

图 3-10

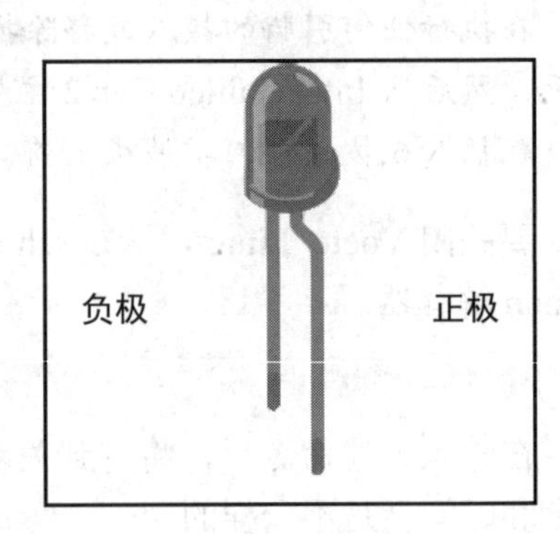

图 3-11

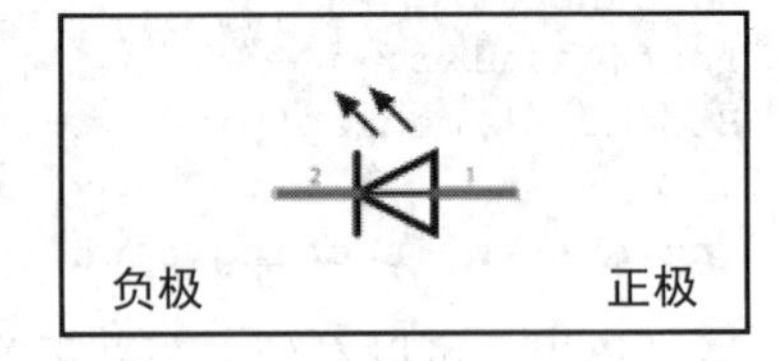

图 3-12

图 3-13 显示了连接到面包板的所有 LED。在这个角度也可以透过 LED 管的塑料观察其金属支架，根据两根引脚在管内的金属支架判断引脚的正负极，左侧较大的金属支架连接的引脚为负极，右侧支架较小，它连接的引脚是正极。

图 3-14 显示了所有连接到面包板的 LED，你可以按图 3-8 中 Fritzing 电子示意图的面包板视图检查是否已连接 LED。

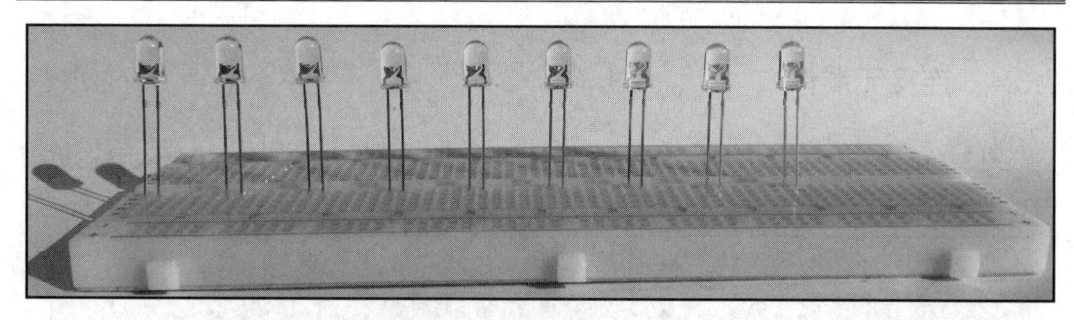

图 3-13

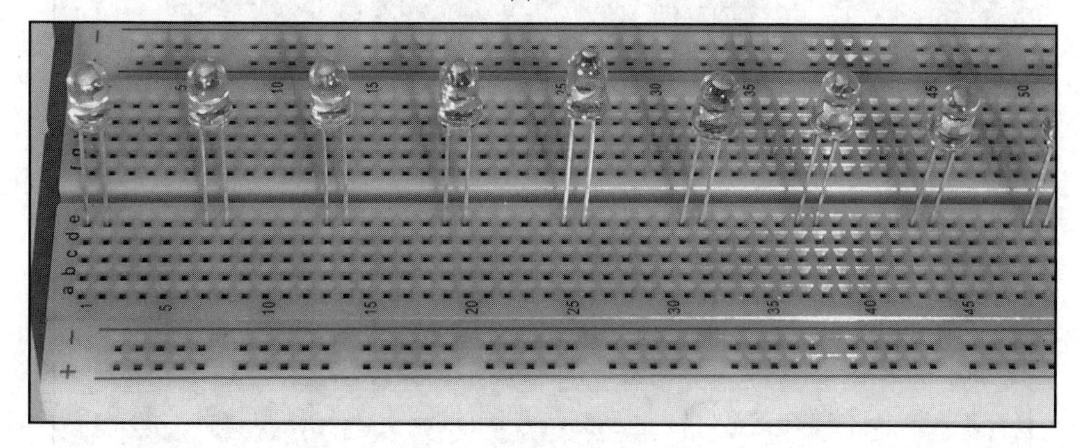

图 3-14

3.3.3　认识电阻

电阻的前后是一样的，因此，在面包板上以哪种方式使用都没有关系。图 3-15 显示了 5%公差的 270 Ω 轴向引脚电阻。请注意，从左到右的色环是红色、紫色、棕色和金色。色环使我们无须测量电阻即可知道以欧姆为单位的电阻及其公差值。

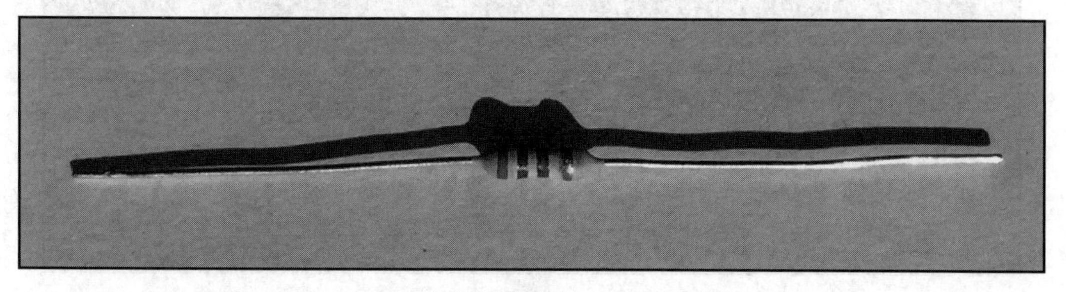

图 3-15

3.3.4　连接元器件

图 3-16 显示了连接到面包板的元器件、必要的布线以及从 Intel Galileo Gen 2 主板到面包板的布线。

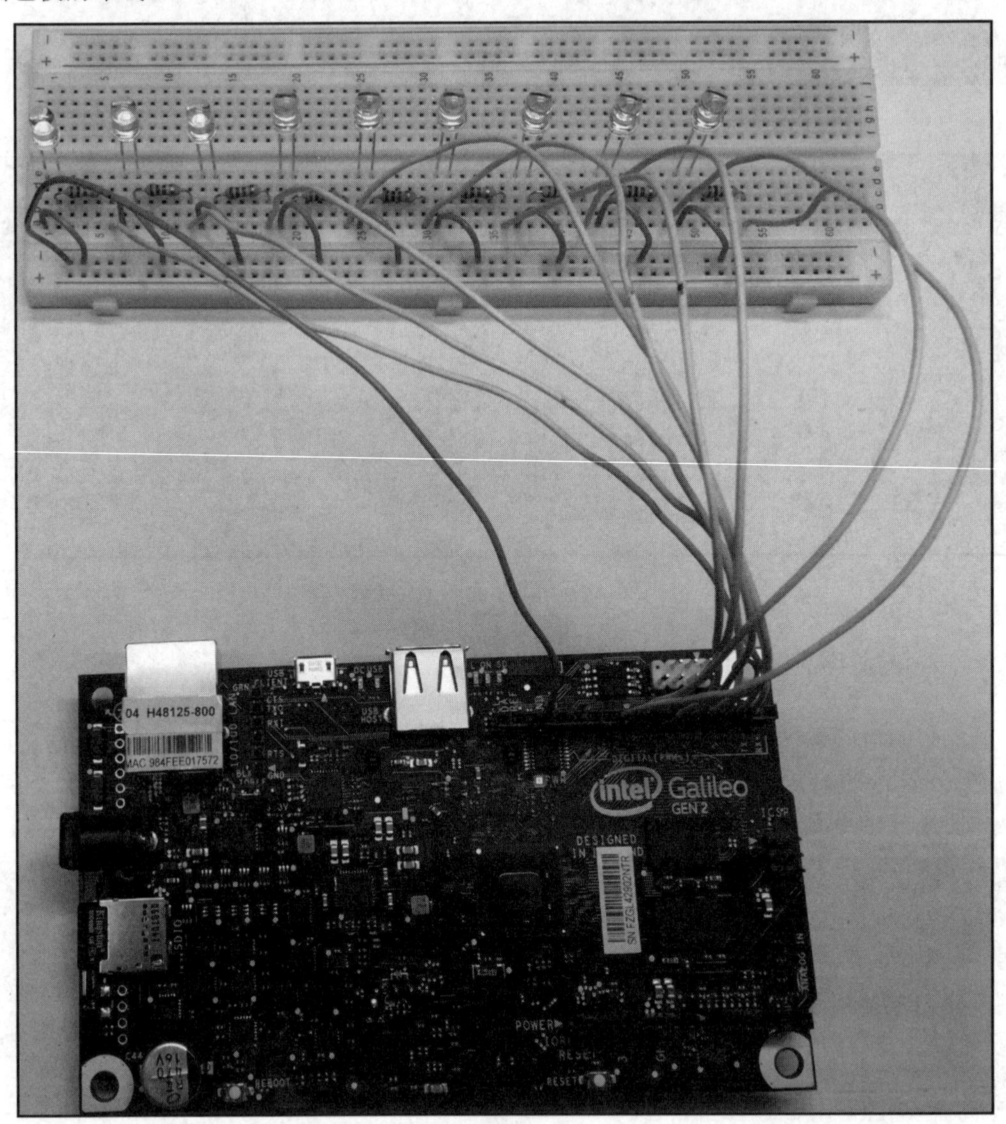

图 3-16

3.3.5　编写从 1 数到 9 的 Python 代码

一旦完成接线并确保所有元器件和接线都在正确的位置，我们就可以编写第一个版本的 Python 代码，用 LED 从 1 到 9 进行计数，然后通过 SFTP 传输代码并执行。

我们将编写若干行 Python 代码，使用 mraa 库运行以下步骤，从 1 数到 9，每步之间有 3 s 的暂停：

- 打开 LED1。
- 打开 LED1 和 LED2。
- 打开 LED1、LED2 和 LED3。
- 打开 LED1、LED2、LED3 和 LED4。
- 打开 LED1、LED2、LED3、LED4 和 LED5。
- 打开 LED1、LED2、LED3、LED4、LED5 和 LED6。
- 打开 LED1、LED2、LED3、LED4、LED5、LED6 和 LED7。
- 打开 LED1、LED2、LED3、LED4、LED5、LED6、LED7 和 LED8。
- 打开 LED1、LED2、LED3、LED4、LED5、LED6、LED7、LED8 和 LED9。

执行上述操作的 Python 代码如下所示。

以下示例的代码文件是 iot_python_chapter_03_02.py。

```
import mraa
import time


if __name__ == "__main__":
    print ("Mraa library version: {0}".format(mraa.getVersion()))
    print ("Mraa detected platform name: {0}".format(mraa.
getPlatformName()))

    # 配置 GPIO 引脚，1~9 作为输出引脚
    output = []
    for i in range(1, 10):
        gpio = mraa.Gpio(i)
        gpio.dir(mraa.DIR_OUT)
        output.append(gpio)

    # 从 1 数到 9
    for i in range(1, 10):
        print("==== Turning on {0} LEDs ====".format(i))
```

```
        for j in range(0, i):
            output[j].write(1)
            print("I've turned on the LED connected to GPIO Pin
#{0}.".format(j + 1))
        time.sleep(3)
```

3.3.6　测试代码

将文件传输到主板后，即可在主板的 SSH 终端上使用以下命令运行上述代码：

```
python iot_python_chapter_03_02.py
```

上述代码使用了许多 print 语句，由此我们能够通过控制台上的消息轻松地了解发生的状况。运行代码后生成的输出如下所示：

```
Mraa library version: v0.9.0
Mraa detected platform name: Intel Galileo Gen 2
Setting GPIO Pin #1 to dir DIR_OUT
Setting GPIO Pin #2 to dir DIR_OUT
Setting GPIO Pin #3 to dir DIR_OUT
Setting GPIO Pin #4 to dir DIR_OUT
Setting GPIO Pin #5 to dir DIR_OUT
Setting GPIO Pin #6 to dir DIR_OUT
Setting GPIO Pin #7 to dir DIR_OUT
Setting GPIO Pin #8 to dir DIR_OUT
Setting GPIO Pin #9 to dir DIR_OUT
==== Turning on 1 LEDs ====
I've turned on the LED connected to GPIO Pin #1.
==== Turning on 2 LEDs ====
I've turned on the LED connected to GPIO Pin #1.
I've turned on the LED connected to GPIO Pin #2.
==== Turning on 3 LEDs ====
I've turned on the LED connected to GPIO Pin #1.
I've turned on the LED connected to GPIO Pin #2.
I've turned on the LED connected to GPIO Pin #3.
==== Turning on 4 LEDs ====
I've turned on the LED connected to GPIO Pin #1.
I've turned on the LED connected to GPIO Pin #2.
I've turned on the LED connected to GPIO Pin #3.
I've turned on the LED connected to GPIO Pin #4.
==== Turning on 5 LEDs ====
I've turned on the LED connected to GPIO Pin #1.
```

```
I've turned on the LED connected to GPIO Pin #2.
I've turned on the LED connected to GPIO Pin #3.
I've turned on the LED connected to GPIO Pin #4.
I've turned on the LED connected to GPIO Pin #5.
==== Turning on 6 LEDs ====
I've turned on the LED connected to GPIO Pin #1.
I've turned on the LED connected to GPIO Pin #2.
I've turned on the LED connected to GPIO Pin #3.
I've turned on the LED connected to GPIO Pin #4.
I've turned on the LED connected to GPIO Pin #5.
I've turned on the LED connected to GPIO Pin #6.
==== Turning on 7 LEDs ====
I've turned on the LED connected to GPIO Pin #1.
I've turned on the LED connected to GPIO Pin #2.
I've turned on the LED connected to GPIO Pin #3.
I've turned on the LED connected to GPIO Pin #4.
I've turned on the LED connected to GPIO Pin #5.
I've turned on the LED connected to GPIO Pin #6.
I've turned on the LED connected to GPIO Pin #7.
==== Turning on 8 LEDs ====
I've turned on the LED connected to GPIO Pin #1.
I've turned on the LED connected to GPIO Pin #2.
I've turned on the LED connected to GPIO Pin #3.
I've turned on the LED connected to GPIO Pin #4.
I've turned on the LED connected to GPIO Pin #5.
I've turned on the LED connected to GPIO Pin #6.
I've turned on the LED connected to GPIO Pin #7.
I've turned on the LED connected to GPIO Pin #8.
==== Turning on 9 LEDs ====
I've turned on the LED connected to GPIO Pin #1.
I've turned on the LED connected to GPIO Pin #2.
I've turned on the LED connected to GPIO Pin #3.
I've turned on the LED connected to GPIO Pin #4.
I've turned on the LED connected to GPIO Pin #5.
I've turned on the LED connected to GPIO Pin #6.
I've turned on the LED connected to GPIO Pin #7.
I've turned on the LED connected to GPIO Pin #8.
I've turned on the LED connected to GPIO Pin #9.
```

图 3-17 所示的 9 张图片显示了通过执行 Python 代码在面包板上点亮的 LED 的顺序。

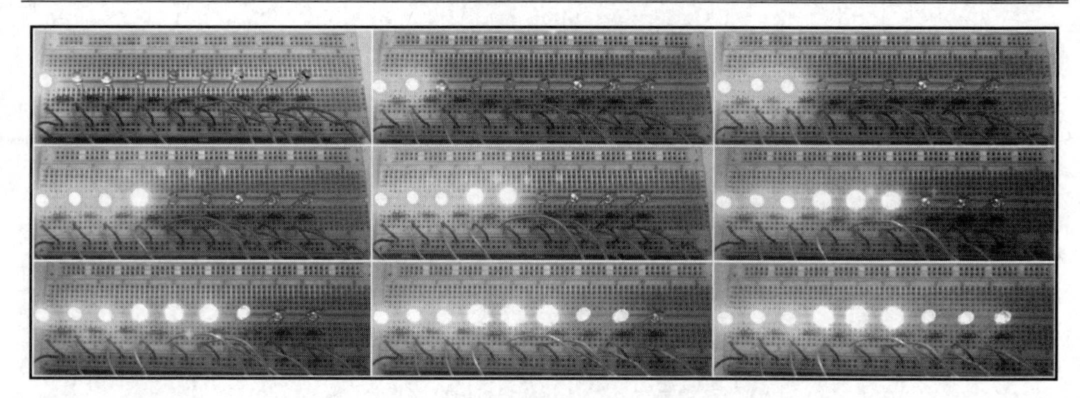

图 3-17

3.3.7　代码解释

首先，该代码声明了一个名为 output 的空列表。

然后，使用了一个 for 循环创建 mraa.Gpio 类的 9 个实例，每个实例代表主板上的一个通用输入/输出引脚。我们传递了 i 作为 pin 形参的实参，因此，每个实例代表的引脚编号就等于主板上的 GPIO 引脚编号 i。

在创建 Gpio 实例之后，调用其 dir 方法将引脚配置为输出引脚，即，将方向设置为 mraa.DIR_OUT 值。

再然后，我们为 output 列表调用了 append 方法，将 mraa.Gpio 实例（gpio）添加到 output 列表中。

重要的是要理解，range(1, 10) 会生成以下列表：[1, 2, 3, 4, 5, 6, 7, 8, 9]。因此，我们的 for 循环将从 i 等于 1 开始，其最后一次迭代则是 i 等于 9。

```
output = []
for i in range(1, 10):
    gpio = mraa.Gpio(i)
    gpio.dir(mraa.DIR_OUT)
    output.append(gpio)
```

另一个 for 循环确定要打开的 LED 的数量。我们使用 range(1, 10) 生成与上一个循环相同的列表。该 for 循环中的第一行调用 print 方法来显示将在迭代中打开的 LED 数量。该循环中的一个循环则使用 range(0, i) 来生成 output 列表中元素的索引列表，这是在主 for 循环（i）的迭代过程中，必须点亮的 LED 的列表。

内部循环使用 j 作为其变量，并且该内部循环中的代码仅为每个 mraa.Gpio 实例 output[j]调用 write 方法，使用 1 作为必需的 value 形参的实参。这样，我们就会向配置为数字输出的编号等于 j + 1 的引脚发送高电平值（1）。

如果 j 等于 0，则 output 列表的第一个元素就是为引脚 1（j +1）配置的 mraa.Gpio 实例。因为从 1 到 9 的每个引脚都连接有一个 LED，所以一个或多个引脚中的高电平值将导致 LED 被点亮。然后，该代码打印一条消息，指示已点亮的 LED 的编号。

内循环完成后，调用 time.sleep 方法，并且使用 3 作为 seconds 实参值，这将延迟执行 3 s。这意味着，在外循环执行另一次迭代之前，将有一个或多个 LED 在此延迟期间保持点亮状态。

```
for i in range(1, 10):
    print("==== Turning on {0} LEDs ====".format(i))
    for j in range(0, i):
        output[j].write(1)
        print("I've turned on the LED connected to GPIO Pin
#{0}.".format(j + 1))
    time.sleep(3)
```

图 3-18 显示了在笔记本电脑的 SSH 终端上打印的控制台输出。另外还可以看到，在与运行 Python 代码的主板连接的面包板上，9 个 LED 指示灯已经亮起。

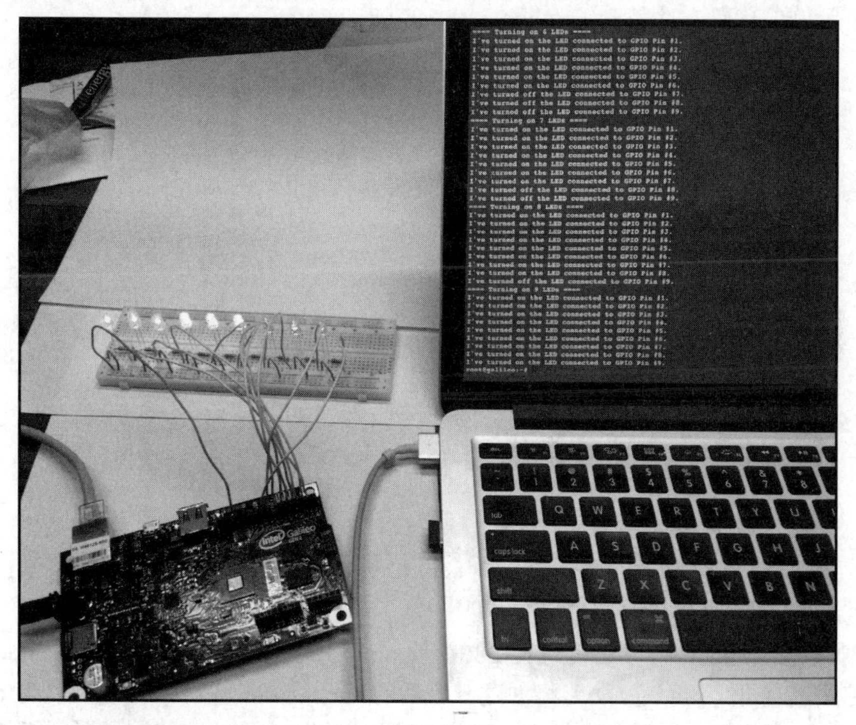

图 3-18

3.4　编写面向对象的代码控制数字输出结果

上面的示例仅仅是打开（点亮）LED，因此，如果我们想以相反的顺序计数（即从 9 数到 1），则结果将不会符合预期，因为代码在点亮 9 个 LED 后，再点亮 8 个 LED 时，仍然会有 9 个 LED 点亮。这里的问题在于我们永远不会关闭不需要打开的 LED，因此 9 个 LED 会一直亮着，直到修改后的循环完成执行。

3.4.1　创建一个 Led 类来表示连接到主板的 LED

我们一直在讨论的都是打开 LED 或关闭 LED。但是，我们仅使用了 mraa.Gpio 类的实例并调用了 write 方法。Python 是一种面向对象的编程语言，因此，我们完全可以利用其面向对象的功能编写可重用、更易于理解且方便维护的代码。例如，在本示例中，创建一个 Led 类来表示连接到主板上的 LED 是很有意义的。

新 Led 类的代码如下所示。

以下示例的代码文件是 iot_python_chapter_03_03.py。

```
import mraa
import time


class Led:
    def __init__(self, pin):
        self.gpio = mraa.Gpio(pin)
        self.gpio.dir(mraa.DIR_OUT)

    def turn_on(self):
        self.gpio.write(1)
        print("I've turned on the LED connected to GPIO Pin
#{0}.".format(self.gpio.getPin()))

    def turn_off(self):
        self.gpio.write(0)
        print("I've turned off the LED connected to GPIO Pin
#{0}.".format(self.gpio.getPin()))
```

当创建 Led 类的实例时，我们应在必需的 pin 形参中指定 LED 连接到的引脚号。

构造函数（即__init__方法）将创建一个新的 mraa.Gpio 实例，将接收到的 pin 作为其 pin 实参，将其引用保存在 gpio 属性中，并调用其 dir 方法将该引脚配置为输出引脚。

该类定义了以下两种方法。

- turn_on：调用相关 mraa.Gpio 实例的 write 方法，向该引脚发送一个高电平值（1），以打开（点亮）连接到该引脚的 LED。然后，它将输出一条消息，其中包含有关已执行操作的详细信息。
- turn_off：调用相关 mraa.Gpio 实例的 write 方法，向该引脚发送一个低电平值（0），并关闭（熄灭）与该引脚相连的 LED。然后，它会打印一条消息，其中包含有关已执行操作的详细信息。

3.4.2 编写控制数字输出的代码

现在，我们可以编写代码，使用新的 Led 类根据我们要控制的 LED 的数量和它们所连接的引脚来创建必要的实例。

改进版本的代码如下所示，该代码可使用新的 Led 类通过 LED 进行计数，从 1 数到 9。以下示例的代码文件是 iot_python_chapter_03_03.py。

```
if __name__ == "__main__":
    print ("Mraa library version: {0}".format(mraa.getVersion()))
    print ("Mraa detected platform name: {0}".format(mraa.
getPlatformName()))

    # 配置 GPIO 引脚，1~9 为输出引脚
    leds = []
    for i in range(1, 10):
        led = Led(i)
        leds.append(led)

    # 从 1 数到 9
    for i in range(1, 10):
        print("==== Turning on {0} LEDs ====".format(i))
        for j in range(0, i):
            leds[j].turn_on()
        for k in range(i, 9):
            leds[k].turn_off()
        time.sleep(3)
```

首先，该代码声明一个名为 leds 的空列表。

然后，使用一个 for 循环创建 Led 类的 9 个实例，每个实例代表一个 LED，并且 LED 将连接到主板上的 GPIO 引脚。我们传递了 i 作为 pin 形参的实参。

接下来，我们调用了 leds 列表的 append 方法，以将 Led 实例（led）添加到 leds 列

表中。我们的 for 循环将从 i 等于 1 开始，最后一次迭代则是 i 等于 9。

另一个 for 循环确定要打开（点亮）的 LED 的数量。我们使用 range(1, 10) 生成与上一个循环相同的列表。for 循环中的第一行调用了 print 方法，以显示我们将在迭代中打开（点亮）的 LED 数量。

循环中有一个内部循环使用 range(0, i) 生成 leds 列表中元素的索引列表，这是在主 for 循环（i）的迭代过程中，必须点亮的 LED 的列表。该内部循环使用 j 作为其变量，该内部循环中的代码仅为每个 Led 实例调用 turn_on 方法。

在上述内部循环之后还有另一个内部循环，使用 range(i, 9) 生成 leds 列表中元素的索引列表，这是在主 for 循环（i）的迭代过程中，必须熄灭的 LED 的列表。该内部循环使用 k 作为其变量，其中的代码仅为每个 Led 实例调用 turn_off 方法。

提示：

该代码比以前的版本更易于理解，Led 类将处理与 LED 有关的所有内容。

现在我们很容易理解，调用 leds[j]的 turn_on 方法的那一行肯定是要打开 LED，而调用 leds[k]的 turn_off 方法的那一行则是要关闭 LED。

由于新代码可以关闭已经打开的 LED，因此，现在如果要反向计数（即从 9 数到 1），则只需要修改一行代码就可以轻松实现。

使用 Led 类的新版本代码如下所示。现在已经可以通过 LED 反向计数（从 9 数到 1），我们仅修改了一行代码（已经加粗显示）。

以下示例的代码文件是 iot_python_chapter_03_04.py。

```
if __name__ == "__main__":
    print ("Mraa library version: {0}".format(mraa.getVersion()))
    print ("Mraa detected platform name: {0}".format(mraa.
getPlatformName()))

    # 配置 GPIO 引脚，1~9 为输出引脚
    leds = []
    for i in range(1, 10):
        led = Led(i)
        leds.append(led)

    # 从 1 数到 9
    for i in range(9, 0, -1):
        print("==== Turning on {0} LEDs ====".format(i))
        for j in range(0, i):
            leds[j].turn_on()
```

```
        for k in range(i, 9):
            leds[k].turn_off()
        time.sleep(3)
```

3.5　改进面向对象代码以提供新功能

现在，我们已经使用连接到主板上的 LED 制作了一个非常简单的计数器，接下来要添加新的功能。我们希望能够轻松地将 1 到 9 之间的数字通过连接到主板上的 LED 显示出来。

3.5.1　创建 NumberInLeds 类

新的 NumberInLeds 类的代码如下所示。

以下示例的代码文件是 iot_python_chapter_03_05.py。

```
class NumberInLeds:
    def __init__(self):
        self.leds = []
        for i in range(1, 10):
            led = Led(i)
            self.leds.append(led)

    def print_number(self, number):
        print("==== Turning on {0} LEDs ====".format(number))
        for j in range(0, number):
            self.leds[j].turn_on()
        for k in range(number, 9):
            self.leds[k].turn_off()
```

首先，构造函数（即__init__方法）声明一个名为 leds（self.leds）的空列表属性。

然后，一个 for 循环创建了 Led 类的 9 个实例，每个实例代表一个 LED，并且 LED 连接到主板上的 GPIO 引脚。我们传递了 i 作为 pin 形参的实参。

接下来，我们调用了 self.leds 列表的 append 方法，以将 Led 实例（led）添加到 self.leds 列表中。我们的 for 循环将从 i 等于 1 开始，最后一次迭代则是 i 等于 9。

该类定义了一个 print_number 方法，该方法需要一个 number 形参，这实际上就是我们想通过连接到主板上的 LED 显示出来的数字。

print_number 方法使用一个以 j 为变量的 for 循环，通过访问 self.leds 列表的适当成员并调用 turn_on 方法来打开（点亮）必要的 LED。

然后，该方法使用另一个以 k 为变量的 for 循环，通过访问 self.leds 列表的适当成员并调用 turn_off 方法来关闭其余的 LED。

通过这种方式，print_number 方法可确保只有必须打开的 LED 才被真正打开（点亮），而其余 LED 都被关闭。

3.5.2　编写从 0 数到 9 的代码

现在，我们可以编写 Python 代码，使用新的 NumberInLeds 类，以 LED 显示的方式从 0 数到 9。注意，在本示例中，我们是从 0 数到 9，而不再是从 1 数到 9，之所以从 0 开始，是因为新的 NumberInLeds 类能够关闭所有不应打开的 LED 以表示 0。

以下示例的代码文件是 iot_python_chapter_03_05.py。

```
if __name__ == "__main__":
    print ("Mraa library version: {0}".format(mraa.getVersion()))
    print ("Mraa detected platform name: {0}".format(mraa.
getPlatformName()))

    number_in_leds = NumberInLeds()
    # 从 0 数到 9
    for i in range(0, 10):
        number_in_leds.print_number(i)
        time.sleep(3)
```

该代码非常好理解，我们只创建了 NumberInLeds 类的实例，命名为 number_in_leds，然后在 for 循环中以 i 作为实参调用 print_number 方法。

提示：

我们利用了 Python 的面向对象功能来创建代表 LED 的类以及使用 LED 生成数字的类。通过这种方式，我们编写了更易于理解的高级代码，因为这些代码不只是将 0 和 1 写入特定的引脚编号，还可以通过 LED 显示数字，打开和关闭 LED。

3.6　隔离引脚编号以改善布线

如前文所述，当将代表 1 号的 LED 连接到编号 1 的 GPIO 引脚时，这是最方便的，因为很容易就可以打开对应编号的 LED。在之前的接线方案中，代表每个编号的 LED 均连接到相同编号的 GPIO 引脚。通过将 LED 编号与匹配的引脚编号连接在一起，该方案也非常易于理解。

但是，采用这种方案的主板和面包板之间的接线却有些复杂，因为主板上的 GPIO 引脚是从 13 降到 1、从左到右的，而面包板的 LED 方向则相反，即从左到右、从 1 到 9。因此，连接 GPIO 引脚 1 和 LED 1 的导线必须从右到左并与其他跨接导线交叉（见图 3-8 的电子示意图和图 3-16 的实际连接图）。

3.6.1　优化布线方案

接下来我们将改变跳线以改进接线方案，然后对面向对象的 Python 代码进行必要的修改，以隔离引脚编号，以实现更好的布线方案。在更改接线之前，请不要忘记关闭操作系统并断开主板的电源。

图 3-19 显示了连接到面包板的元器件以及从 Intel Galileo Gen 2 主板到面包板的新布线。该示例的 Fritzing 文件是 iot_fritzing_chapter_03_06.fzz。

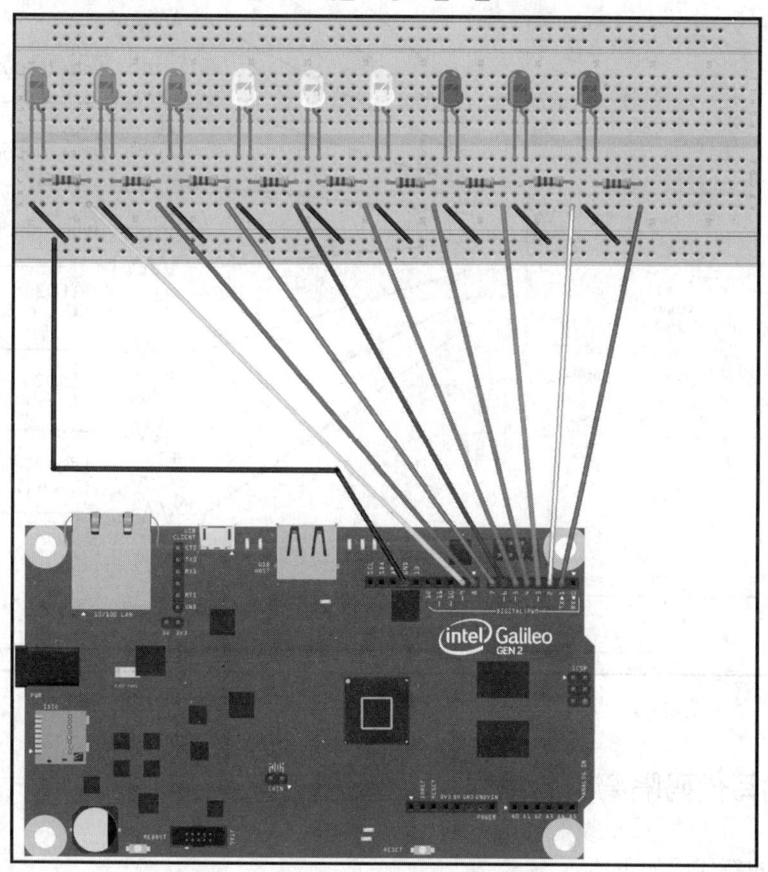

图 3-19

现在，每当要打开（点亮）LED 1 时，就必须向编号为 9 的 GPIO 引脚写入一个高电平（1）值；每当要打开（点亮）LED 2 时，就必须向编号为 8 的 GPIO 引脚写入一个高电平（1）值，以此类推。

由于更改了布线方案，因此，以电子元件表示的示意图也发生了变化。图 3-20 显示了电子示意图的新版本。

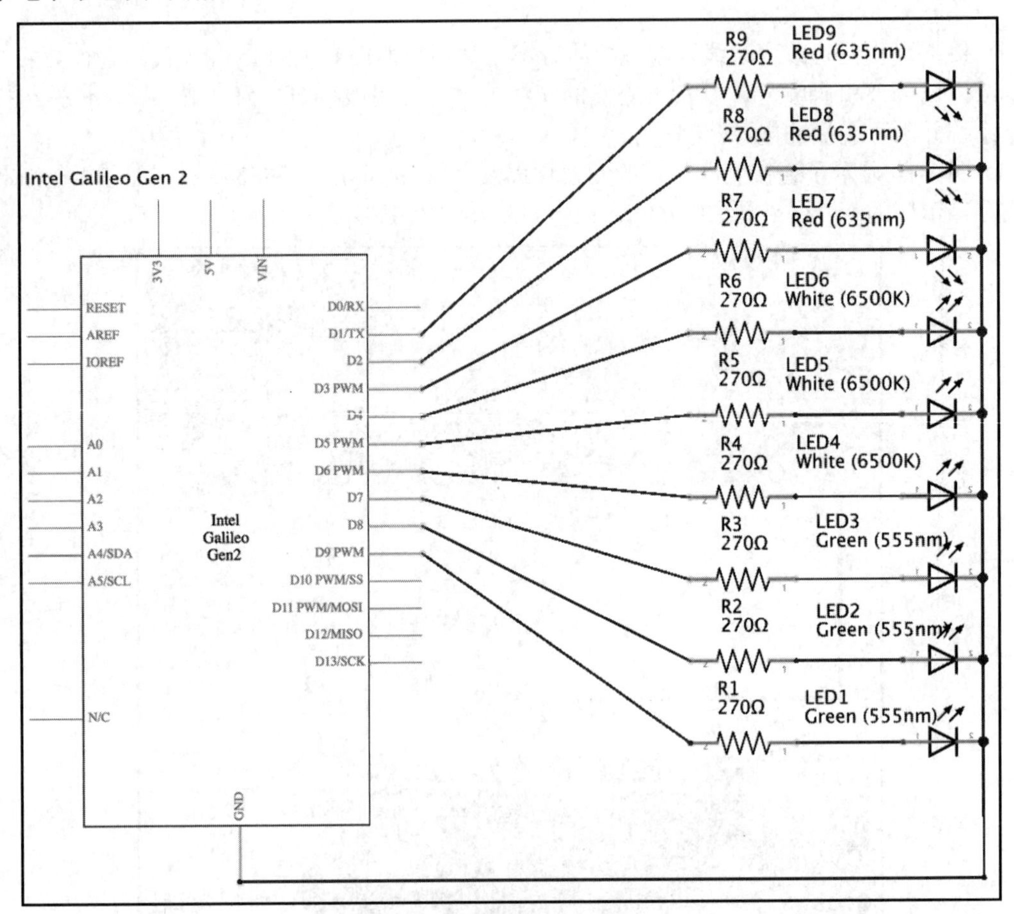

图 3-20

3.6.2　编写代码隔离引脚编号

Led 类的新代码如下所示。

以下示例的代码文件是 iot_python_chapter_03_06.py。

```
import mraa
import time


class Led:
    def init (self, pin, position):
        self.position = position
        self.gpio = mraa.Gpio(pin)
        self.gpio.dir(mraa.DIR_OUT)

    def turn_on(self):
        self.gpio.write(1)
        print("I've turned on the LED connected to GPIO Pin #{0}, in
position {1}.".format(self.gpio.getPin(), self.position))


    def turn_off(self):
        self.gpio.write(0)
        print("I've turned off the LED connected to GPIO Pin #{0}, in
position {1}.".format(self.gpio.getPin(), self.position))
```

现在，我们在创建 Led 类的实例时必须指定一个附加形参：position。它是面包板上的位置，其实就是面包板中的 LED 编号。

构造函数（即__init__方法）将 position 值保存在同名属性中。

turn_on 和 turn_off 方法都使用 self.position 属性值来打印一条消息，该消息指示已打开或关闭的 LED 的位置。由于位置不再与引脚编号匹配，因此必须修改该消息以指定位置。

新版本 NumberInLeds 类的代码如下所示。

以下示例的代码文件是 iot_python_chapter_03_06.py。

```
class NumberInLeds:
    def __init__(self):
        self.leds = []
        for i in range(9, 0, -1):
            led = Led(i, 10 - i)
            self.leds.append(led)
```

```
    def print_number(self, number):
        print("==== Turning on {0} LEDs ====".format(number))
        for j in range(0, number):
            self.leds[j].turn_on()
        for k in range(number, 9):
            self.leds[k].turn_off()
```

在构造函数（即__init__方法）中，我们突出显示了修改后的代码行。

现在，for 循环仍会创建 Led 类的 9 个实例，但是它将以 i 等于 9 开始，而其最后一次迭代将是 i 等于 1。

我们将 i 作为 pin 形参的实参传递，并将 10-i 作为 position 形参的实参。这样，对于 self.leds 列表中的第一个 Led 实例来说，它的引脚是 9，但是在面包板上的位置却是 1。

通过 LED 计数（从 0 数到 9）并使用 NumberInLeds 类的新版本的代码与以前的代码相同。以下示例的代码文件是 iot_python_chapter_03_06.py。

```
if __name__ == "__main__":
    print ("Mraa library version: {0}".format(mraa.getVersion()))
    print ("Mraa detected platform name: {0}".format(mraa.
getPlatformName()))

    number_in_leds = NumberInLeds()
    # 从 0 数到 9
    for i in range(0, 10):
        number_in_leds.print_number(i)
        time.sleep(3)
```

由此可见，要隔离引脚编号，只需要在封装 LED 的类（Led）和封装以 LED 表示的数字的类（NumberInLeds）中进行一些更改即可。

图 3-21 显示了面包板中已打开（点亮）的 9 个 LED。另外，在该图中还可以看到，在面包板和正在运行新 Python 代码的主板之间使用了新的连接布线方案，这比图 3-16 所示的乱作一团的效果要好得多。

我们还可以轻松地构建一个 API 并提供 REST API，以使任何与主板连接的客户端都能够通过 HTTP 输出数字。

我们的 REST API 仅需创建 NumberInLeds 类的实例，然后使用指定的数字调用 print_number 方法即可通过 LED 显示该数字。第 4 章将构建此 REST API。

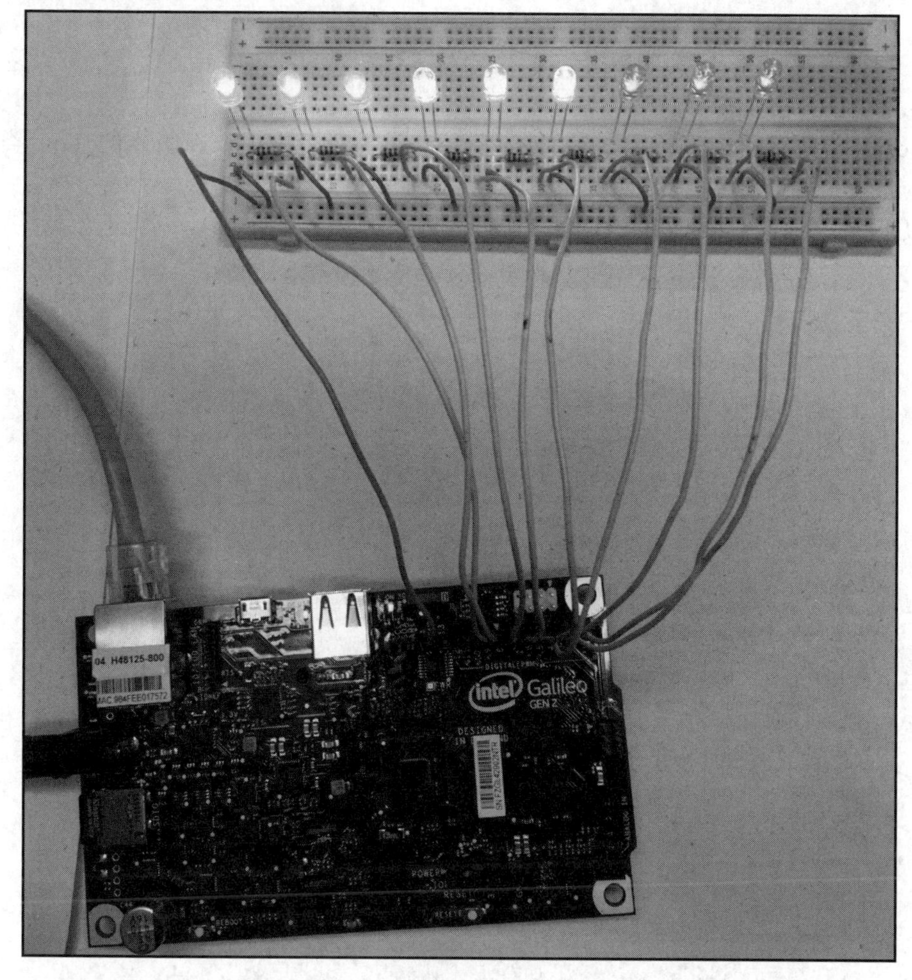

图 3-21

3.7　使用 wiring-x86 库控制数字输出

使用 Python 作为我们与主板交互的编程语言的优势之一是，有大量可用于 Python 的软件包。之前的示例一直在使用 mraa 库与数字输出进行交互。但是，在第 2 章中，我们还安装了 wiring-x86 库。只需要更改几行面向对象的代码，就可以用 wiring-x86 替换 mraa 库，从而打开和关闭 LED。

3.7.1　编写 Board 类和新 Led 类的代码

Board 类的代码如下所示，后面还有 Led 类的新版本，该新版本的 Led 类可与 wiring-x86 库一起使用，而不使用 mraa。

以下示例的代码文件是 iot_python_chapter_03_07.py。

```
from wiringx86 import GPIOGalileoGen2 as GPIO
import time


class Board:
    gpio = GPIO(debug=False)


class Led:
    def __init__(self, pin, position):
        self.pin = pin
        self.position = position
        self.gpio = Board.gpio
        self.gpio.pinMode(pin, self.gpio.OUTPUT)

    def turn_on(self):
        self.gpio.digitalWrite(self.pin, self.gpio.HIGH)
        print("I've turned on the LED connected to GPIO Pin #{0}, in
position {1}.".format(self.pin, self.position))

    def turn_off(self):
        self.gpio.digitalWrite(self.pin, self.gpio.LOW)
        print("I've turned off the LED connected to GPIO Pin #{0}, in
position {1}.".format(self.pin, self.position))
```

由于 wiring-x86 库不包含主板的自动检测功能，因此，有必要使用代表主板的类。

GPIOGalileoGen2 代表 Intel Galileo Gen 2 主板，因此，第 1 行代码使用了 import 语句，从 wiringx86 导入 GPIOGalileoGen2，并将其重命名为 GPIO。这样，无论何时引用 GPIO，实际使用的都是 wiringx86.GPIOGalileoGen2。

请注意，该库的名称是 wiring-x86，但模块名却是 wiringx86。

在创建 Led 类的实例时，必须指定该 LED 连接的 GPIO 引脚编号 pin 以及面包板上的位置 position，即该 LED 在面包板上的编号。

构造函数（即__init__方法）将对 Board.gpio 类属性的引用保存在 self.gpio 中，并调用其 pinMode 方法，将接收到的引脚编号作为其 pin 实参，并将 self.gpio.OUTPUT 作为其 mode 实参。通过这种方式，我们将该引脚配置为输出引脚。

所有 Led 实例都将保存对创建了 GPIO 类实例的相同 Board.gpio 类属性的引用。

比较特别的地方是，wiringx86.GPIOGalileoGen2 类的 debug 参数被设置为 False，以避免不必要的用于低级通信的调试信息。

turn_on 方法将调用 GPIO 实例的 digitalWrite 方法，以将高电平值（self.GPIO.HIGH）发送到 self.pin 属性值指定的引脚，并输出有关已执行操作的消息。

turn_off 方法将调用 GPIO 实例的 digitalWrite 方法，以将低电平值（self.GPIO.LOW）发送到 self.pin 属性值指定的引脚，并输出有关已执行操作的消息。

3.7.2　修改__main__方法

NumberInLeds 类的代码与前面的示例相同。无须更改此类，因为它将自动与新的 Led 类一起使用，并且其构造函数或其两个方法的参数均未更改。

我们只需要在__main__方法中修改有关 mraa 库的输出信息即可，因为新版本不再使用 mraa 库了。

NumberInLeds 类和__main__方法的代码如下所示。

以下示例的代码文件是 iot_python_chapter_03_07.py。

```
class NumberInLeds:
    def __init__(self):
        self.leds = []
        for i in range(9, 0, -1):
            led = Led(i, 10 - i)
            self.leds.append(led)

    def print_number(self, number):
        print("==== Turning on {0} LEDs ====".format(number))
        for j in range(0, number):
            self.leds[j].turn_on()
        for k in range(number, 9):
            self.leds[k].turn_off()


if __name__ == "__main__":
    print ("Working with wiring-x86 on Intel Galileo Gen 2")

    number_in_leds = NumberInLeds()
```

```
# 从 0 数到 9
for i in range(0, 10):
    number_in_leds.print_number(i)
    time.sleep(3)
```

我们只需要更改几行代码，就可以看到使用 wiring-x86 库的 Python 代码同样可以通过面包板中的 LED 计数（从 0 数到 9）。

wiring-x86 库使用 GPIO 引脚进行数字输出的方式与 mraa 库中使用的机制有些不同。但是，我们可以利用 Python 的面向对象功能轻松地封装这些更改。

开发人员可以根据自己的喜好和需求来决定哪个库更适合自己的项目。无论如何，拥有多个选项总是一件好事。

3.8 牛刀小试

1．当向配置为输出的 GPIO 引脚发送高电平值（1）时，GPIO 引脚将具有（　　）。

A．0 V

B．6 V

C．由 IOREF 跳线所在的位置指定的电压

2．mraa.Gpio 类的实例表示（　　）。

A．主板上的一个 GPIO 引脚

B．主板上的所有 I/O 引脚

C．主板上的两个 GPIO 引脚

3．创建 mraa.Gpio 类的实例时，必须（　　）。

A．指定引脚编号作为实参

B．指定特定的主板和引脚编号作为实参

C．指定引脚编号和所需方向：mraa.DIR_OUT 或 mraa.DIR_IN

4．以下哪一行代码可以向 mraa.Gpio 实例 gpio10 的 GPIO 引脚写入高电平值，将其配置为输出引脚？（　　）

A．gpio10.write(0)

B．gpio10.write(1)

C．gpio10.write(mraa.HIGH_VALUE)

5．以下哪一行代码可以将 mraa.Gpio 实例 gpio10 配置为数字输出？（　　）

A．gpio10.dir(mraa.DIR_DIGITAL).out()

B．gpio10.dir(mraa.DIR_OUT)

C．gpio10.dir(mraa.DIR_OUT, mraa.DIGITAL)

3.9　小　　结

本章使用了 Python 的两个不同的库：mraa 和 wiring-x86。

我们将 LED 和电阻器元件连接到面包板上，并编写了代码使得 LED 点亮以实现计数功能（从 0 数到 9）。

我们改进了 Python 代码，以利用 Python 的面向对象功能。

现在，我们完成了第一个布线，并能够使用 Python 控制主板。第 4 章将使用更多的输出，并将它们与 REST API 结合起来。

第 4 章　使用 RESTful API 和脉宽调制

本章将通过 HTTP 请求与主板进行交互，并且将使用脉宽调制（Pulse Width Modulation，PWM）生成不同的输出电压。

本章将包含以下主题：

- 使用 Python 和 Tornado Web 服务器构建 RESTful API。
- 编写并发送 HTTP 请求以通过 LED 显示数字。
- 使用脉宽调制来控制引脚中的输出电压。
- 使连接到主板上的 LED 以淡入和淡出方式显示。
- 使用不同的工具来编写和发送 HTTP 请求以便与主板交互。
- 构建 RESTful API 以混合红色、绿色和蓝色，通过 RGB LED 生成数百万种颜色。
- 使用 mraa 和 wiring-x86 库控制脉宽调制。

4.1　使用 RESTful API 以通过 LED 显示数字

Tornado 是一个 Python Web 框架和异步网络库。众所周知，由于其无阻塞的网络 I/O，使其具有出色的可伸缩性。

Tornado 使得构建 RESTful API 变得非常容易，并且任何客户端都可以使用该 API，以通过连接到主板上的 LED 显示数字。以下是 Tornado Web 服务器的网页：

http://www.tornadoweb.org

4.1.1　安装 Tornado

本书第 2 章“结合使用 Intel Galileo Gen 2 和 Python”中介绍了安装 pip 软件包管理系统，以轻松地在主板上运行的 Yocto Linux 中安装其他 Python 2.7.3 软件包。现在，我们将使用 pip 软件包管理系统来安装 Tornado 4.3。

只需要在 SSH 终端运行以下命令即可安装该软件包：

```
pip install tornado
```

输出过程的显示如下。最后几行指示 tornado 软件包已经成功安装。对于出现的构建

wheel 包和不安全的平台等警告信息可以无视。

```
Collecting tornado
/usr/lib/python2.7/site-packages/pip/_vendor/requests/packages/
urllib3/util/ssl_.py:90: InsecurePlatformWarning: A true SSLContext
object is not available. This prevents urllib3 from configuring SSL
appropriately and may cause certain SSL connections to fail. For more
information, see https://urllib3.readthedocs.org/en/latest/security.
html#insecureplatformwarning.
  InsecurePlatformWarning
  Downloading tornado-4.3.tar.gz (450kB)
    100% |################################| 454kB 25kB/s
Collecting backports.ssl-match-hostname (from tornado)
  Downloading backports.ssl_match_hostname-3.5.0.1.tar.gz
Collecting singledispatch (from tornado)
  Downloading singledispatch-3.4.0.3-py2.py3-none-any.whl
Collecting certifi (from tornado)
  Downloading certifi-2015.11.20.1-py2.py3-none-any.whl (368kB)
    100% |################################| 372kB 31kB/s
Collecting backports-abc>=0.4 (from tornado)
  Downloading backports_abc-0.4-py2.py3-none-any.whl
Collecting six (from singledispatch->tornado)
  Downloading six-1.10.0-py2.py3-none-any.whl
...
Installing collected packages: backports.ssl-match-hostname, six,
singledispatch, certifi, backports-abc, tornado
  Running setup.py install for backports.ssl-match-hostname
  Running setup.py install for tornado
Successfully installed backports-abc-0.4 backports.ssl-match-
hostname-3.5.0.1 certifi-2015.11.20.1 singledispatch-3.4.0.3 six-
1.10.0 tornado-4.3
```

4.1.2 安装 HTTPie

现在，我们将安装 HTTPie，这是一个用 Python 编写的命令行 HTTP 客户端，可以轻松发送 HTTP 请求，并使用比 curl 更容易的语法（也称为 cURL）。

HTTPie 显示彩色输出，这使我们可以轻松发送 HTTP 请求以测试 RESTful API。只需要在 SSH 终端中运行以下命令即可安装该软件包。

```
pip install --upgrade httpie
```

输出过程的显示如下。最后几行指示 httpie 软件包已经成功安装。对于出现的不安全的平台等警告信息可以无视。

```
Collecting httpie
/usr/lib/python2.7/site-packages/pip/_vendor/requests/packages/
urllib3/util/ssl_.py:90: InsecurePlatformWarning: A true SSLContext
object is not available. This prevents urllib3 from configuring SSL
appropriately and may cause certain SSL connections to fail. For more
information, see https://urllib3.readthedocs.org/en/latest/security.
html#insecureplatformwarning.
  InsecurePlatformWarning
  Downloading httpie-0.9.3-py2.py3-none-any.whl (66kB)
    100% |################################| 69kB 117kB/s
Collecting Pygments>=1.5 (from httpie)
  Downloading Pygments-2.0.2-py2-none-any.whl (672kB)
    100% |################################| 675kB 17kB/s
Collecting requests>=2.3.0 (from httpie)
  Downloading requests-2.9.1-py2.py3-none-any.whl (501kB)
    100% |################################| 503kB 23kB/s
Installing collected packages: Pygments, requests, httpie
Successfully installed Pygments-2.0.2 httpie-0.9.3 requests-2.9.1
```

现在，我们可以使用 http 命令轻松地将 HTTP 请求发送到 localhost，并测试使用 Tornado 构建的 RESTful API。

显然，在测试到 RESTful API 可以按本地方式正常运行之后，我们希望从连接到局域网（LAN）的计算机或设备发送 HTTP 请求。

如果开发人员是在 Windows 系统上工作，则可以在计算机上安装 HTTPie 或使用任何其他可以编写和发送 HTTP 请求的应用程序，例如前面提到的 curl 实用程序或 Telerik Fiddler。它们的网址如下：

- curl

  http://curl.haxx.se

- Telerik Fiddler

  http://www.telerik.com/fiddler

Telerik Fiddler 是带有图形用户界面（Graphical User Interface，GUI）的免费 Web 调试代理，但仅在 Windows 上运行。

你甚至可以使用移动 App 编写和发送来自移动设备的 HTTP 请求，并使用它们测试 RESTful API。

提示：

如果开发人员使用的是 OS X 或 Linux 系统，则可以打开终端并从命令行开始使用 curl。如果使用的是 Windows 系统，则可以从 Cygwin 软件包安装选项轻松安装 curl，并从 Cygwin 终端执行它。

4.1.3 使用 Tornado 构建 RESTful API

为了使用 Tornado 构建 RESTful API，首先，必须创建 tornado.web.RequestHandler 类的子类，并重写必要的方法以处理对 URL 的 HTTP 请求。例如，如果要通过同步操作处理 HTTP GET 请求，则必须创建 tornado.web.RequestHandler 类的新子类，并使用必需的参数（如果有的话）定义 get 方法。如果要处理 HTTP PUT 请求，则只需要使用必需的参数定义 put 方法。然后，必须在 tornado.web.Application 类的实例中映射 URL 模式。

以下代码显示的是必须添加到现有代码中的新的类，只有这样才能像第 3 章一样，结合使用 mraa 或 wiring-x86 库通过 LED 显示数字。我们已经有了 Led 和 NumberInLeds 类，下面的代码则新添加了 4 个类：BoardInteraction、VersionHandler、PutNumberInLedsHandler 和 GetCurrentNumberHandler。

以下示例的代码文件是 iot_python_chapter_04_01.py。

```
import mraa
from datetime import date
import tornado.escape
import tornado.ioloop
import tornado.web

class BoardInteraction:
    number_in_leds = NumberInLeds()
    current_number = 0


class VersionHandler(tornado.web.RequestHandler):
    def get(self):
        response = {'version': '1.0',
                    'last_build': date.today().isoformat()}
        self.write(response)


class PutNumberInLedsHandler(tornado.web.RequestHandler):
    def put(self, number):
```

```
        int_number = int(number)
        BoardInteraction.number_in_leds.print_number(int_number)
        BoardInteraction.current_number = int_number
        response = {'number': int_number}
        self.write(response)


class GetCurrentNumberHandler(tornado.web.RequestHandler):
    def get(self):
        response = {'number': BoardInteraction.current_number}
        self.write(response)
```

BoardInteraction 类声明了两个类属性：number_in_leds 和 current_number。其他的类则定义了使用这些类属性的方法，以访问保存在 number_in_ leds 中的公共 NumberInLeds 实例以及保存在 current_number 中要求通过 LED 显示的当前数字。

上述代码还声明了 tornado.web.RequestHandler 的以下 3 个子类。

- VersionHandler：定义 get 方法（只有一个 self 参数），该方法返回的响应将包含版本号和上次构建日期。
- PutNumberInLedsHandler：定义 put 方法（包括 self 和 number 参数），其中，number 参数是必需的，它指定需要通过 LED 显示的数字。该方法将调用存储在 BoardInteraction.number_in_leds 类属性中的 NumberInLeds 实例的 print_number 方法，并在 number 属性中指定需要打开（点亮）的 LED 数量。然后，该代码将正在通过 LED 显示的数字保存在 BoardInteraction.current_number 类属性中，并返回一个响应，其中包含显示的数字。
- GetCurrentNumberHandler：定义 get 方法（只有一个 self 参数），该方法返回的响应将包含 BoardInteraction.current_ number 类属性值，即通过 LED 显示的数字。

以下代码使用了先前声明的 tornado.web.RequestHandler 的子类，用 Tornado 组成 Web 应用程序，它表示了一个 RESTful API 和新的__main__方法。

以下示例的代码文件是 iot_python_chapter_04_01.py。

```
application = tornado.web.Application([
    (r"/putnumberinleds/([0-9])", PutNumberInLedsHandler),
    (r"/getcurrentnumber", GetCurrentNumberHandler),
    (r"/version", VersionHandler)])


if __name__ == "__main__":
        print("Listening at port 8888")
    BoardInteraction.number_in_leds.print_number(0)
```

```
    application.listen(8888)
    tornado.ioloop.IOLoop.instance().start()
```

上述代码首先创建了一个名为 application 的 tornado.web.Application 类实例，其中包含了组成 Web 应用程序的请求处理程序（Handler）列表。该代码将元组列表传递给 Application 构造函数。该列表由一个正则表达式（regexp）和 tornado.web.RequestHandler 的一个子类（request_class）组成。

__main__方法使用 print 输出了一条消息，指示 HTTP 服务器正在侦听的端口号，并使用保存在 BoardInteraction.number_in_leds 中的 NumberInLeds 实例显示数字 0（实际上就是关闭 9 个 LED）。

下一行代码调用了 application.listen 方法，以使用在指定端口上定义的规则为应用程序构建 HTTP 服务器。该代码为 port 参数传递了值 8888，这实际上就是 Tornado HTTP 服务器的默认端口值。

然后，对 tornado.ioloop.IOLoop.instance().start()的调用将启动使用 application.listen 创建的服务器。这样，只要 Web 应用程序接收到请求，Tornado 就会遍历组成 Web 应用程序的请求处理程序列表，并创建第一个 tornado.web.RequestHandler 子类的实例，该子类关联的正则表达式将与请求路径匹配。最后，Tornado 将根据 HTTP 请求使用新实例的相应参数调用以下方法之一：

- head
- get
- post
- delete
- patch
- put
- options

表 4-1 显示了一些与上述代码中定义的正则表达式匹配的 HTTP 请求。在这些示例中，HTTP 请求使用了 localhost，因为它们是在主板中运行的 Yocto Linux 上以本地方式执行的。如果使用分配给主板的 IP 地址替换 localhost，则可以从连接到局域网的任何计算机或设备发出 HTTP 请求。

表 4-1　HTTP 请求示例

HTTP 动词和请求的 URL	匹配请求路径的元组 (regexp, request_class)	RequestHandler 子类和调用的方法
GET http://localhost:8888/version	(r"/version", VersionHandler)])	VersionHandler. get()

续表

HTTP 动词和请求的 URL	匹配请求路径的元组 (regexp, request_class)	RequestHandler 子类和调用的方法
PUT http://localhost:8888/putnumberinleds/5	(r"/putnumberinleds/ ([0-9])", PutNumberInLedsHandler)	PutNumberInLeds Handler.put(5)
PUT http://localhost:8888/putnumberinleds/8	(r"/putnumberinleds/ ([0-9])", PutNumberInLedsHandler)	PutNumberInLeds Handler.put(8)
GET http://localhost:8888/getcurrentnumber	(r"/getcurrentnumber", GetCurrentNumberHandler)	GetCurrentNumber Handler.get()

RequestHandler 类使用以下代码声明 SUPPORTED_METHODS 类属性。在本示例中，我们没有覆盖类的属性，因此，可以继承超类的声明：

```
SUPPORTED_METHODS = ("GET", "HEAD", "POST", "DELETE", "PATCH", "PUT",
"OPTIONS")
```

在超类中，声明 get、head、post、delete、patch、put 和 options 方法的默认代码只有一行，那就是引发一个 HTTPError。例如，以下代码显示了 RequestHandler 类中定义的 get 方法的代码。

```
def get(self, *args, **kwargs):
    raise HTTPError(405)
```

每当 Web 应用程序接收到请求并匹配 URL 模式时，Tornado 都会执行以下操作：

（1）创建一个已映射到 URL 模式的 RequestHandler 子类的新实例。

（2）使用在应用程序配置中指定的关键字参数调用 initialize 方法。开发人员可以考虑重写 initialize 方法，以将参数保存到成员变量中。

（3）不管是哪一个 HTTP 请求，都将调用 prepare 方法。如果调用的是 finish 或 send_error，则 Tornado 将不会调用任何其他方法。我们可以重写 prepare 方法来执行任何 HTTP 请求所需的代码，然后将特定代码写入 get、head、post、delete、patch、put 或 options 方法中。

（4）根据 HTTP 请求调用方法，并基于捕获了不同分组的 URL 正则表达式使用参数。如前文所述，开发人员必须重写希望自己的 RequestHandler 子类能够处理的方法。例如，如果有一个 HTTP GET 请求，Tornado 将使用不同的参数调用 get 方法。

（5）在本示例中，我们使用的是同步处理程序，因此，Tornado 在根据返回的 HTTP 请求调用上一个方法之后将调用 on_finish。我们可以重写 on_finish 方法来执行清理或日志记录。Tornado 在响应发送给客户端之后将调用 on_finish 方法，了解这一点非常重要。

4.1.4　启动 HTTP 服务器

以下代码将在主板上运行的 Yocto Linux 中启动 HTTP 服务器和我们的 RESTful API。别忘了，在此之前需要使用 SFTP 客户端将 Python 源代码文件传输到 Yocto Linux，该过程在前面的章节中有详细的介绍，兹不赘述。

```
python iot_python_chapter_04_01.py
```

在启动 HTTP 服务器之后，我们将看到以下输出信息，并且面包板上的所有 LED 都将关闭（熄灭）。

```
Listening at port 8888
==== Turning on 0 LEDs ====
I've turned off the LED connected to GPIO Pin #9, in position 1.
I've turned off the LED connected to GPIO Pin #8, in position 2.
I've turned off the LED connected to GPIO Pin #7, in position 3.
I've turned off the LED connected to GPIO Pin #6, in position 4.
I've turned off the LED connected to GPIO Pin #5, in position 5.
I've turned off the LED connected to GPIO Pin #4, in position 6.
I've turned off the LED connected to GPIO Pin #3, in position 7.
I've turned off the LED connected to GPIO Pin #2, in position 8.
I've turned off the LED connected to GPIO Pin #1, in position 9.
```

4.1.5　编写和发送 HTTP 请求

完成 4.1.4 节的操作后，在主板的 Yocto Linux 系统中已经运行 HTTP 服务器，正在等待 HTTP 请求来控制连接到 Intel Galileo Gen 2 主板上的 LED。

现在，将在 Yocto Linux 中以本地方式编写和发送 HTTP 请求，然后再从连接到局域网的其他计算机或设备发送 HTTP 请求。

HTTPie 支持本机（localhost）的类似 curl 的简写方式。例如，:8888 就是一个简写，它可以扩展为 http://localhost:8888。

我们已经有一个运行 HTTP 服务器的 SSH 终端，因此，可以在另一个 SSH 终端中运行以下命令。

```
http GET:8888/version
```

上面的命令将编写并发送以下 HTTP 请求：

```
GET http://localhost:8888/version
```

该请求是 RESTful API 中最简单的情况，因为它将匹配并运行 VersionHandler.get 方法，该方法仅接收一个形参 self，这是因为 URL 模式不包含任何参数。该方法创建一个响应字典，然后调用 self.write 方法。

self.write 方法有一个形参 response，它会将接收到的块写入输出缓冲区。因为该块（response）是字典，所以 self.write 会将其以 JSON 格式写入，并将响应的 Content-Type 设置为 application/json。

HTTP 请求的示例响应如下所示（包括响应头）：

```
HTTP/1.1 200 OK
Content-Length: 46
Content-Type: application/json; charset=UTF-8
Date: Thu, 28 Jan 2016 03:15:21 GMT
Etag: "fb066668a345b0637fdc112ac0ddc37c318d8709"
Server: TornadoServer/4.3

{
    "last_build": "2016-01-28",
    "version": "1.0"
}
```

如果不想在响应中包含标头，可以使用-b 选项执行 HTTPie。例如，以下命令将执行相同的 HTTP 请求，但在响应输出中不显示标头。

```
http -b GET :8888/version
```

一旦知道请求可以正常执行，我们就可以打开一个新的终端、命令行或图形用户界面（GUI）工具，以用来编写和发送来自计算机或连接到局域网的任何设备的 HTTP 请求。但要注意的是，在请求 URL 中需要使用分配给主板的 IP 地址而不是 localhost。

当然，分配给主板的 IP 地址可能各有不同，因此，在下一个请求中，不要忘记用主板的 IP 地址替换 192.168.1.107（这是在我们的示例中主板分配到的 IP 地址）。

现在，我们可以在计算机或设备中运行以下 HTTPie 命令，以使用 RESTful API 来使主板打开（点亮）5 个 LED。输入命令后，你将注意到显示 Python 代码输出的 SSH 终端将显示一条消息，指示其正在打开 5 个 LED，后面还输出了更详细的信息（即哪些 LED 被打开，哪些 LED 被关闭）。而在面包板上，将看到 5 个 LED 被点亮。

```
http -b PUT 192.168.1.107:8888/putnumberinleds/5
```

上面的命令将编写并发送以下 HTTP 请求：

```
PUT http://192.168.1.107:8888/putnumberinleds/5
```

该请求将匹配并运行 PutNumberInLedsHandler.put 方法，该方法将接收 5 作为其

number 形参的值。

HTTP 服务器的响应如下所示，它包括将使用 LED 显示的数字，实际上也就是将打开（点亮）的 LED 的数量：

```
{
    "number": 5
}
```

图 4-1 显示了 OS X 上两个并排的终端窗口。左侧的终端窗口是在生成 HTTP 请求的计算机上运行，右侧的终端窗口则是 SSH 终端，它正在 Yocto Linux 中运行 Tornado HTTP 服务器，并显示了 Python 代码的输出。在编写和发送 HTTP 请求时，可以使用这样的方式来检查输出结果。

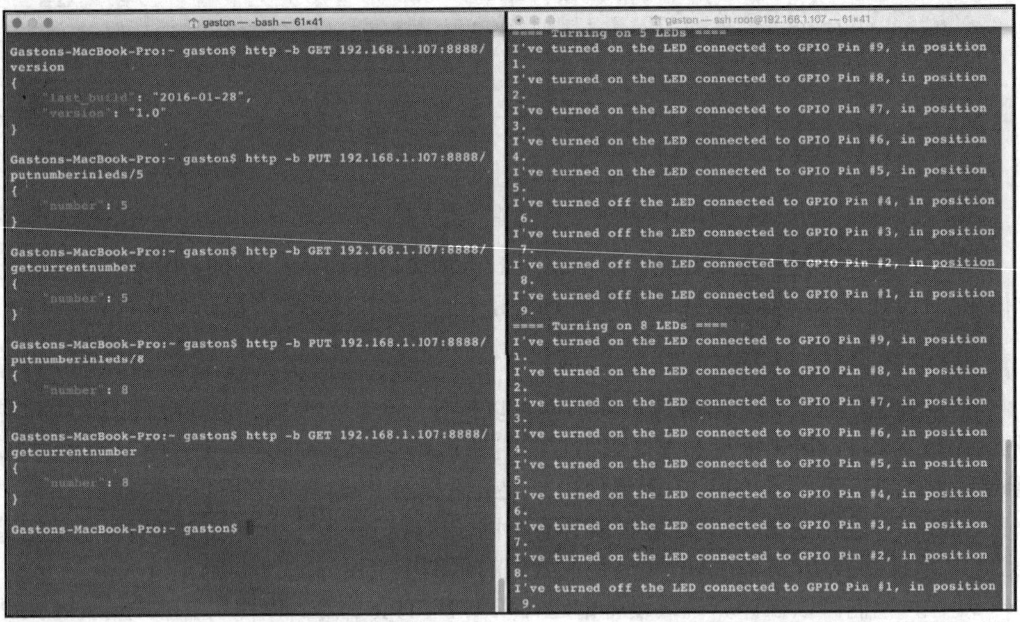

图 4-1

在 Fiddler 中，单击 Composer（编写器）或按 F9 键，在 Parsed（已解析）选项卡的下拉菜单中选择 PUT，然后在下拉菜单右侧的文本框中输入（不要忘记使用主板分配到的 IP 地址替换 192.168.1.107）：

```
192.168.1.107:8888/putnumberinleds/5
```

然后单击 Execute（执行），再双击捕获日志中出现的 200 个结果。如果要查看原始响应，只需单击 Request Headers（请求标头）面板下方的 Raw（原始）按钮。

图 4-2 显示了 Fiddler 窗口和 Windows 上的 Putty 终端窗口。Fiddler 窗口是在生成 HTTP 请求的计算机上运行，而 Putty 终端窗口则是在 Yocto Linux 中运行 Tornado HTTP 服务器的 SSH 终端，它显示了 Python 代码的输出结果。

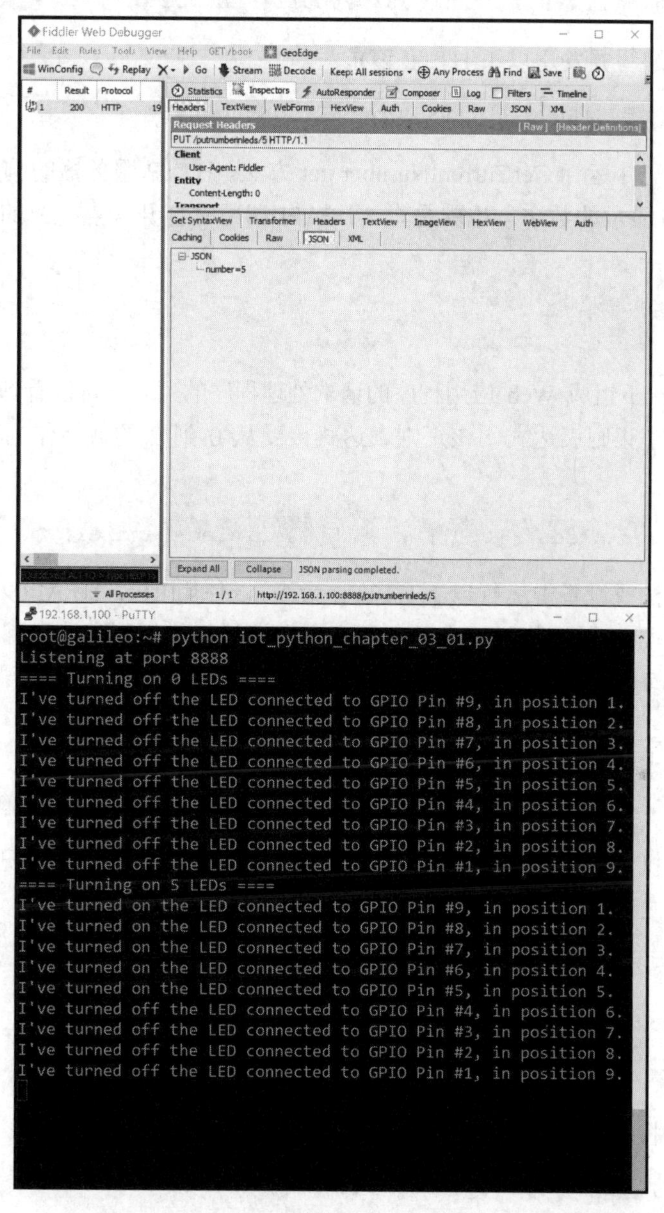

图 4-2

我们可以在计算机或设备上运行以下 HTTPie 命令，以使用 RESTful API 告诉我们打开了多少个 LED：

```
http -b GET 192.168.1.107:8888/getcurrentnumber
```

上述命令将编写并发送以下 HTTP 请求：

```
GET http://192.168.1.107:8888/getcurrentnumber
```

该请求将匹配并运行 GetCurrentNumber.get 方法。HTTP 服务器的响应如下所示，它包含了通过 LED 显示的数字，也就是上一次 API 调用时打开（点亮）的 LED 的数量：

```
{
    "number": 5
}
```

现在再来看一下组成 Web 应用程序的请求处理程序的列表，可以看到 putnumberinleds 的条目指定了一个正则表达式，该正则表达式接受从 0 到 9 的数字作为其参数，具体如下所示：

```
(r"/putnumberinleds/([0-9])", PutNumberInLedsHandler)
```

如果在计算机或设备中运行以下 HTTPie 命令，以使用 RESTful API 来让主板打开（点亮）12 个 LED，则该请求将与请求处理程序列表中的任何正则表达式都不匹配。

```
http -b PUT 192.168.1.107:8888/putnumberinleds/12
```

在这种情况下，Tornado 将返回 404:Not Found 错误，如下所示：

```
<html><title>404: Not Found</title><body>404: Not Found</body></html>
```

如果在计算机或设备上运行以下 HTTPie 命令，则会发生同样的情况，因为该命令中的 x 并非 0 到 9 之间的数字。

```
http -b PUT 192.168.1.107:8888/putnumberinleds/x
```

以下 HTTPie 命令将打开（点亮）8 个 LED。

```
http -b PUT 192.168.1.107:8888/putnumberinleds/8
```

上面的命令将编写并发送以下 HTTP 请求：

```
PUT http://192.168.1.107:8888/putnumberinleds/8
```

该请求将匹配并运行 PutNumberInLedsHandler.put 方法，该方法将接收 8 作为其 number 形参的值。HTTP 服务器的响应如下所示，它包含了通过 LED 显示的数字，也就是打开（点亮）的 LED 的数量：

```
{
    "number": 8
}
```

打开的 LED 数量从 5 变为 8，因此，我们可以在计算机或设备中运行以下 HTTPie 命令，以使用 RESTful API 告诉我们已打开的 LED 的数量。

```
http -b GET 192.168.1.107:8888/getcurrentnumber
```

HTTP 服务器的响应如下所示：

```
{
    "number": 8
}
```

上述测试表明，我们已经成功创建了一个非常简单的 RESTful API，该 API 允许我们打开 LED 并检查当前通过 LED 显示的数字。当然，我们还应该向 RESTful API 添加身份验证和整体安全性，以使其更完整。

该 RESTful API 使我们可以在任何应用程序、移动 App 或 Web 应用程序上编写和发送 HTTP 请求，以通过 LED 显示数字。

4.2　控制 LED 的亮度

本节将尝试一些更高级的功能，例如，控制输出电压，以便能够以淡入和淡出的方式显示 3 种不同颜色的 3 个 LED：红色、绿色和蓝色。

4.2.1　关于 LED 亮度控制原理

输出电压越低，则 LED 的亮度水平越低；输出电压越高，则 LED 的亮度越高。因此，当输出电压接近 0 V 时，LED 的亮度会降低，而当输出电压接近 IOREF 电压时（在实际配置中为 5 V），LED 的亮度会更高。

具体来说，我们希望能够为每个 LED 设置 256 个亮度级别，范围为 0~255。在本示例中，使用的是 3 个 LED，但很快我们就会转为使用一个能够在单个电子组件中混合 3

种颜色的 RGB LED。

当将 GPIO 引脚配置为数字输出时，可以将输出电压设置为 0 V（低电平值）或 IOREF 电压（高电平值），在实际配置中，IOREF 电压为 5 V。通过这种方式，我们可以关闭 LED 或以最大亮度点亮 LED（但不会烧坏它）。

如果将红色、绿色和蓝色 LED 连接到 3 个 GPIO 引脚，并将它们配置为数字输出，则无法设置 256 个亮度级别。我们必须将 3 个 LED 连接到 3 个数字 I/O 引脚，可以将它们用作脉宽调制（Pulse Width Modulation，PWM）输出引脚。

在本书第 1.2 节“识别输入/输出和 Arduino 1.0 引脚”中提到过，标记有波浪号（~）数字前缀的引脚可用作脉宽调制（PWM）输出引脚，即引脚~11、~10、~9、~6、~5 和~3。在本示例中，我们将使用以下引脚连接 3 个 LED：

- 引脚~6 连接红色 LED。
- 引脚~5 连接绿色 LED。
- 引脚~3 连接蓝色 LED。

在完成必要的接线后，我们将编写 Python 代码来创建另一个 RESTful API，该 API 将允许为 3 个 LED 中的每一个设置亮度。

4.2.2　连接方案

需要以下元器件来完成此示例：

- 1 个红色超亮 5 mm LED。
- 1 个绿色超亮 5 mm LED。
- 1 个蓝色超亮 5 mm LED。
- 3 个具有 5%公差的 270 Ω 电阻器（色环为红、紫、棕、金）。

图 4-3 显示了连接到面包板的元器件、必要的布线以及从 Intel Galileo Gen 2 主板到面包板的布线。该示例的 Fritzing 文件是 iot_fritzing_chapter_04_02.fzz。

在本示例中，我们希望 3 个 LED 彼此靠近。这样，3 个 LED 可以将其光线投射到黑色表面上，可以看到这 3 种颜色的相交如何产生一种颜色，该颜色将类似于稍后使用的颜色选择器的颜色。

图 4-4 显示了本示例的电子示意图，其中的电子组件以符号表示。

如图 4-4 所示，在主板的符号中标记有 D3 PWM、D5 PWM 和 D6 PWM 的 3 个 GPIO 引脚都是具有脉宽调制（PWM）功能的引脚，它们连接到 270 Ω 电阻器，并连接到 LED

的阳极，每个 LED 的阴极接地。

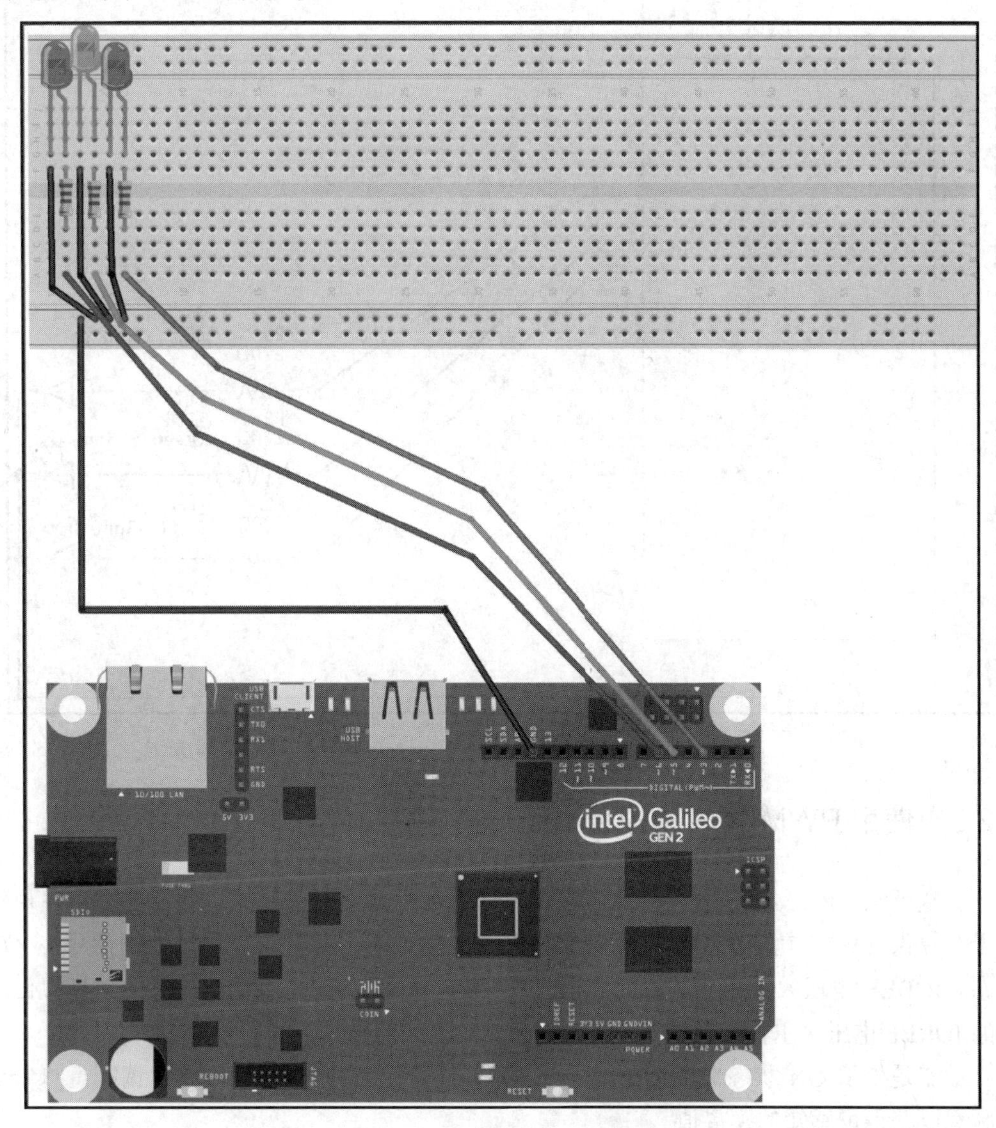

图 4-3

现在可以将元器件插入面包板并进行所有必要的布线。注意，不要忘记关闭 Yocto Linux，等待所有板载 LED 熄灭，然后断开 Intel Galileo Gen 2 主板的电源，最后再连接或拔下主板引脚上的连接线。

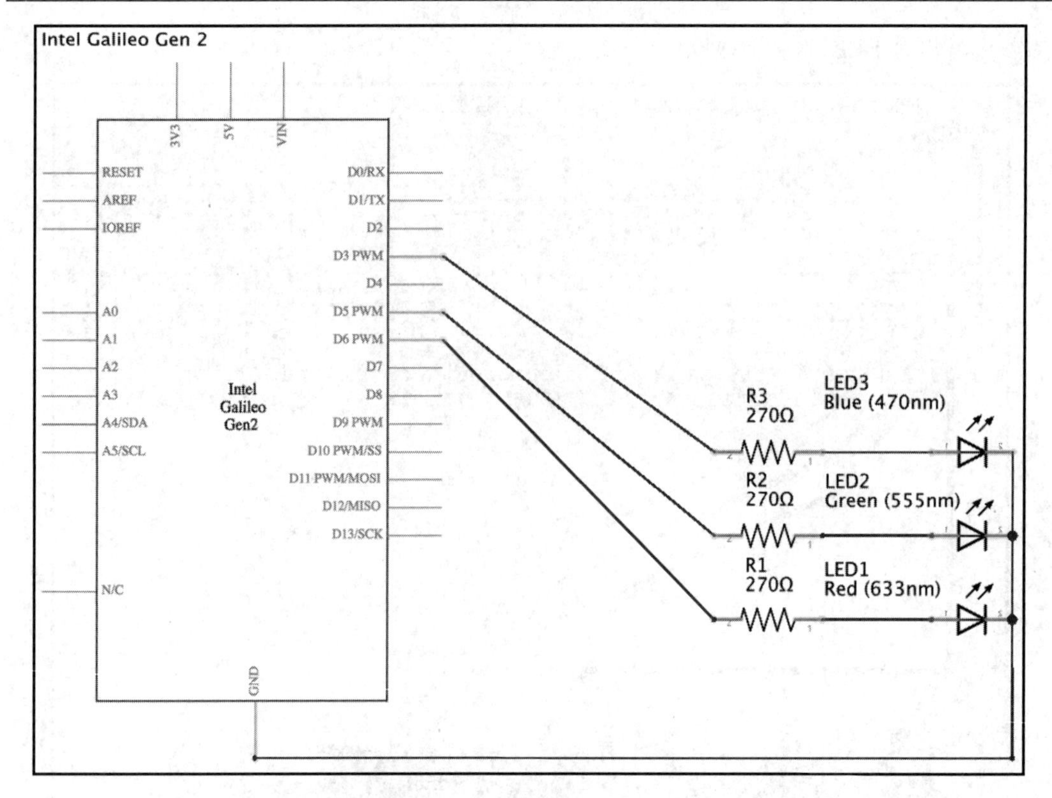

图 4-4

4.2.3　使用 PWM 生成模拟值

脉宽调制（PWM）是一种技术，它可以通过使用数字开关模式以数字方式产生模拟结果。提供 PWM 功能的引脚使用数字控件来创建方波，并且可以通过控制信号在 ON 状态（IOREF 电压）下花费的时间和信号在 OFF 状态（0 V）下花费的时间来模拟已配置的 IOREF 电压（主板默认配置为 5 V）和 0 V 之间的电压。

脉宽是处于 ON 状态（IOREF 电压）的信号的持续时间，因此，脉宽调制意味着更改脉宽以获得可感知的模拟值。

在 LED 引脚连接到 PWM 引脚的情况下，每秒重复数百次处于 ON 状态的信号和处于 OFF 状态的信号时，我们可以产生与信号为 0 V 至 IOREF 电压之间的稳定电压相同的结果，并且能够以此控制 LED 的亮度级别。

我们可以将从 0 到 1 的浮点值写入可提供 PWM 功能的引脚（该引脚配置为模拟输

出），即从 0%占空比（Duty Cycle）到 100%占空比。0%占空比表示始终处于 OFF 状态，100%占空比表示始终处于 ON 状态。

在本示例中，我们要表示 256 个亮度值（即 0~255，包括 255 本身），图 4-5 的横坐标轴（*x* 轴）显示的是亮度值，纵坐标轴（*y* 轴）显示的则是必须写入 PWM 引脚的相应浮点值。

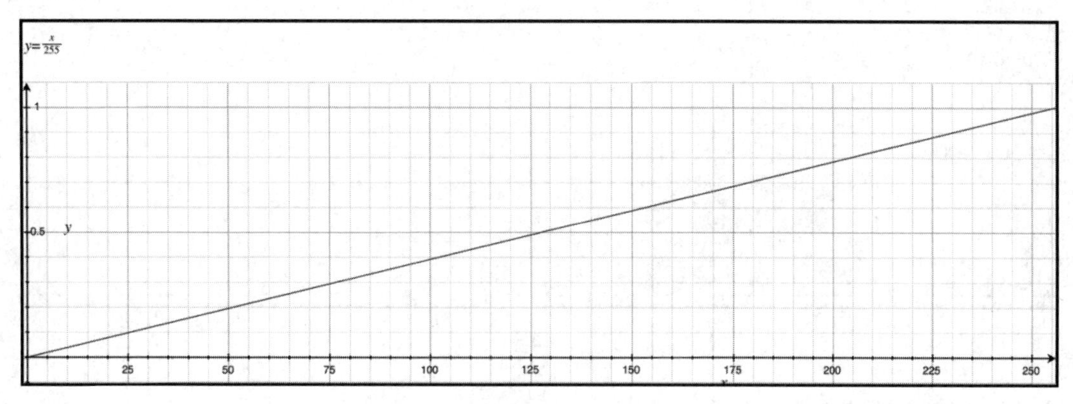

图 4-5

图 4-5 左上角的方程式如下：$y = x/255$，它可以解释为 value = brightness/255。我们可以在 Python 解释器中运行以下代码，以查看所有值的输出。这些值实际上就是将要写入的 0~255（包括 255 本身）每个亮度级别的值。

```
for brightness in range(0, 256):
    print(brightness / 255.0)
```

可以将浮点值乘以 5 来计算每个亮度级别的电压值。当使用主板的默认设置时，IOREF 跳线设置为 5 V，因此，输出中的 1.0 值表示的就是 5 V（1.0×5 = 5），输出中的 0.5 值表示的是 2.5 V（0.5×5 = 2.5）。图 4-6 在横坐标轴（*x* 轴）中显示了亮度值，在纵坐标轴（*y* 轴）中显示了输出中的相应电压值，它们将在 LED 中生成相应的亮度值。

图 4-6 左上角的方程式如下：$y = x / 255 * 5$，它可以解释为 voltage = brightness / 255 * 5。我们可以在 Python 解释器中运行以下代码，以查看所有电压值的输出。这些电压值实际上就是将要生成的 0~255（包括 255 本身）每个亮度级别的电压。

```
for brightness in range(0, 256):
    print(brightness / 255.0 * 5)
```

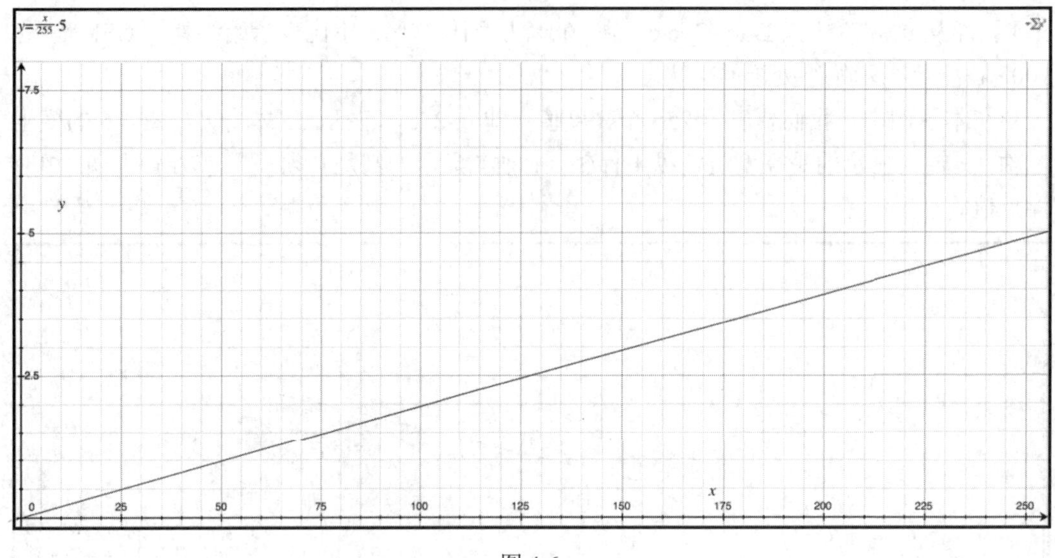

图 4-6

4.2.4　创建新的 AnalogLed 类

我们将创建一个新的 AnalogLed 类，以表示连接到板上的 LED。该 LED 的亮度级别可以是 0~255（包括 255 本身）。

新的 AnalogLed 类的代码如下所示。

以下示例的代码文件是 iot_python_ Chapter_04_02.py。

```
import mraa
from datetime import date
import tornado.escape
import tornado.ioloop
import tornado.web


class AnalogLed:
    def __init__(self, pin, name):
        self.pin = pin
        self.name = name
        self.pwm = mraa.Pwm(pin)
        self.pwm.period_us(700)
        self.pwm.enable(True)
        self.brightness_value = 0
        self.set_bightness(0)
```

```
    def set_brightness(self, value):
        brightness_value = value
        if brightness_value > 255:
            brightness_value = 255
        elif brightness_value < 0:
            brightness_value = 0
        led_value = brightness_value / 255.0
        self.pwm.write(led_value)
        self.brightness_value = brightness_value
        print("{0} LED connected to PWM Pin #{1} set to brightness
{2}.".format(self.name, self.pin, brightness_value))
```

在上面的代码中可以看到，当创建 AnalogLed 类的实例时，必须指定两个参数，一个是 pin，这是 LED 连接的引脚编号；另外一个是 name，这是 LED 的名称。

构造函数（即__init__方法）将创建一个新的 mraa.Pwm 实例，它会将接收到的 pin 值作为其 pin 参数，将其引用保存在 pwm 属性中，并调用其 period_us 方法将 PWM 周期配置为 700 μs。因此，输出占空比将按 700 μs 周期确定信号处于 ON 状态的时间量。例如，假设输出占空比为 0.5（50%），则意味着在 700 μs 周期的 350 μs 内（700×0.5=350）信号将处于 ON 状态。

然后，代码调用 pwm.enable 方法，使用 True 作为参数来设置 PWM 引脚的启用状态，并允许通过调用 pwm.write 方法开始设置 PWM 引脚的输出占空比。

下一行创建了一个 brightness_value 属性，并使用 0 值进行初始化，该属性将使我们能够轻松地检索连接到该引脚的 LED 最近一次的亮度值。

构造函数调用 set_brightness 方法设置连接到该引脚的 LED 的亮度级别，它使用的 value 参数的值为 0，意味着设置 LED 的亮度为 0。

接下来，该类定义了一个 set_brightness 方法，该方法可以在 value 参数中接收亮度级别值。代码的前面几行（if 判断）确保我们始终将亮度级别设置为 0~255（含）。如果 value 参数的值在该范围之外，则代码会将低于 0 的值设置为 0，将大于 255 的值设置为 255，并将该值分配给 brightness_value 变量。

然后，该方法会为 PWM 引脚计算必要的输出占空比，以将亮度级别值（brightness_value）转换为介于 1.0f（100%）和 0.0f（0%）之间的浮点值（在数学上非常简单，其实就是除以 255）。

转换后的值保存在 led_value 变量中，然后调用 self.pwm.write 方法，并使用 led_value 变量作为该方法的参数，它实际上就是将 PWM 输出引脚的输出占空比设置为 led_value。

下一行可以将该有效亮度级别保存到 brightness_value 属性。

最后，代码将输出有关 LED 名称、引脚编号和已设置的亮度级别等详细信息。

通过这种方式，该方法就将亮度值从 0~255（含）转换为引脚的正确输出占空比值，并写入输出引脚以控制它所连接的 LED 的亮度级别。

4.2.5　编写控制 LED 亮度的代码

现在可以使用新的 AnalogLed 类编写代码，为 3 个 LED 中的每一个创建一个实例并轻松地控制其亮度级别。

BoardInteraction 类的代码如下所示。

以下示例的代码文件是 iot_python_chapter_04_02.py。

```
Class BoardInteraction:
    # 红色 LED 连接到引脚～6
    red_led = AnalogLed(6, 'Red')
    # 绿色 LED 连接到引脚～5
    green_led = AnalogLed(5, 'Green')
    # 蓝色 LED 连接到引脚～3
    blue_led = AnalogLed(3, 'Blue')
```

BoardInteraction 类仅声明了 3 个类属性：red_led、green_led 和 blue_led。这 3 个类属性保存先前创建的 AnalogLed 类的新实例，并表示分别连接到引脚~6、~5 和~3 的红色、绿色和蓝色 LED。

接下来，我们还需要创建其他类，这些类将定义方法，使用上述类属性来访问公共 AnalogLed 实例。

要创建的类包括 VersionHandler、PutRedBrightnessHandler、PutGreenBrightnessHandler 和 PutBlueBrightnessHandler，其代码如下所示。

以下示例的代码文件是 iot_python_chapter_04_02.py。

```
class VersionHandler(tornado.web.RequestHandler):
    def get(self):
        response = {'version': '1.0',
                    'last_build': date.today().isoformat()}
        self.write(response)


class PutRedBrightnessHandler(tornado.web.RequestHandler):
    def put(self, value):
        int_value = int(value)
```

```
        BoardInteraction.red_led.set_brightness(int_value)
        response = {'red': BoardInteraction.red_led.brightness_value}
        self.write(response)


class PutGreenBrightnessHandler(tornado.web.RequestHandler):
    def put(self, value):
        int_value = int(value)
        BoardInteraction.green_led.set_brightness(int_value)
        response = {'green': BoardInteraction.green_led.brightness_value}
        self.write(response)


class PutBlueBrightnessHandler(tornado.web.RequestHandler):
    def put(self, value):
        int_value = int(value)
        BoardInteraction.blue_led.set_brightness(int_value)
        response = {'blue': BoardInteraction.blue_led.brightness_value}
        self.write(response)
```

上述代码声明了 tornado.web.RequestHandler 的以下 4 个子类。

- VersionHandler：定义 get 方法（只有一个 self 参数），该方法返回的响应将包含版本号和上次构建日期。
- PutRedBrightnessHandler：定义 put 方法，该方法需要一个 value 参数，该参数指定红色 LED 所需的亮度级别。该方法调用 set_brightness 方法，为存储在 BoardInteraction.red_led 类属性中的 AnalogNumber 实例设置亮度级别，而这个亮度级别正是使用 value 参数中的值指定的。

  然后，该代码返回一个响应结果，其中包括亮度级别值，不过它已经转换为与红色 LED 相连的 PWM 引脚中的输出占空比的百分比值。
- PutGreenBrightnessHandler：定义 put 方法，以设置绿色 LED 所需的亮度级别。它的工作方式和上面描述的 PutRedBrightnessHandler 方法一样，只不过该方法使用的不是 BoardInteraction.red_led 类属性，而是使用了 BoardInteraction.green_led 类属性来控制绿色 LED 的亮度。
- PutBlueBrightnessHandler：定义 put 方法，以设置蓝色 LED 所需的亮度级别。它的工作方式和上面描述的 PutRedBrightnessHandler 方法一样，只不过该方法使用的不是 BoardInteraction.red_led 类属性，而是使用了 BoardInteraction.blue_led 类属性来控制蓝色 LED 的亮度。

接下来要创建的类包括 GetRedBrightnessHandler、GetGreenBrightnessHandler 和 GetBlueBrightnessHandler。其代码如下所示。

以下示例的代码文件是 iot_python_chapter_04_02.py。

```
class GetRedBrightnessHandler(tornado.web.RequestHandler):
    def get(self):
        response = {'red': BoardInteraction.red_led.brightness_value}
        self.write(response)


class GetGreenBrightnessHandler(tornado.web.RequestHandler):
    def get(self):
        response = {'green': BoardInteraction.green_led.brightness_
value}
        self.write(response)


class GetBlueBrightnessHandler(tornado.web.RequestHandler):
    def get(self):
        response = {'blue': BoardInteraction.blue_led.brightness_
value}
        self.write(response)
```

上述代码声明了 tornado.web.RequestHandler 的以下 3 个子类。

- GetRedBrightnessHandler：定义 get 方法（只有一个 self 参数），该方法将返回一个响应值，其中包含 BoardInteraction.red_led.brightness_value 属性的值，即给红色 LED 设置的亮度值。
- GetGREENBrightnessHandler：定义 get 方法（只有一个 self 参数），该方法将返回一个响应值，其中包含 BoardInteraction.green_led.brightness_value 属性的值，即给绿色 LED 设置的亮度值。
- GetBlueBrightnessHandler：定义 get 方法（只有一个 self 参数），该方法将返回一个响应值，其中包含 BoardInteraction.blue_led.brightness_value 属性的值，即给蓝色 LED 设置的亮度值。

以下代码使用了先前声明的 tornado.web.RequestHandler 的子类，用 Tornado 组成 Web 应用程序，它表示了一个新的 RESTful API 和新的__main__方法。

以下示例的代码文件是 iot_python_chapter_04_02.py。

```
application = tornado.web.Application([
    (r"/putredbrightness/([0-9]+)", PutRedBrightnessHandler),
    (r"/putgreenbrightness/([0-9]+)", PutGreenBrightnessHandler),
    (r"/putbluebrightness/([0-9]+)", PutBlueBrightnessHandler),
    (r"/getredbrightness", GetRedBrightnessHandler),
    (r"/getgreenbrightness", GetGreenBrightnessHandler),
    (r"/getbluebrightness", GetBlueBrightnessHandler),
    (r"/version", VersionHandler)])


if __name__ == "__main__":
    print("Listening at port 8888")
    application.listen(8888)
    tornado.ioloop.IOLoop.instance().start()
```

和前面的示例一样（详见第 4.1 节“使用 RESTful API 以通过 LED 显示数字”），该代码创建了一个名为 application 的 tornado.web.Application 类的实例，其中包含了组成 Web 应用程序的请求处理程序的列表，即正则表达式和 tornado.web.RequestHandler 的子类的元组。

表 4-2 显示了一些与前面的代码中定义的正则表达式匹配的 HTTP 请求。在这些示例中，HTTP 请求使用了 192.168.1.107，因为它们是从连接到我们的局域网的计算机上执行的。在 HTTP 请求中，不要忘记用自己的主板分配到的 IP 地址替换 192.168.1.107。

表 4-2　HTTP 请求示例

HTTP 动作和请求的 URL	匹配请求路径的元组 (regexp, request_class)	RequestHandler 子类和调用的方法
PUT http:// 192.168.1.107:8888/ putredbrightness/30	(r"/putredbrightness/ ([0-9]+)", PutRedBrightnessHandler)	PutRedBrightnessHandler.put(30)
PUT http:// 192.168.1.107:8888/ putgreenbrightness/128	(r"/putgreenbrightness/ ([0-9]+)", PutGreenBrightnessHandler)	PutGreenBrightnessHandler.put(128)
PUT http:// 192.168.1.107:8888/ putbluebrightness/255	(r"/putbluebrightness/ ([0-9]+)", PutBlueBrightnessHandler)	PutGreenBrightnessHandler.put(255)
GET http:// 192.168.1.107:8888/ getredbrightness	(r"/getredbrightness", GetRedBrightnessHandler)	GetRedBrightnessHandler.get()
GET http:// 192.168.1.107:8888/ getgreenbrightness	(r"/getgreenbrightness", GetGreenBrightnessHandler)	GetGreenBrightnessHandler.get()
GET http:// 192.168.1.107:8888/ getbluebrightness	(r"/getbluebrightness", GetBlueBrightnessHandler)	GetBlueBrightnessHandler.get()

4.2.6 启动 HTTP 服务器和 RESTful API

以下代码将启动 HTTP 服务器和 RESTful API，使我们能够在主板上运行的 Yocto Linux 中控制红色、绿色和蓝色 LED 的亮度级别。再重复一次，在此之前别忘了使用 SFTP 客户端将 Python 源代码文件传输到主板上的 Yocto Linux，该过程在前面的章节中有详细的介绍，兹不赘述。

```
python iot_python_chapter_04_02.py
```

在启动 HTTP 服务器后将看到以下输出信息，并且面包板上的所有红色、绿色和蓝色 LED 都将关闭。

```
Red LED connected to PWM Pin #6 set to brightness 0.
Green LED connected to PWM Pin #5 set to brightness 0.
Blue LED connected to PWM Pin #3 set to brightness 0.
Listening at port 8888
```

4.2.7 通过 HTTP 请求生成模拟值

现在，HTTP 服务器已经在 Yocto Linux 中运行，可以通过 HTTP 请求来控制连接到 Intel Galileo Gen 2 主板的 LED。

接下来，我们将在连接到局域网的其他计算机或设备上编写和发送 HTTP 请求，以控制红色、绿色和蓝色 LED 的亮度级别。

在连接到局域网的计算机或任何设备上打开一个新的终端、命令行或图形用户界面（GUI）工具，我们将使用它来编写和发送 HTTP 请求。再次提醒一下，在你自己的请求中，不要忘记用你的主板分配到的 IP 地址替换掉以下示例中的 192.168.1.107。

在计算机或设备中运行以下 HTTPie 命令，以使用 RESTful API 使主板将红色 LED 的亮度级别设置为 30。

```
http -b PUT 192.168.1.107:8888/putredbrightness/30
```

上面的命令将编写并发送以下 HTTP 请求：

```
PUT http://192.168.1.107:8888/putredbrightness/30
```

该请求将匹配并运行 PutRedBrightnessHandler.put 方法，它将接收到的 30 作为其 value 形参的值。在输入该命令后，可以看到显示 Python 代码输出结果的 SSH 终端将会显示以下消息：

```
Red LED connected to PWM Pin # 6 set to brightness 30
```

此外，还将看到红色 LED 以非常低的亮度打开（点亮）。

HTTP 服务器的响应如下所示。可以看到该响应中包含了使用 PWM 引脚为红色 LED 设置的亮度级别：

```
{
    "red": 30
}
```

可以在计算机或设备中运行以下 HTTPie 命令，以使用 RESTful API 告诉我们红色 LED 的当前亮度级别。

```
http -b GET 192.168.1.107:8888/getredbrightness
```

上面的命令将编写并发送以下 HTTP 请求：

```
GET http://192.168.1.107:8888/getredbrightness
```

该请求将匹配并运行 GetRedBrightnessHandler.get 方法。HTTP 服务器的响应如下所示，该响应包含了先前通过 API 调用为红色 LED 设置的亮度级别：

```
{
    "red": 30
}
```

现在，在计算机或设备中运行以下 HTTPie 命令，以使用 RESTful API 使主板将绿色 LED 的亮度级别设置为 128。

```
http -b PUT 192.168.1.107:8888/putredbrightness/128
```

上面的命令将编写并发送以下 HTTP 请求：

```
PUT http://192.168.1.107:8888/putgreenbrightness/128
```

该请求将匹配并运行 PutGreenBrightnessHandler.put 方法，它将接收到的 128 作为其 value 形参的值。在输入该命令后，可以看到显示 Python 代码输出结果的 SSH 终端将会显示以下消息：

```
Green LED connected to PWM Pin # 5 set to brightness 128
```

此外，将看到绿色 LED 处于一半的亮度级别。

HTTP 服务器的响应如下所示。可以看到该响应中包含了使用 PWM 引脚为绿色 LED

设置的亮度级别：

```
{
    "green": 128
}
```

最后，我们在计算机或设备中运行以下 HTTPie 命令，以通过 RESTful API 使主板将蓝色 LED 的亮度级别设置为 255，即其最高亮度级别。

```
http -b PUT 192.168.1.107:8888/putbluebrightness/255
```

上一条命令将编写并发送以下 HTTP 请求：

```
PUT http://192.168.1.107:8888/putbluebrightness/255
```

该请求将匹配并运行 PutBlueBrightnessHandler.put 方法，它将接收到的 255 作为其 value 形参的值。在输入该命令后，可以看到显示 Python 代码输出结果的 SSH 终端将会显示以下消息：

```
Blue LED connected to PWM Pin # 3 set to brightness 255
```

此外，还将看到面包板上的蓝色 LED 以最高的亮度级别点亮。

HTTP 服务器的响应如下所示。可以看到，该响应包含了使用 PWM 引脚为蓝色 LED 设置的亮度级别：

```
{
    "blue": 255
}
```

现在，我们可以运行以下两个 HTTPie 命令，从而让 RESTful API 告诉我们绿色和蓝色 LED 的当前亮度级别。

```
http -b GET 192.168.1.107:8888/getgreenbrightness
http -b GET 192.168.1.107:8888/getbluebrightness
```

来自 HTTP 服务器的两个响应如下所示，其中包含为绿色和蓝色 LED 设置的亮度级别值：

```
{
    "green": 128
}

{
    "blue": 255
}
```

上述测试表明，我们已经成功创建了一个非常简单的 RESTful API，该 API 允许我们为红色、绿色和蓝色 LED 设置所需的亮度，并检查其当前的亮度级别。

该 RESTful API 使我们能够通过任何应用程序、移动 App 或 Web 应用程序编写和发送 HTTP 请求，以 3 种颜色的混合以及它们的不同亮度级别来生成不同的颜色。

4.3　为 Web 应用程序需求准备 RESTful API

现在我们想要开发一个简单的 Web 应用程序，该应用程序将显示一个颜色选择器（Color Picker），以允许用户选择一种颜色。一旦用户选择了某种颜色，我们就可以获得红色、绿色和蓝色的分量，各分量的值为 0~255（含）。根据所选颜色的红色、绿色和蓝色分量值，设置面包板上红色、绿色和蓝色 LED 的亮度级别。

基于上述要求，我们可以方便地在 RESTful API 中添加新的 PUT 方法，以允许在单个 API 调用中同时更改 3 个 LED 的亮度级别。

4.3.1　编写新的 PutRGBBrightnessHandler 类

新的 PutRGBBrightnessHandler 类的代码如下所示。

以下示例的代码文件是 iot_python_chapter_04_03.py。

```
class PutRGBBrightnessHandler(tornado.web.RequestHandler):
    def put(self, red, green, blue):
        int_red = int(red)
        int_green = int(green)
        int_blue = int(blue)
        BoardInteraction.red_led.set_brightness(int_red)
        BoardInteraction.green_led.set_brightness(int_green)
        BoardInteraction.blue_led.set_brightness(int_blue)
        response = dict(
            red=BoardInteraction.red_led.brightness_value,
            green=BoardInteraction.green_led.brightness_value,
            blue=BoardInteraction.blue_led.brightness_value)
        self.write(response)
```

上述代码声明了一个名为 PutRGBBrightnessHandler 的 tornado.web.RequestHandler 的新子类。该类定义了 put 方法，该方法需要 3 个参数（red, green, blue），分别为 3 个 LED（红色、绿色和蓝色）指定所需的亮度。

该方法将为存储在 BoardInteraction.red_led、BoardInteraction.green_led 和 BoardInteraction.blue_led 类属性中的 AnalogNumber 实例调用 set_brightness 方法，并在参数中指定所需的亮度级别。

然后，该代码将返回一个响应结果，其中包括 3 个 LED 的亮度级别值，不过它已经转换为与红色、绿色、蓝色 LED 相连的 PWM 引脚中的输出占空比的百分比值。

4.3.2 创建 tornado.web.Application 类的实例

下面代码创建了名为 application 的 tornado.web.Application 类的实例，其中包含组成 Web 应用程序的请求处理程序的列表，即正则表达式和 tornado.web.RequestHandler 子类的元组。可以看到，本示例新添加的代码已经加粗显示。

以下示例的代码文件是 iot_python_chapter_04_03.py。

```
application = tornado.web.Application([
    (r"/putredbrightness/([0-9]+)", PutRedBrightnessHandler),
    (r"/putgreenbrightness/([0-9]+)", PutGreenBrightnessHandler),
    (r"/putbluebrightness/([0-9]+)", PutBlueBrightnessHandler),
    (r"/putrgbbrightness/r([0-9]+)g([0-9]+)b([0-9]+)",
     PutRGBBrightnessHandler),
    (r"/getredbrightness", GetRedBrightnessHandler),
    (r"/getgreenbrightness", GetGreenBrightnessHandler),
    (r"/getbluebrightness", GetBlueBrightnessHandler),
    (r"/version", VersionHandler)])
```

4.3.3 启动 HTTP 服务器和新版本的 RESTful API

以下代码将启动 HTTP 服务器和新版本的 RESTful API，使我们能够通过主板上运行的 Yocto Linux 中的单个 API 调用来控制红色、绿色和蓝色 LED 的亮度级别。别忘了先使用 SFTP 客户端将 Python 源代码文件传输到 Yocto Linux。

```
python iot_python_chapter_04_03.py
```

在启动 HTTP 服务器后，我们将看到以下输出，并且面包板上的所有红色、绿色和蓝色 LED 都将关闭。

```
Red LED connected to PWM Pin #6 set to brightness 0.
Green LED connected to PWM Pin #5 set to brightness 0.
```

```
Blue LED connected to PWM Pin #3 set to brightness 0.
Listening at port 8888
```

4.3.4　通过 HTTP 请求控制 LED 分量的亮度

借助新的 RESTful API，我们可以编写以下 HTTP 动词和请求 URL：

```
PUT http://192.168.1.107:8888/putrgbbrightness/r30g128b255
```

上面的请求路径将匹配先前添加的以加粗显示的元组（regexp，request_class）：

```
(r"/putrgbbrightness/r([0-9]+)g([0-9]+)b([0-9]+)",
PutRGBBrightnessHandler),
```

Tornado 将调用 PutRGBBrightnessHandler.put 方法，并使用 red、green 和 blue 的值，即：

```
PutRGBBrightnessHandler.put(30, 128, 255)
```

在计算机或设备中运行以下 HTTPie 命令，以使用 RESTful API 使主板通过先前分析的请求路径设置 3 个 LED 的亮度级别。

```
http -b PUT 192.168.1.107:8888/putrgbbrightness/r30g128b255
```

在输入以上命令之后，可以看到在显示 Python 代码输出的 SSH 终端窗口中将显示以下 3 条消息：

- Red LED connected to PWM Pin #6 set to brightness 30
- Green LED connected to PWM Pin #5 set to brightness 128
- Blue LED connected to PWM Pin #3 set to brightness 255

此外，你将看到 3 个 LED 都被点亮，但是它们的亮度级别是不一样的。以下是 HTTP 服务器的响应结果，其中包含了 3 个 LED 亮度级别的设置值：

```
{
    "blue": 255,
    "green": 128,
    "red": 30
}
```

4.4　使用 PWM 和 RESTful API 设置 RGB LED 的颜色

现在，我们将使用相同的源代码来更改 RGB LED（特指共阴极 RGB LED）的颜色。

4.4.1　使用 RGB LED

RGB LED 提供 1 个公共阴极和 3 个阳极，即 3 个颜色（红色、绿色和蓝色）中每个颜色的阳极。可以使用代码对 3 种颜色进行脉宽调制，并使 LED 产生混合色。本示例不需要使用黑色表面来查看 3 种颜色的交集，因为 RGB LED 自动混合了 3 种颜色。

图 4-7 显示了包含常见引脚配置的共阴极 RGB LED，其中，左数第二个引脚是共阴极，它也是最长的引脚。

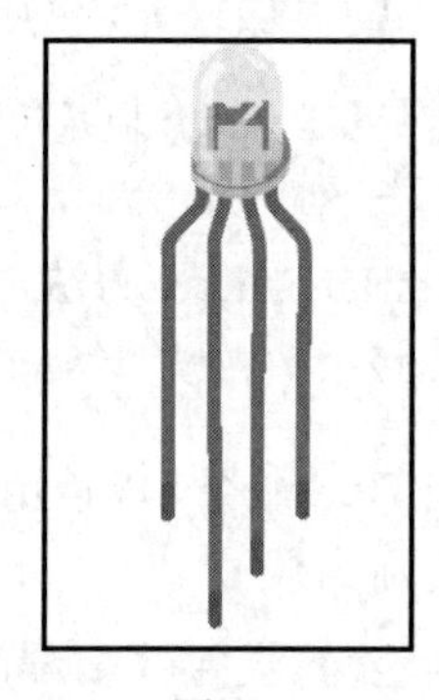

图 4-7

表 4-3 显示了图 4-7 中 RGB LED 的引脚配置（引脚编号从左到右计数）。当然，最好的方式是始终查看 RGB LED 的说明书，以正确识别公共阴极和每种颜色的阳极引脚。

表 4-3　RGB LED 引脚配置

引 脚 编 号	说　明
1	红色 LED 的阳极引脚
2	共阴极引脚
3	绿色 LED 的阳极引脚
4	蓝色 LED 的阳极引脚

根据表 4-3，可以将 3 个阳极引脚连接到 3 个可以提供脉宽调制（PWM）功能的数字 I/O 引脚，本示例使用与之前示例相同的 PWM 输出引脚：

- 引脚~6 连接红色 LED 的阳极引脚。
- 引脚~5 连接绿色 LED 的阳极引脚。
- 引脚~3 连接蓝色 LED 的阳极引脚。

在完成必要的接线之后，即可使用相同的 Python 代码运行 RESTful API，并通过更改红色、绿色和蓝色的亮度级别来混合颜色。我们需要以下元器件来制作此示例：

- 1 个共阴极 5 mm RGB LED。
- 3 个具有 5%公差的 270 Ω 电阻器（色环为红、紫、棕、金）。

4.4.2　连接方案

图 4-8 显示了连接到面包板的元器件、必要的布线以及从 Intel Galileo Gen 2 主板到面包板的布线。该示例的 Fritzing 文件是 iot_python_chapter_04_03.fzz。

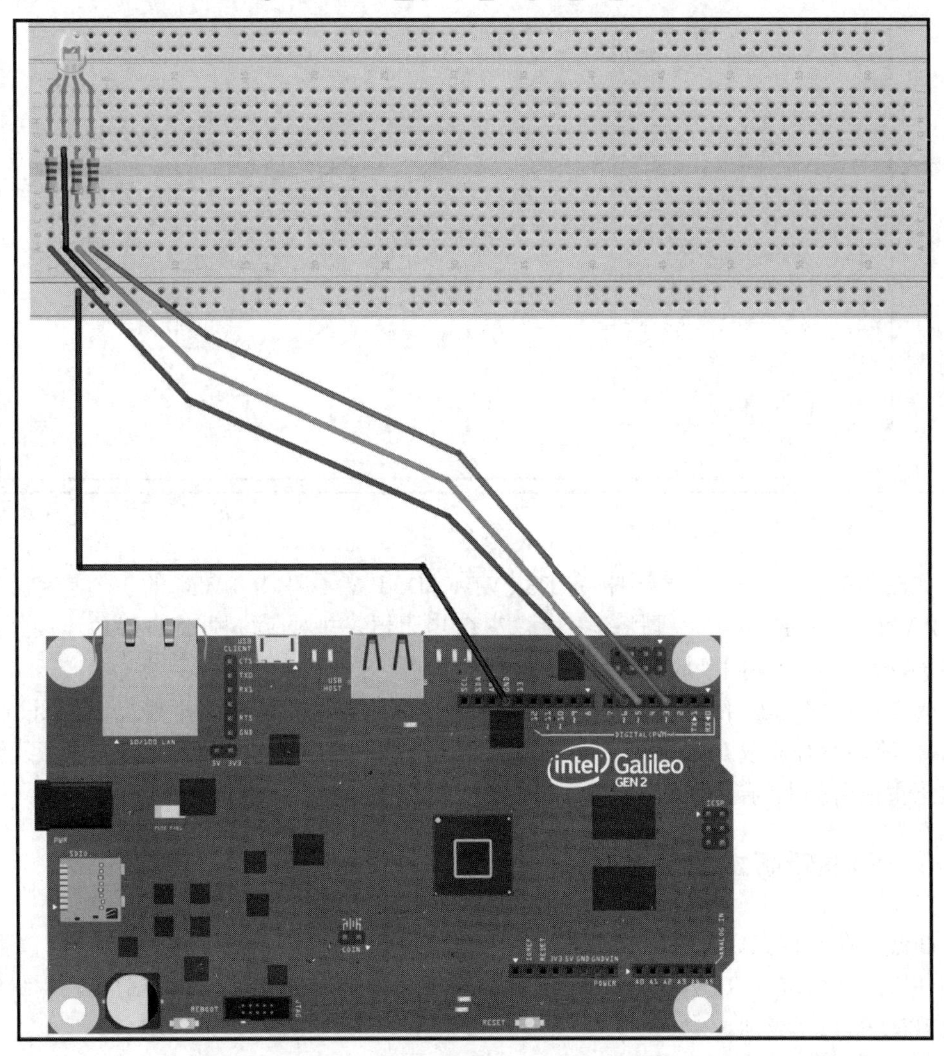

图 4-8

图 4-9 显示了本示例的电子示意图，其中电子元件以符号表示。

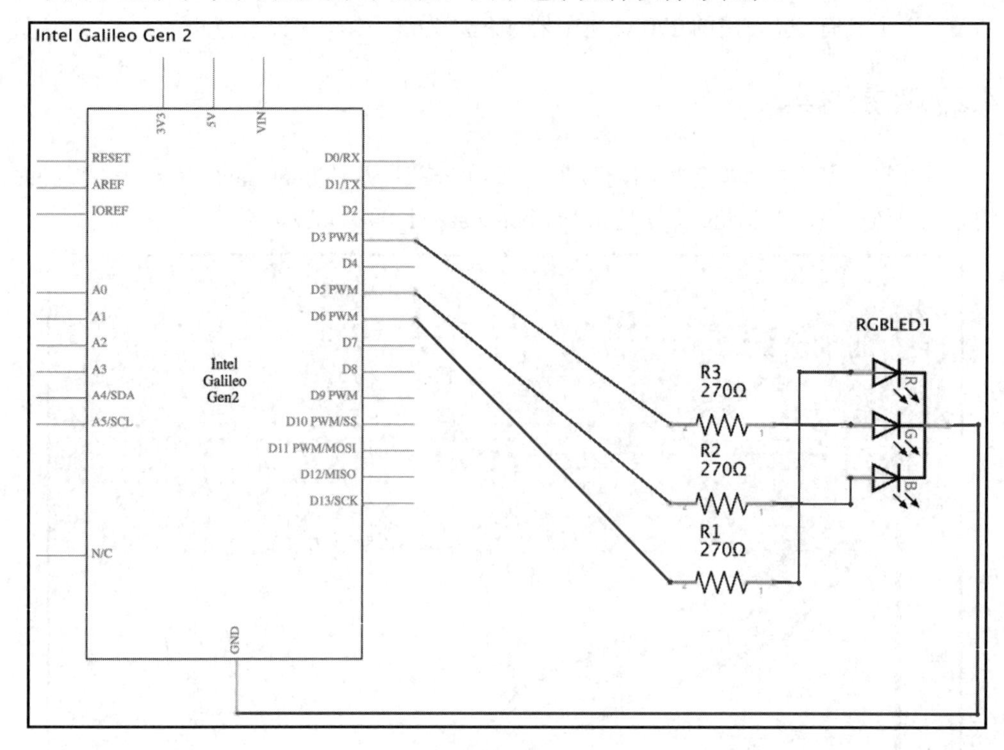

图 4-9

如图 4-9 所示，主板符号中标有 D3 PWM、D5 PWM 和 D6 PWM 的 3 个具有脉宽调制（PWM）功能的 GPIO 引脚将连接到 270 Ω 电阻器，并对应每种 LED 颜色连接到其阳极引脚，而公共阴极则接地。

现在可以将元器件插入面包板并进行所有必要的布线。同样，不要忘记关闭 Yocto Linux，等待所有板载 LED 熄灭，然后断开 Intel Galileo Gen 2 主板的电源，最后再连接或拔下主板引脚上的连接线。

4.4.3　测试新版本的 RESTful API

在连接和布线完成之后，即可在主板上再次启动 Yocto Linux，然后启动 HTTP 服务器并使用最新版本的 RESTful API，该 API 允许通过单个 API 调用来控制红色、绿色和蓝色 LED 的亮度级别。

```
python iot_python_chapter_04_03.py
```

在计算机或设备中运行以下 HTTPie 命令，以通过 RESTful API 来使主板为 RGB LED 中包含的颜色设置亮度级别。

```
http -b PUT 192.168.1.107:8888/putrgbbrightness/r255g255b0
```

在输入上述命令后，可以看到 RGB LED 会显示黄光，这是因为上述命令在关闭蓝色的同时将红色和绿色都设置为其最大亮度（根据加色法原理，红色+绿色=黄色）。以下是 HTTP 服务器的响应，它包含了为 3 种颜色设置的亮度级别：

```
{
    "blue": 0,
    "green": 255,
    "red": 255
}
```

现在，运行以下 HTTPie 命令：

```
http -b PUT 192.168.1.107:8888/putrgbbrightness/r255g0b128
```

在输入该命令后，你会注意到 RGB LED 显示为粉红色或浅品红色光，这是因为上述命令在关闭绿色的同时将红色设置为最大亮度，将蓝色设置为最大亮度的一半（根据加色法原理，红色+浅蓝色=浅品红）。以下是 HTTP 服务器的响应，它包含了为 3 种颜色设置的亮度级别：

```
{
    "blue": 128,
    "green": 0,
    "red": 255
}
```

现在，运行以下 HTTPie 命令：

```
http -b PUT 192.168.1.107:8888/putrgbbrightness/r0g255b255
```

在输入该命令后，你会注意到 RGB LED 显示为青色，这是因为上述命令在关闭红色的同时将绿色和蓝色都设置为其最大亮度（根据加色法原理，绿色+蓝色=青色）。以下是 HTTP 服务器的响应，它包含了为 3 种颜色设置的亮度级别：

```
{
    "blue": 255,
    "green": 255,
    "red": 0
}
```

上述测试表明，按照这种方式，我们可以让 RGB LED 生成 256×256×256 种不同的颜色，即 16777216 种颜色（超过 1600 万种颜色）。我们的操作很简单，只需要使用 RESTful API 更改红色、绿色和蓝色分量的值即可。

4.5　使用 wiring-x86 库控制脉宽调制

到目前为止，我们一直在使用 mraa 库与脉宽调制（PWM）功能相配合，以更改不同 LED 和 RGB LED 中不同颜色的亮度级别。但是，在第 1 章中，我们还安装了 wiring-x86 库，该库也可以结合使用脉宽调制功能，只需要更改几行面向对象代码，就可以用 wiring-x86 库代替 mraa 库，从而更改红色、绿色和蓝色分量的亮度。

当使用脉宽调制功能时，mraa 库和 wiring-x86 库之间存在重要区别。前者使用 0.0f~1.0f 的浮点值来设置输出占空比的百分比，而后者则使用 0~255 的值（包括 255 本身）来设置该值。因此，在使用 wiring-x86 库时，不需要将亮度级别值转换为输出占空比百分比，而是可以使用亮度级别值来指定 PWM 的值。因此，在这种情况下，代码更简单。

Board 类的代码如下所示，在它后面还显示了新版本的 AnalogLed 类，该新版本可与 wiring-x86 库一起使用，而不再使用 mraa。

以下示例的代码文件是 iot_python_chapter_04_04.py。

```
from wiringx86 import GPIOGalileoGen2 as GPIO

class Board:
    gpio = GPIO(debug=False)


class AnalogLed:
    def __init__(self, pin, name):
        self.pin = pin
        self.name = name
        self.gpio = Board.gpio
        self.gpio.pinMode(pin, self.gpio.PWM)
        self.brightness_value = 0
        self.set_brightness(0)

    def set_brightness(self, value):
        brightness_value = value
        if brightness_value > 255:
            brightness_value = 255
        elif brightness_value < 0:
            brightness_value = 0
```

```
        self.gpio.analogWrite(self.pin, brightness_value)
        self.brightness_value = brightness_value
        print("{0} LED connected to PWM Pin #{1} set to brightness
{2}.".format(self.name, self.pin, brightness_value))
```

可以看到，与之前使用mraa库的AnalogLed类的版本相比，这个使用wiring-x86库交互的AnalogLed类的版本仅修改了很少的几行代码。在上面的代码中，以加粗方式显示了这些修改的代码行。

构造函数（即__init__方法）将对Board.gpio类属性的引用保存在self.gpio中，并调用了self.gpioself.gpio的pinMode方法，将接收到的pin值作为其pin参数，而将self.gpio.PWM作为其mode参数。通过这种方式，我们将引脚配置为输出PWM引脚。

所有Led实例都将保存对创建了GPIO类实例的相同Board.gpio类属性的引用。

比较特别的地方是，wiringx86.GPIOGalileoGen2类的debug参数被设置为False，以避免不必要的用于低级通信的调试信息。

set_brightness方法将为GPIO实例（self.gpio）调用analogWrite方法，以将配置为PWM输出的引脚的输出占空比设置为brightness_value。

self.pin属性指定analogWrite方法调用的pin值。因为brightness_value已经是0~255（含）的值，所以它是analogWrite方法的有效值。

RESTful API的其余代码与前面示例中的代码相同。无须进行修改，因为它将自动与新的AnalogLed类一起使用，并且其构造函数或其set_brightness方法的参数都没有改变。

以下代码行将启动HTTP服务器和新版本的RESTful API，该版本可与wiring-x86库一起使用。同样，还要提醒一下别忘了使用SFTP客户端将Python源代码文件传输到Yocto Linux，兹不赘述。

```
python iot_python_chapter_04_04.py
```

提示：

现在可以发出与上一个示例相同的HTTP请求，以确认是否可以使用wiring-x86库获得完全相同的结果。

4.6　牛刀小试

1．PWM代表的是（　　）。

　A．引脚工作模式

　B．脉冲权重调制

C．脉宽调制

2．在 Intel Galileo Gen 2 主板上，用（　　）作为数字前缀的引脚可以用作 PWM 输出引脚。

A．哈希符号（#）

B．美元符号（$）

C．波浪号（~）

3．PWM 引脚中的 100%占空比（始终处于 ON 状态的信号）将产生一个稳定电压，其电压值等于（　　）。

A．0 V

B．由 IOREF 跳线位置指定的电压

C．6 V

4．PWM 引脚中的 0%占空比（始终处于 OFF 状态）将产生一个稳定电压，其电压值等于（　　）。

A．0 V

B．由 IOREF 跳线位置指定的电压

C．6 V

5．连接有 LED 的 PWM 引脚中的占空比为 50%时，将产生一个与稳定电压类似的结果，该稳定电压等于（　　）。

A．0 V

B．由 IOREF 跳线位置指定的电压的一半

C．6 V × 0.5 = 3 V

4.7 小　　结

本章详细介绍了 Tornado Web 服务器、Python、HTTPie 命令行 HTTP 客户端以及 mraa 和 wiring-x86 库的使用。

我们利用 Python 的面向对象功能生成了多个版本的 RESTful API，这些 API 使我们能够通过连接到局域网的计算机和设备与主板进行交互。

我们可以编写并发送 HTTP 请求，以便通过 LED 显示数字，更改 3 个 LED 的亮度级别或者使用 RGB LED 生成数百万种颜色。

本章成功创建了 RESTful API，使计算机和设备可以与物联网设备进行交互，接下来可以利用其他功能，以使我们能够读取数字输入和模拟值，第 5 章将讨论该主题。

第 5 章　使用数字输入

本章将使用数字输入，使用户能够在处理 HTTP 请求时与主板进行交互。

本章包含以下主题：

- ❑ 了解上拉电阻和下拉电阻之间的差异。
- ❑ 连接按钮和数字输入引脚。
- ❑ 通过 mraa 和 wiring-x86 库使用轮询来检查按钮状态。
- ❑ 在运行 RESTful API 的同时结合轮询以读取数字输入。
- ❑ 编写代码，以使电子元器件和 API 共享功能时还可以保持一致性。
- ❑ 使用中断和 mraa 库检测按下的按钮。
- ❑ 了解轮询和中断在检测数字输入方面的优缺点。

5.1　了解按钮和上拉电阻

在第 4 章的示例中，我们使用 RESTful API 控制了红色、绿色和蓝色 LED 的亮度级别。然后，我们还使用单个 RGB LED 替换了 3 个 LED，并使用相同的 RESTful API 生成了不同颜色的光。现在，我们换个思路，希望可以通过在面包板上添加以下两个按钮来更改 3 个颜色分量的亮度级别：

- ❑ 一个可以关闭所有颜色的按钮，即将所有颜色的亮度级别设置为 0。
- ❑ 一个可以将所有颜色设置为最大亮度级别的按钮，即将所有颜色的亮度级别设置为 255。

5.1.1　按钮

当用户按下按钮时，它的作用就像一根电线，电流可以通过包含该按钮的电路；而当按钮未被按下时，包含该按钮的电路将中断，也就是说，当用户释放按钮时，电路就会中断。像这样的按钮也称为微动开关（MicroSwitch）。

显然，我们不想在用户按下按钮时就连接短路，因此，需要分析将按钮安全地连接到 Intel Galileo Gen 2 主板上的各种可能方式。

图 5-1 显示了一种判断方式，即将按钮连接至 Intel Galileo Gen 2 主板并使用 GPIO

引脚编号 0 作为输入来确定按钮是否按下。该示例的 Fritzing 文件是 iot_fritzing_chapter_05_01.fzz。

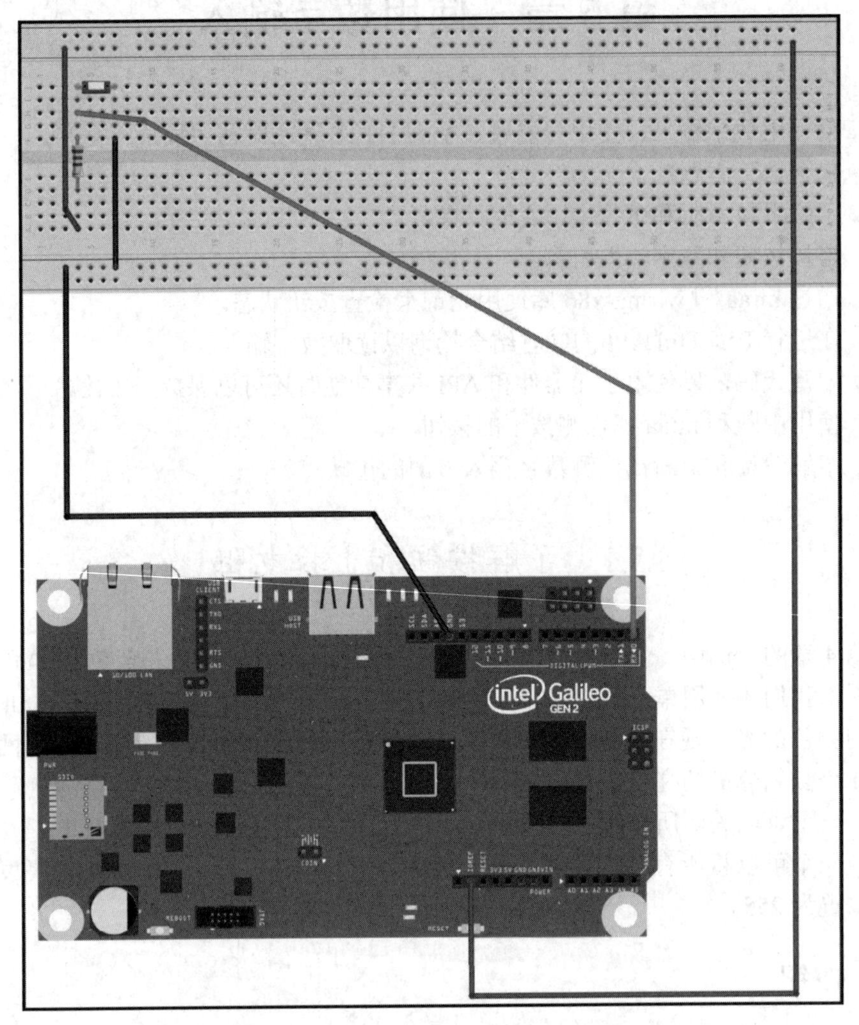

图 5-1

图 5-2 显示了该示例的电子示意图，其中电子元件用符号表示。

如图 5-2 所示，在主板的符号中，标有 D0/RX 的 GPIO 引脚连接到公差为 5%的 120 Ω 电阻（色环为棕、红、棕、金），并连接到 IOREF 引脚。

如前文所述，标有 IOREF 的引脚可以为我们提供 IOREF 电压，在本示例中，实际默认配置为 5 V。由于将来我们也可能希望使用其他电压配置，因此这里可以始终使用

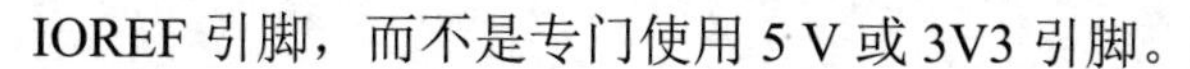

IOREF 引脚，而不是专门使用 5 V 或 3V3 引脚。

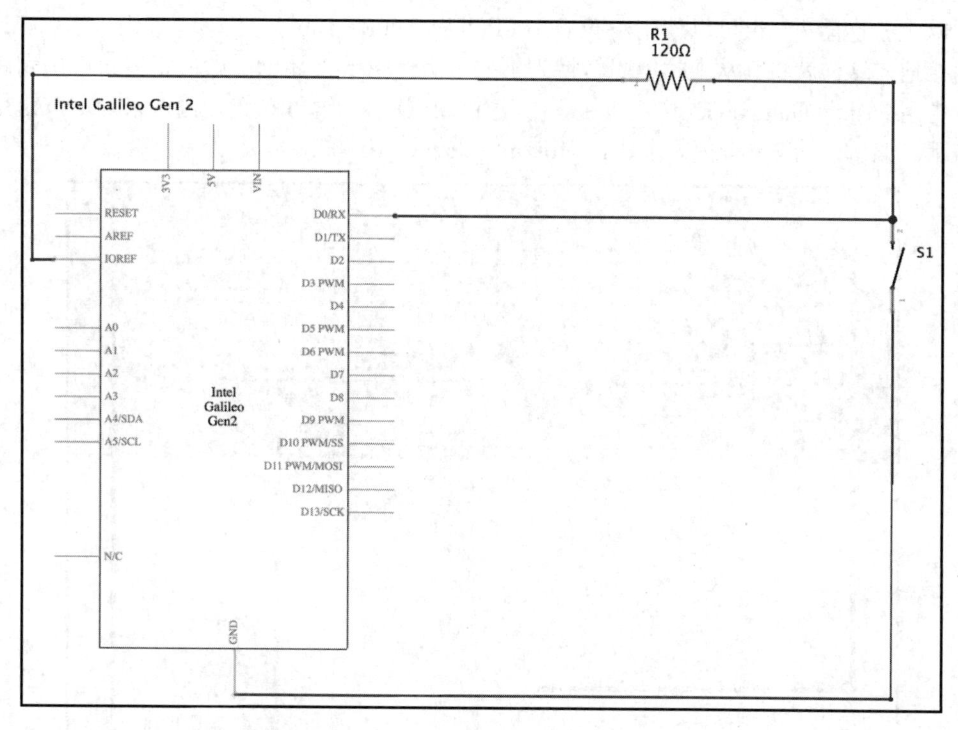

图 5-2

主板符号中标有 D0/RX 的 GPIO 引脚也连接到 S1 按钮，并连接到 120 Ω 电阻器和 GND（表示接地）。

5.1.2　上拉电阻和下拉电阻

现在来认识一下上拉电阻和下拉电阻的区别。

提示：

图 5-2 中的电路连接配置称为分压器（Voltage Divider），而 120 Ω 电阻则被称为上拉电阻（Pull-Up Resistor）。

当按下 S1 按钮时，上拉电阻会限制电流。由于上拉电阻的作用，如果按下 S1 按钮，则将在 GPIO 引脚 D0/RX 上读取一个低电平值（0 V）。而当释放 S1 按钮时，将读取一个高电平值，即 IOREF 电压（实际配置中为 5 V）。

我们可以编写面向对象的代码来封装该按钮的行为，并使用易于理解的状态来隔离上拉电阻的工作方式。

除上拉电阻外，也可以使用下拉电阻（Pull-Down Resistor）。例如，我们可以将 120 Ω 电阻接地，这样就将其从上拉电阻转换为下拉电阻。图 5-3 显示了如何将按钮连接到包含下拉电阻的 Intel Galileo Gen 2 主板上，并使用 GPIO 引脚编号 0 作为输入来确定按钮是否被按下。该示例的 Fritzing 文件是 iot_fritzing_chapter_05_02.fzz。

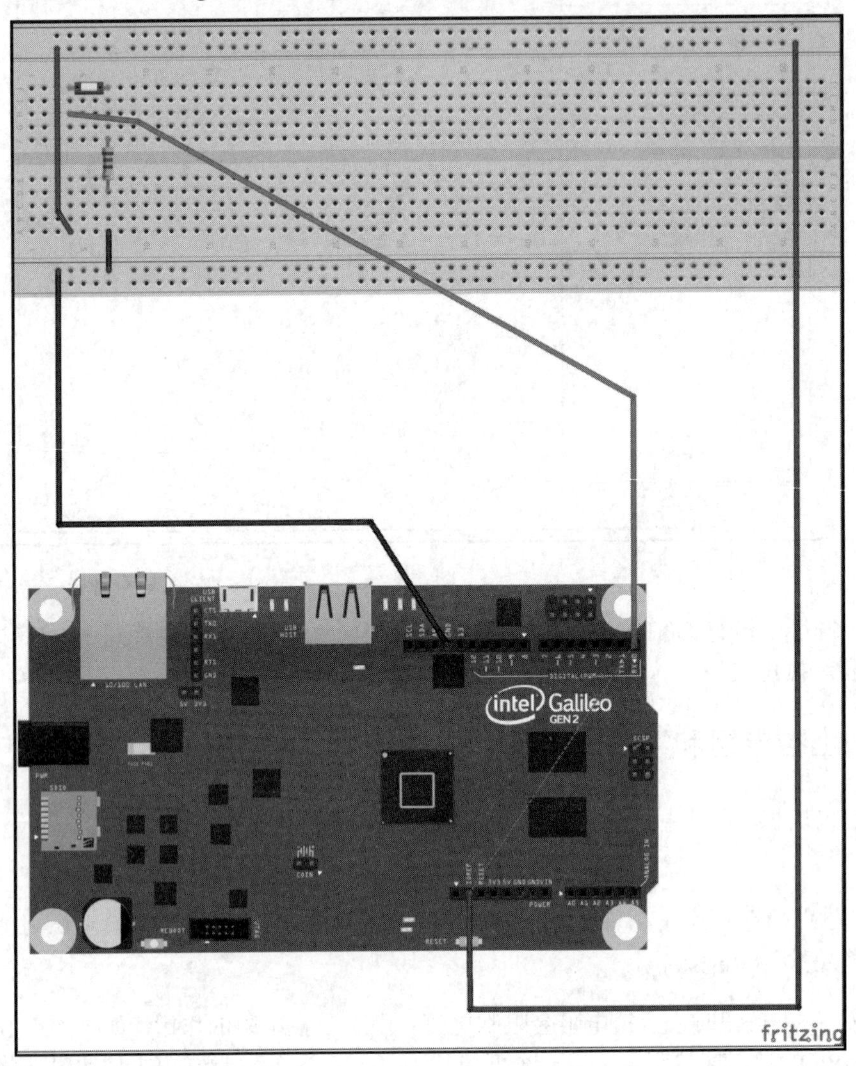

图 5-3

图 5-4 显示了其电子示意图，其中电子元件用符号表示。

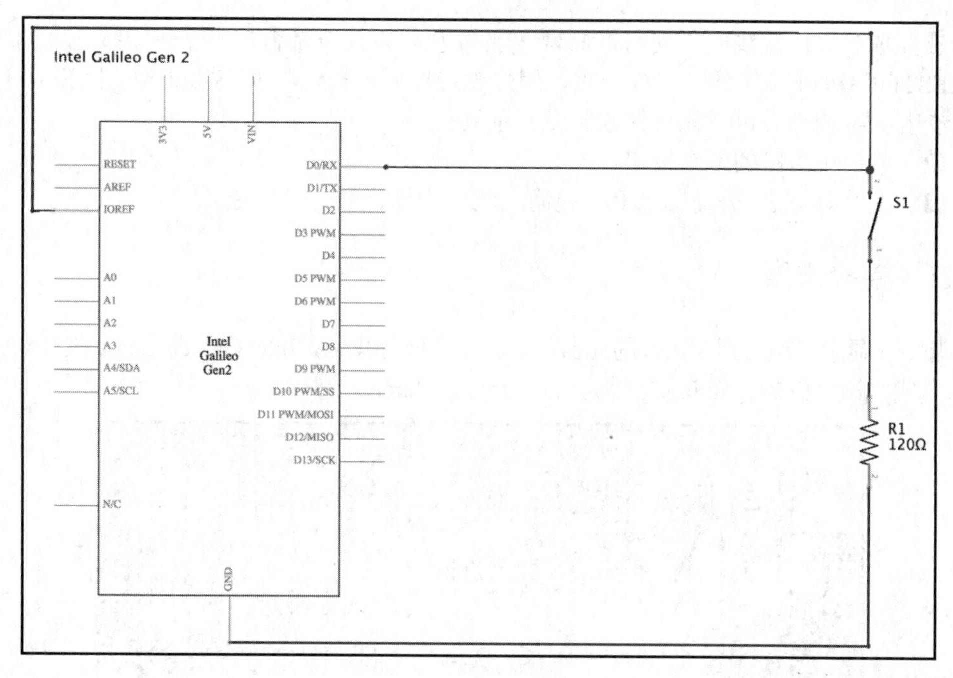

图 5-4

从图 5-4 所示的电子示意图可以看出，在这种情况下，主板符号中标为 D0/RX 的 GPIO 引脚连接到 S1 按钮和 IOREF 引脚。S1 按钮的另一个连接头则连接到 120 Ω 电阻，该电阻连接到 GND（接地）。

提示：

在该配置中，120 Ω 电阻被称为下拉电阻（Pull-Down Resistor）。

当按下 S1 按钮时，下拉电阻会限制电流。由于下拉电阻的作用，如果按下 S1 按钮，则将在 GPIO 引脚 D0/RX 上读取一个高电平值，即 IOREF 电压（在示例中，实际默认配置为 5 V）；而释放 S1 按钮时，将读取一个低电平值（0 V）。

由此可见，使用下拉电阻时，读取的值与使用上拉电阻时读取的值相反。

5.2　使用数字输入引脚连接按钮

现在，我们将使用以下引脚连接两个按钮，并使用上拉电阻：

- 引脚 1（标记为 D1/TX），连接关闭 3 种颜色的按钮。
- 引脚 0（标记为 D0/RX），连接可以将 3 种颜色设置为其最大亮度级别的按钮。

在完成必要的接线后，我们将编写 Python 代码以检查是否按下了每个按钮，同时保持 RESTful API 正常工作。这样一来，用户就可以通过按钮与 RESTful API 和 RGB LED 进行交互。我们需要以下元器件来制作此示例：

- 带两个引脚的两个按钮。
- 两个具有 5%公差的 120 Ω 电阻（色环为棕、红、棕、金）。

5.2.1 连接方案

图 5-5 显示了连接到面包板的元器件、必要的布线以及从 Intel Galileo Gen 2 主板到面包板的布线。该示例的 Fritzing 文件是 iot_fritzing_chapter_05_03.fzz。

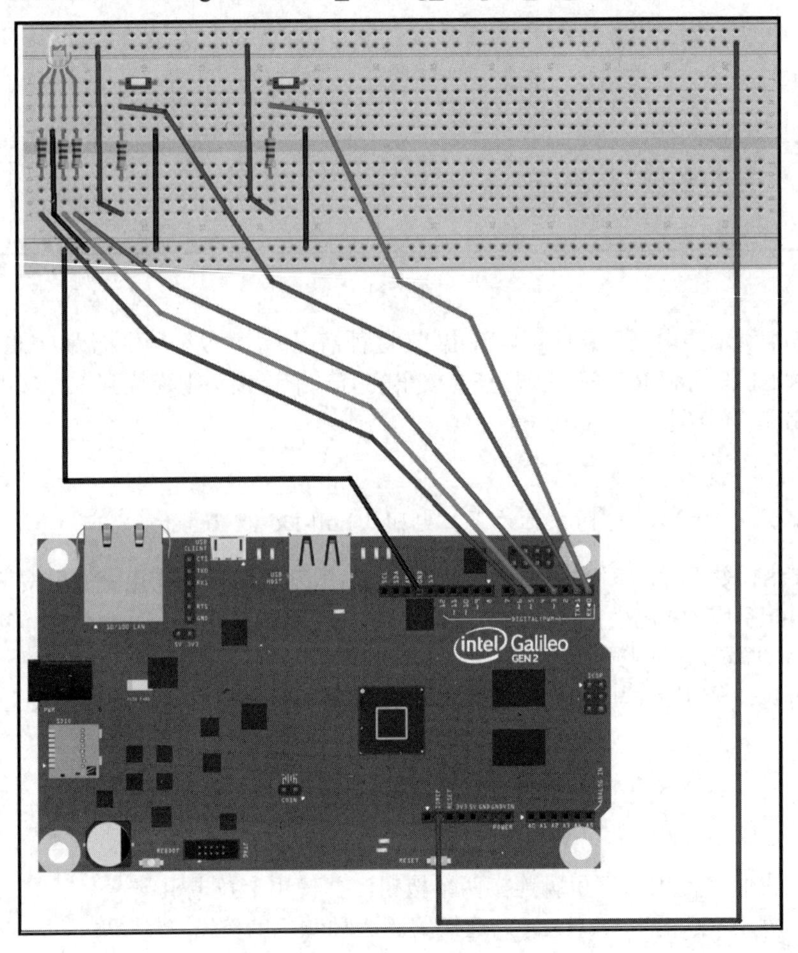

图 5-5

图 5-6 显示了本项目的电子示意图，其中电子元器件以符号表示。

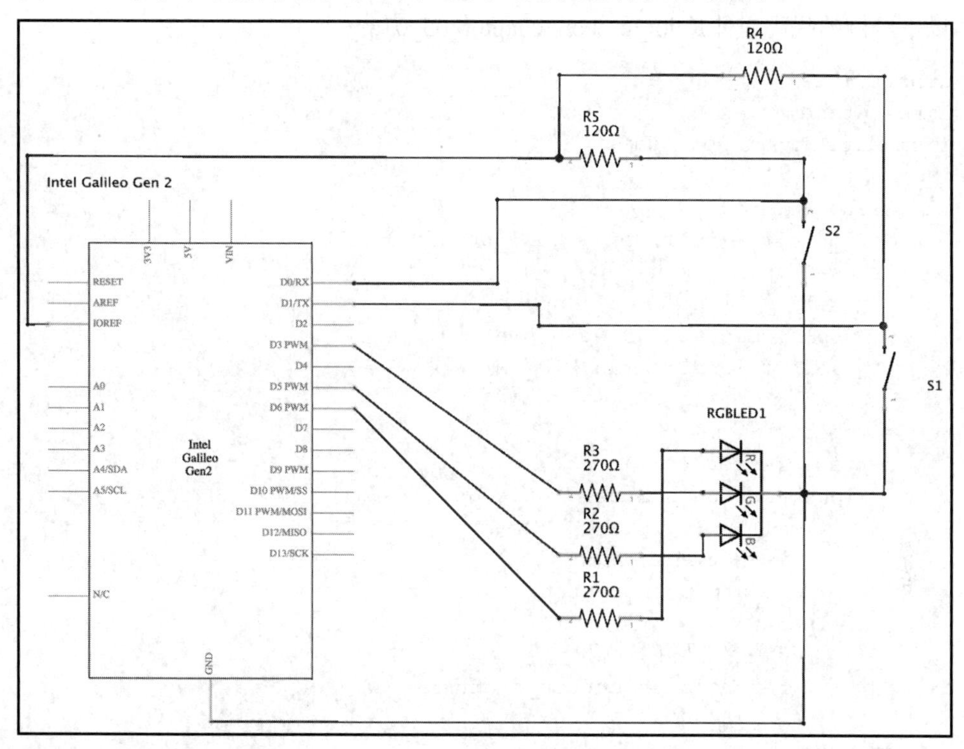

图 5-6

如图 5-6 所示，我们添加了两个按钮（S1 和 S2）和两个 120 Ω 上拉电阻（R4 和 R5）。在主板符号中标为 D0/RX 的 GPIO 引脚连接到 S2 按钮，R5 电阻为其上拉电阻。在主板符号中标记为 D1/TX 的 GPIO 引脚连接到 S1 按钮，R4 电阻为其上拉电阻。这样，当按下 S2 按钮时，GPIO 引脚 0 将为低电平；而当按下 S1 按钮时，GPIO 引脚 1 将为低电平。S1 按钮位于面包板的左侧，而 S2 按钮位于面包板的右侧。

现在可以将元器件插入面包板并进行所有必要的布线。在此之前不要忘记关闭 Yocto Linux 系统，等待所有板载 LED 关闭（熄灭），然后再断开 Intel Galileo Gen 2 主板的电源，最后才可以连接或拔下引脚连线。

5.2.2　创建 PushButton 类表示按钮

我们将创建一个新的 PushButton 类，以表示连接到主板上的按钮，该按钮既可以使用上拉电阻，也可以使用下拉电阻。

以下显示了与 mraa 库一起使用的新 PushButton 类的代码。

以下示例的代码文件是 iot_python_chapter_05_01.py。

```
import mraa
import time
from datetime import date

class PushButton:
    def __init__(self, pin, pull_up=True):
        self.pin = pin
        self.pull_up = pull_up
        self.gpio = mraa.Gpio(pin)
        self.gpio.dir(mraa.DIR_IN)

    @property
    def is_pressed(self):
        push_button_status = self.gpio.read()
        if self.pull_up:
            # 连接的是上拉电阻
            return push_button_status == 0
        else:
            # 连接的是下拉电阻
            return push_button_status == 1

    @property
    def is_released(self):
        return not self.is_pressed
```

在创建 PushButton 类的实例时，必须在 pin 参数中指定按钮连接的引脚号。

如果不指定其他值，则可选的 pull_up 参数将为 True，并且实例将按照与上拉电阻连接的方式工作。如果要使用下拉电阻，则必须在 pull_up 参数中传递 False 值。

构造函数（即__init__方法）将创建一个新的 mraa.Gpio 实例，将接收到的 pin 值作为其 pin 参数，将其引用保存在 gpio 属性中，并调用 gpio 的 dir 方法将该引脚配置为输入引脚（mraa.DIR_IN）。

该类还定义了以下两个属性。

- is_pressed：调用相关 mraa.Gpio 实例的 read 方法以从引脚中检索值，并将其保存在 push_button_status 变量中。

  如果该按钮连接的是上拉电阻（self.pull_up 为 True），则返回的 push_button_status 中的值为 0（低电平值）。在这种情况下，表示该按钮是被按下的，is_pressed

属性返回的值为 True。

如果该按钮连接的是下拉电阻（self.pull_up 为 False），则返回的 push_button_status 中的值为 1（高电平值）。在这种情况下，表示该按钮是被按下的，is_pressed 属性返回的值为 True。

其实也可以这样理解：假设有一个按钮，它返回的 is_pressed 属性为 True（表示它被按下），然后读取它连接的引脚的值，如果读取到的是一个高电平值（1），则说明该按钮连接的是下拉电阻；如果读取到的是一个低电平值（0），则说明该按钮连接的是上拉电阻。

- is_released：返回 is_pressed 属性的取反结果。

  同理，假设有一个按钮，它返回的 is_released 属性为 True（表示它被释放），然后读取它连接的引脚的值，如果读取到的是一个高电平值（1），则说明该按钮连接的是上拉电阻；如果读取到的是一个低电平值（0），则说明该按钮连接的是下拉电阻。

  当然，is_released 和 is_pressed 这两个属性的作用不是用来判断上拉电阻和下拉电阻的，它们的作用是判断按钮是否被按下。

5.2.3 轮询按钮是否被按下

现在，我们可以编写代码，使用新的 PushButton 类为两个按钮中的每个按钮创建一个实例，并轻松检查它们是否被按下。新的 PushButton 类将自动处理按钮与上拉电阻或下拉电阻的连接，因此，我们只需要检查 is_pressed 或 is_released 属性的值即可，而不必担心其连接的具体细节。

由于稍后将在 RESTful API 中加入考虑两个按钮状态的代码，因此，在这里先通过一个简单的示例来隔离两个按钮，以了解如何读取它们的状态。

在本示例中，我们将使用轮询（Polling），即一个检查按钮是否被按下的循环。如果按钮被按下，则在控制台输出中显示一条消息，指示被按下的特定按钮。

执行上述操作的 Python 代码如下所示。

以下示例的代码文件是 iot_python_chapter_05_01.py。

```
if __name__ == "__main__":
    s1_push_button = PushButton(1)
    s2_push_button = PushButton(0)
    while True:
        # 检查 S1 按钮释放被按下
        if s1_push_button.is_pressed:
```

```
            print("You are pressing S1.")
        # 检查 S2 按钮释放被按下
        if s2_push_button.is_pressed:
            print("You are pressing S2.")
        # 睡眠 500 ms (0.5 s)
        time.sleep(0.5)
```

该代码的前两行创建了先前编写的 PushButton 类的两个实例。S1 按钮连接到 GPIO 引脚 1，S2 按钮连接到 GPIO 引脚 0。

在这两个实例中，代码均未指定 pull_up 参数的值。因此，构造函数（即__init__方法）将使用此参数的默认值 True，即配置实例连接的是上拉电阻。

然后，使用以下变量名称保存这两个实例：s1_push_button 和 s2_push_button。

接下来的代码是一个可以永远运行的循环，直至按 Ctrl+C 快捷键停止。如果使用的是具有远程开发功能的 Python IDE，则在运行主板上的代码时，也可以通过单击 Stop 按钮停止该循环的运行。

该 while 循环中的前两行将检查名为 s1_push_button 的 PushButton 实例的 is_pressed 属性值是否为 True。如果该属性返回 True 值，则表示此时已按下按钮，因此，代码会将消息打印到控制台输出，指示已按下 S1 按钮。

该 while 循环中的第 3 行和第 4 行则针对名为 s2_push_button 的 PushButton 实例执行了相同的轮询过程。

在检查了两个按钮的状态后，调用 time.sleep 方法并使用 0.5 作为参数值，这意味着将执行延迟 500 ms，即 0.5 s。

5.2.4　测试轮询代码

现在可以使用 SFTP 客户端将 Python 源代码文件传输到 Yocto Linux，然后执行以下代码以启动示例：

```
python iot_python_chapter_05_01.py
```

运行该示例后，请执行以下操作：

- 按下 S1 按钮 1 s。
- 按下 S2 按钮 1 s。
- 同时按下 S1 和 S2 按钮 1 s。

上述操作将看到以下输出结果：

```
You are pressing S1.
You are pressing S2.
```

```
You are pressing S1.
You are pressing S2.
```

5.2.5　轮询和中断的区别

在本示例中，我们通过轮询读取数字输入。mraa 库还允许我们处理中断并使用 Python 声明中断处理程序。这意味着，每当用户按下按钮时，该事件就会生成一个中断，并且 mraa 库将调用指定的中断处理程序。

如果你曾经使用过基于事件的编程，则可以考虑使用事件和事件处理程序，而不必考虑中断和中断处理程序。当然，它们的原理都很简单。

中断处理程序在不同的线程中运行，为它们编写的代码有很多限制。例如，不能在中断处理程序中使用基本类型。因此，在本示例中，使用中断是没有意义的。由于用户按下两个按钮中的任何一个时都必须执行任务，因此使用轮询更简单。

如上例所示，与使用中断执行相同任务相比，通过轮询读取数字输入具有以下优点。

- 代码易于理解和阅读。
- 流程易于理解，不必担心在回调中运行代码。
- 可以编写在按钮被按下时执行操作的所有必要代码，而不必担心与中断回调相关的特定限制。
- 不必考虑代码在多个线程中运行的问题。

当然，与使用中断执行相同任务相比，通过轮询读取数字输入也具有以下缺点。

- 如果没有在特定时间内保持按下按钮，则代码可能无法检测到已按下的按钮。例如，在上面的操作示例中，如果按下 S1 按钮的时间没有维持 1 s，而是像敲击键盘那样按下就松开，那么该操作可能就无法检测到。
- 如果长时间按住按钮，则代码将表现为多次按下按钮。有时，我们并不希望这种情况发生。
- 与中断触发的事件相比，循环会消耗更多的资源。

在本示例中，我们希望用户按住两个按钮中的任何一个按钮至少半秒，因此，上面介绍的轮询的第一个缺点算不上什么大问题。当然，考虑到后两个缺点的存在，本章后面仍将介绍使用中断的方法。

5.3　读取按钮状态并运行 RESTful API

现在，我们将在 RESTful API 中加入检查两个按钮状态的代码。我们希望能够向

RESTful API 发出 HTTP 请求，并且还希望仍然能够使用添加到面包板上的两个按钮。也就是说，无论是软件命令还是硬件操作，都能正常有效并保持一致性。

5.3.1　在 BoardInteraction 类中添加类属性和类方法

我们必须让 Tornado 运行一个定期回调，并编写代码以检查此回调中两个按钮的状态。当使用 mraa 库创建 RESTful API 的最新版本时，可以采用在第 4 章中编写的代码（代码文件是 iot_python_chapter_04_03.py），并将此代码用作添加新功能的基础。

我们将向现有的 BoardInteraction 类添加两个类属性和 3 个类方法。具体如下所示：

以下示例的代码文件是 iot_python_ Chapter_05_02.py。

```
class BoardInteraction:
    # 红色 LED 连接到引脚 ~6
    red_led = AnalogLed(6, 'Red')
    # 绿色 LED 连接到引脚 ~5
    green_led = AnalogLed(5, 'Green')
    # 蓝色 LED 连接到引脚 ~3
    blue_led = AnalogLed(3, 'Blue')
    # 重置颜色的按钮
    reset_push_button = PushButton(1)
    # 将颜色设置为最大亮度级别的按钮
    max_brightness_push_button = PushButton(0)

    @classmethod
    def set_min_brightness(cls):
        cls.red_led.set_brightness(0)
        cls.green_led.set_brightness(0)
        cls.blue_led.set_brightness(0)

    @classmethod
    def set_max_brightness(cls):
        cls.red_led.set_brightness(255)
        cls.green_led.set_brightness(255)
        cls.blue_led.set_brightness(255)

    @classmethod
    def check_push_buttons_callback(cls):
        # 检查重置颜色的按钮是否被按下
        if cls.reset_push_button.is_pressed:
            print("You are pressing the reset pushbutton.")
            cls.set_min_brightness()
```

```
        # 检查将颜色设置为最大亮度级别的按钮是否被按下
        if cls.max_brightness_push_button.is_pressed:
            print("You are pressing the maximum brightness
pushbutton.")
            cls.set_max_brightness()
```

上面的代码向 BoardInteraction 类添加了两个类属性：reset_push_button 和 max_brightness_push_button。

- reset_push_button 类属性是 PushButton 的一个实例，其 pin 属性设置为 1。这样，该实例可以检查连接到 GPIO 引脚编号 1 的按钮的状态。
- max_brightness_push_button 类属性也是 PushButton 的实例，其 pin 属性设置为 0，因此，该实例可以检查连接到 GPIO 引脚编号 0 的按钮的状态。

此外，上面的代码还将以下类方法添加到 BoardInteraction 类。

- set_min_brightness：对于存储在 red_led、green_led 和 blue_led 类属性中的 3 个 AnalogLed 实例，调用 set_brightness 方法，并设置参数为 0，通过这种方式，RGB LED 的 3 个颜色分量均为 0，表示被关闭。
- set_max_brightness：对于存储在 red_led、green_led 和 blue_led 类属性中的 3 个 AnalogLed 实例，调用 set_brightness 方法，并设置参数为 255，通过这种方式，RGB LED 的 3 个颜色将以最大亮度级别点亮（显示为白色）。
- check_push_buttons_callback：该方法由两个循环组成。
  首先，通过评估代表重置颜色按钮的 PushButton 实例（即 cls.reset_push_button）的 is_pressed 属性的值，检查是否按下了重置按钮。如果该属性的值为 True，则代码将显示一条消息，指示你正在按下重置按钮，并调用前面介绍过的 cls.set_min_brightness 类方法来关闭 RGB LED 的 3 个颜色分量。
  然后，通过评估代表将颜色设置为最大亮度级别按钮的 PushButton 实例（即 cls.max_brightness_push_button）的 is_pressed 属性的值，检查是否按下了将颜色设置为最大亮度级别的按钮。如果该属性的值为 True，则代码将显示一条消息，指示你正在按下将颜色设置为最大亮度级别的按钮，并调用前面介绍过的 cls.set_max_brightness 类方法以最大亮度级别点亮 RGB LED 的 3 个颜色分量。

提示：

必须在类方法标头之前添加@classmethod 装饰器（Decorator），以在 Python 中声明类方法。如果没有这个装饰器，那么声明的就是实例方法，实例方法将 self 作为第一个参数，而类方法则是将当前类作为第一个参数，并且形参名称通常称为 cls。在上面的代码中，我们一直使用 cls 访问 BoardInteraction 类的类属性和类方法。

5.3.2　声明 tornado.web.RequestHandler 的两个子类

以下代码行显示了我们必须添加到现有代码中的新类，以便可以使用 HTTP 请求设置最小和最大亮度。我们希望能够在 RESTful API 中获得与按钮一样的命令功能。该代码添加了以下两个类：PutMinBrightnessHandler 和 PutMaxBrightnessHandler。

以下示例的代码文件是 iot_python_chapter_05_02.py。

```
class PutMinBrightnessHandler(tornado.web.RequestHandler):
    def put(self):
        BoardInteraction.set_min_brightness()
        response = dict(
            red=BoardInteraction.red_led.brightness_value,
            green=BoardInteraction.green_led.brightness_value,
            blue=BoardInteraction.blue_led.brightness_value)
        self.write(response)


class PutMaxBrightnessHandler(tornado.web.RequestHandler):
    def put(self):
        BoardInteraction.set_max_brightness()
        response = dict(
            red=BoardInteraction.red_led.brightness_value,
            green=BoardInteraction.green_led.brightness_value,
            blue=BoardInteraction.blue_led.brightness_value)
        self.write(response)
```

上面的代码声明了 tornado.web.RequestHandler 的以下两个子类。

- ❑ PutMinBrightnessHandler：定义 put 方法，调用前面介绍过的 BoardInteraction 类的 set_min_brightness 类方法。然后，代码将返回一个响应，该响应包含最小亮度级别值，不过，这些亮度级别已经转换为 RGB LED 的红色、绿色和蓝色阳极所连接的 PWM 引脚中的输出占空比的百分比值。
- ❑ PutMaxBrightnessHandler：定义 put 方法，调用前面介绍过的 BoardInteraction 类的 set_max_brightness 类方法。然后，代码将返回一个响应，该响应包含最大亮度级别值，不过，这些亮度级别已经转换为 RGB LED 的红色、绿色和蓝色阳极所连接的 PWM 引脚中的输出占空比的百分比值。

5.3.3　创建 tornado.web.Application 类的实例

下面代码将创建名为 application 的 tornado.web.Application 类的实例，其中包含组成

Web 应用程序的请求处理程序的列表，即正则表达式和 tornado.web.RequestHandler 子类的元组。新添加的代码已经加粗显示。

以下示例的代码文件是 iot_python_chapter_05_02.py。

```
application = tornado.web.Application([
    (r"/putredbrightness/([0-9]+)", PutRedBrightnessHandler),
    (r"/putgreenbrightness/([0-9]+)", PutGreenBrightnessHandler),
    (r"/putbluebrightness/([0-9]+)", PutBlueBrightnessHandler),
    (r"/putrgbbrightness/r([0-9]+)g([0-9]+)b([0-9]+)",
     PutRGBBrightnessHandler),
    (r"/putminbrightness", PutMinBrightnessHandler),
    (r"/putmaxbrightness", PutMaxBrightnessHandler),
    (r"/getredbrightness", GetRedBrightnessHandler),
    (r"/getgreenbrightness", GetGreenBrightnessHandler),
    (r"/getbluebrightness", GetBlueBrightnessHandler),
    (r"/version", VersionHandler)])
```

5.3.4　修改__main__方法

最后，有必要将__main__方法也更新一下，因为我们需要运行定期回调以检查是否按下了两个按钮。

以下示例的代码文件是 iot_python_chapter_05_02.py。

```
if __name__ == "__main__":
    print("Listening at port 8888")
    application.listen(8888)
    ioloop = tornado.ioloop.IOLoop.instance()
    periodic_callback = tornado.ioloop.PeriodicCallback(BoardInteraction.
check_push_buttons_callback, 500, ioloop)
    periodic_callback.start()
    ioloop.start()
```

和前面的示例一样，__main__方法将调用 application.listen 方法为应用构建 HTTP 服务器，该应用在端口号 8888 上定义了规则。

然后，代码检索全局 IOLoop 实例并将其保存在 ioloop 局部变量中。我们必须使用该实例作为参数之一来创建一个名为 periodic_callback 的 torado.ioloop.PeriodicCallback 实例。

PeriodicCallback 实例允许我们安排要定期调用的指定回调。在本示例中，我们将 BoardInteraction.check_push_buttons_callback 类方法指定为每 500 ms 调用一次的回调。通过这种方式，我们指示 Tornado 每 500 ms 运行一次 BoardInteraction.check_push_buttons_callback 类方法。

如果该方法花费 500 ms 以上的时间来完成其执行，则 Tornado 将跳过后续调用以回到前面安排的计划。在创建了 PeriodicCallback 实例后，下一行将调用其 start 方法。

最后，对 ioloop.start()的调用将启动使用 application.listen 创建的服务器。这样，Web 应用程序将处理收到的请求，还将运行回调以检查是否按下了按钮。

5.3.5 一致性测试

现在可以使用以下命令行启动 HTTP 服务器和新版本的 RESTful API。同样，在此之前不要忘记使用 SFTP 客户端将 Python 源代码文件传输到 Yocto Linux。

```
python iot_python_chapter_05_02.py
```

在运行该示例后，按下将颜色设置为其最大亮度级别的按钮，持续 1 s。此时 RGB LED 显示白光，同时还可以看到以下输出：

```
You are pressing the maximum brightness pushbutton.
Red LED connected to PWM Pin #6 set to brightness 255.
Green LED connected to PWM Pin #5 set to brightness 255.
Blue LED connected to PWM Pin #3 set to brightness 255.
```

接下来，按下颜色重置（即将亮度级别设置为 0）按钮，持续 1 s。此时 RGB LED 熄灭，同时还可以看到以下输出：

```
You are pressing the reset pushbutton.
Red LED connected to PWM Pin #6 set to brightness 0.
Green LED connected to PWM Pin #5 set to brightness 0.
Blue LED connected to PWM Pin #3 set to brightness 0.
```

借助新的 RESTful API，可以编写以下 HTTP 动词和请求 URL：

```
PUT http://192.168.1.107:8888/putmaxbrightness
```

上面的请求路径将与先前添加的元组(regexp, request_class) (r"/putmaxbrightness", PutMaxBrightnessHandler) 匹配，并且 Tornado 将调用 PutMaxBrightnessHandler.put 方法。此时 RGB LED 将显示白光，就像按下了设置最大亮度级别的按钮一样，此时 HTTP 服务器的响应如下，它包含了为 3 个 LED 设置的亮度级别：

```
{
    "blue": 255,
```

```
    "green": 255,
    "red": 255
}
```

下面的 HTTP 动词和请求 URL 将关闭 RGB LED，就像按下了颜色重置（即将亮度级别设置为 0）按钮一样：

```
PUT http://192.168.1.107:8888/putminbrightness
```

此时 HTTP 服务器的响应如下，它包含了为 3 个 LED 设置的亮度级别：


```
{
    "blue": 0,
    "green": 0,
    "red": 0
}
```


现在，先使用手动操作，按下将颜色设置为其最大亮度级别的按钮，持续 1 s，可以看到 RGB LED 显示白光；然后，使用以下 3 个 HTTP 动词和请求 URL 检索每种颜色的亮度级别。所有请求都将返回 255 作为当前值。也就是说，我们使用了按钮硬件操作设置亮度级别，然后又通过软件代码检索到硬件操作的效果与通过 API 调用更改颜色的效果相同。由此可见，我们保持了应用程序的一致性。

```
GET http://192.168.1.107:8888/getredbrightness
GET http://192.168.1.107:8888/getgreenbrightness
GET http://192.168.1.107:8888/getbluebrightness
```

如果使用 HTTPie，则以下命令将完成此工作：

```
http -b GET http://192.168.1.107:8888/getredbrightness
http -b GET http://192.168.1.107:8888/getgreenbrightness
http -b GET http://192.168.1.107:8888/getbluebrightness
```

上述 3 个请求的响应如下所示：


```
{
    "red": 255
}
{
    "green": 255
}
{
    "blue": 255
}
```

以上测试表明，我们创建了软硬件操作（即 API 调用和用户按下按钮）均正常有效并保持了一致性的方法。当用户按下按钮时，我们可以处理 HTTP 请求并运行操作。当我们使用 Tornado 构建 RESTful API 时，必须创建并配置一个 PeriodicCallback 实例，以使其能够每 500 ms 检查一次按钮是否被按下。

提示：

当添加可通过按钮或其他电子元器件控制的与主板交互的功能时，考虑一致性是非常重要的。

在本示例中，当用户按下按钮并更改 3 种颜色的亮度值时，我们确保了通过 API 调用读取到的亮度值就是按钮所设置的值。我们使用了面向对象的代码，因此很容易保持一致性。

5.4 使用 wiring-x86 库读取数字输入

到目前为止，我们都是在使用 mraa 库读取数字输入。但是，在第 1 章中，我们还安装了 wiring-x86 库，因此本节就来介绍一下如何使用 wiring-x86 库读取数字输入。

实际上，我们只需要更改寥寥几行面向对象代码，就可以用 wiring-x86 库替换 mraa 库，以检查按钮是否被按下。

在使用 wiring-x86 库创建 RESTful API 的最新版本时，我们将采用在第 4 章中编写的代码（代码文件是 iot_python_Chapter_04_04.py），并将此代码用作添加新功能的基础。

首先，我们将创建一个新版本的 PushButton 类，以表示连接到板子上的按钮，该按钮既可以使用上拉电阻，也可以使用下拉电阻。

与 wiring-x86 库一起使用的新 PushButton 类的代码如下所示。

以下示例的代码文件是 iot_python_chapter_05_03.py。

```
from wiringx86 import GPIOGalileoGen2 as GPIO

class PushButton:
    def __init__(self, pin, pull_up=True):
        self.pin = pin
        self.pull_up = pull_up
        self.gpio = Board.gpio
        pin_mode = self.gpio.INPUT_PULLUP if pull_up else self.gpio.
INPUT_PULLDOWN
        self.gpio.pinMode(pin, pin_mode)
```

```
    @property
    def is_pressed(self):
        push_button_status = self.gpio.digitalRead(self.pin)
        if self.pull_up:
            # 连接的是上拉电阻
            return push_button_status == 0
        else:
            # 连接的是下拉电阻
            return push_button_status == 1

    @property
    def is_released(self):
        return not self.is_pressed
```

在上面的代码中，加粗显示了使用 wiring-x86 库交互所需的新的代码行。可以看到，与使用 mraa 库的版本相比，我们只需要修改 PushButton 类中的寥寥几行代码即可。

PushButton 类的构造函数（即__init__方法）接收与使用 mraa 库一样的 PushButton 类的参数。在本示例中，该方法将对 Board.gpio 类属性的引用保存在 self.gpio 中。

然后，代码根据 pull_up 形参的值确定 pin_mode 局部变量的值。如果 pull_up 的值为 True，则 pin_mode 的值将为 self.gpio.INPUT_PULLUP，否则为 self.gpio.INPUT_PULLDOWN。

最后，构造函数调用 self.gpio.pinMode 方法，将接收到的 pin 作为其 pin 参数的值，并将 pin_mode 作为其 mode 参数的值。通过这种方式，我们将引脚配置为使用适当的上拉或下拉电阻的数字输入引脚。

所有 PushButton 实例都将保存对创建了 GPIO 类实例的相同 Board.gpio 类属性的引用。比较特别的地方是，wiringx86.GPIOGalileoGen2 类的 debug 参数被设置为 False，以避免不必要的用于低级通信的调试信息。

is_pressed 属性将调用 GPIO 实例（self.gpio）的 digitalRead 方法，以检索被配置为数字输入的引脚的数字值。self.pin 属性指定了 analogRead 方法调用的 pin 值。

除了上面介绍的修改外，is_pressed 属性的其他代码和 PushButton 类的余下代码均与使用 mraa 库时的版本相同。

然后，我们有必要进行与上一个示例相同的编辑，以创建 BoardInteraction 类的新版本，添加 PutMinBrightnessHandler 和 PutMaxBrightnessHandler 类，创建 tornado.web.Application 实例以及__main__方法的新版本（它将创建并配置 PeriodicCallback 实例）。

除此之外，RESTful API 的其余代码与前面的示例相同。余下的代码之所以无须更改，是因为它们将自动使用新的 PushButton 类，并且其构造函数或其属性的参数也没有更改。

下面的代码行将启动 HTTP 服务器和新版本的 RESTful API，该版本可与 wiring-x86 库一起使用。当然，还是要提醒一下，别忘了使用 SFTP 客户端将 Python 源代码文件传输到主板上的 Yocto Linux。

```
python iot_python_chapter_05_03.py
```

提示：

现在可以按下按钮，然后发出与上一个示例相同的 HTTP 请求，以检查是否可以使用 wiring-x86 库获得完全相同的结果。

5.5 使用中断来检测按下的按钮

前文我们分析了使用轮询读取数字输入的缺点。其中一个缺点是，如果长时间按住按钮，则轮询读取的代码将表现为多次按下了按钮。现在，我们不希望发生这种情况，因此，可以考虑使用中断而不是轮询来检测何时按下按钮。

5.5.1 连接方案

在开始编辑代码之前，有必要对现有的接线进行更改，这是因为并非所有的 GPIO 引脚都支持中断。实际上，编号 0 和 1 的引脚就不支持中断，而我们的按钮就是连接到它们的。

在第 1.2 节“识别输入/输出和 Arduino 1.0 引脚”中介绍了 Intel Galileo Gen 2 主板中包含的 I/O 引脚，了解到标有波浪号（~）数字前缀的引脚可以用作 PWM 输出引脚，事实上，标有波浪号（~）数字前缀的引脚也支持中断。

因此，可以考虑将连接重置颜色按钮的导线从引脚 1 移至引脚~11，同时将连接设置颜色最大亮度的按钮的导线从引脚 0 移至引脚~10。

图 5-7 显示了连接到面包板的元器件、必要的布线以及从 Intel Galileo Gen 2 主板到面包板的布线。该示例的 Fritzing 文件是 iot_fritzing_chapter_05_04.fzz。

图 5-8 显示了本示例的电子示意图，其中电子元器件用符号表示。

如图 5-8 所示，在主板符号中标为 D10 PWM/SS 的 GPIO 引脚连接到 S2 按钮，R5 电阻为其上拉电阻。在主板符号中标为 D11 PWM/MOSI 的 GPIO 引脚连接到 S1 按钮，R4 电阻器是其上拉电阻器。这样，按下 S2 按钮时 GPIO 引脚 10 将读取到低电平值，而按下 S1 按钮时 GPIO 引脚 11 将读取到低电平值。

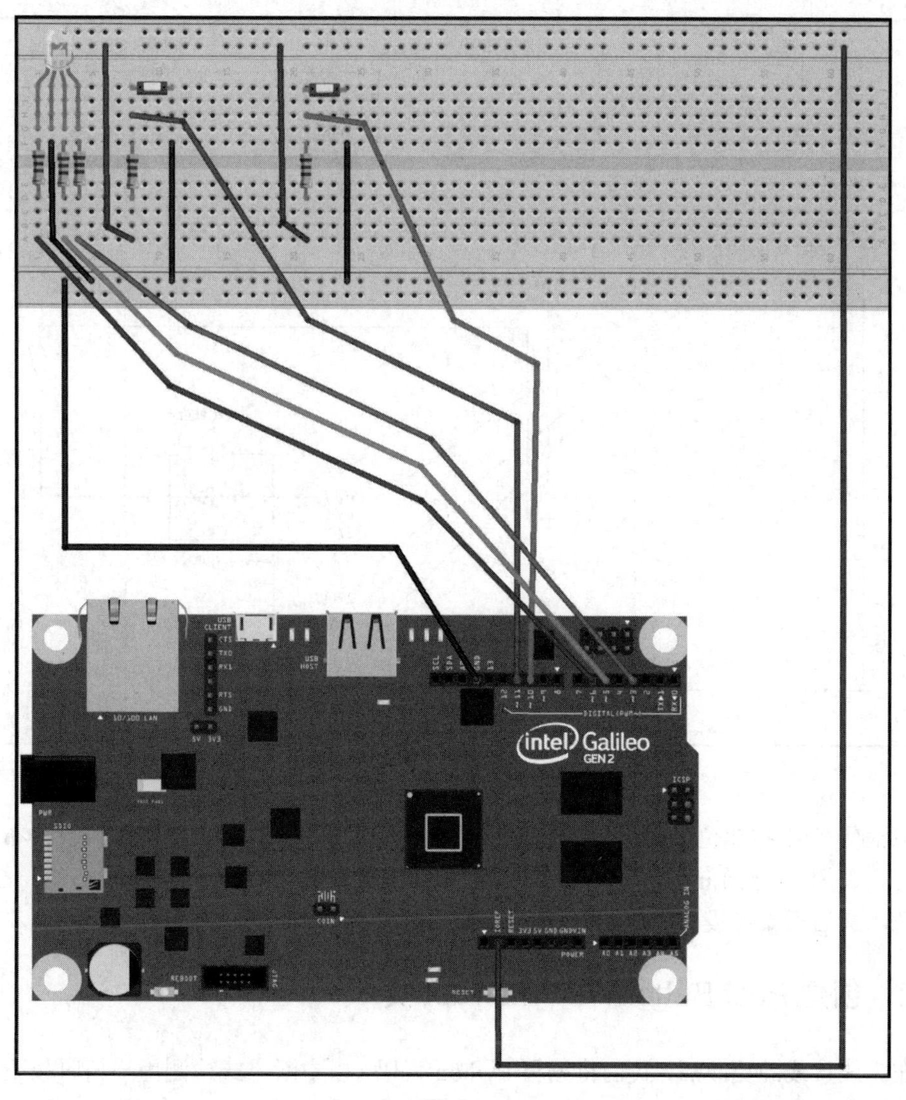

图 5-7

提示：

当按下按钮时，信号将从高电平下降到低电平，因此，我们对信号下降时产生的中断感兴趣，因为它表明已按下按钮。如果用户一直按住按钮，则信号不会下降很多次，并且 GPIO 引脚将保持低电平。因此，当我们观察从高到低的下降时，只会触发一个中断，即使用户长时间按下按钮，也不会多次调用中断处理程序代码。

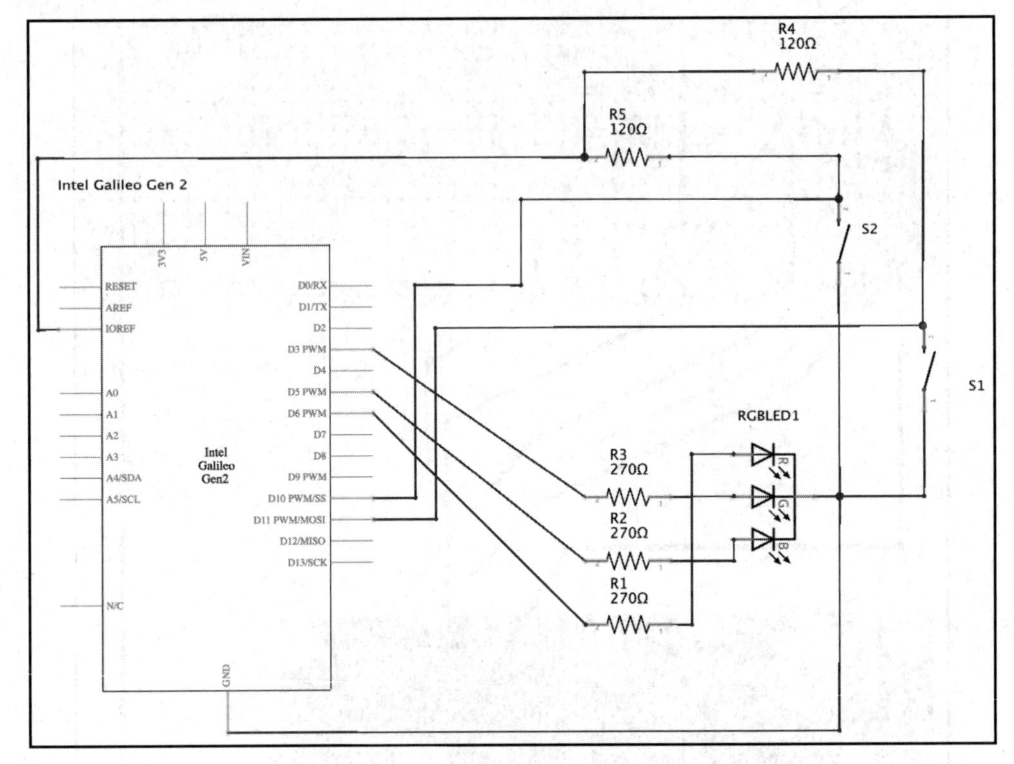

图 5-8

请记住，S1 按钮位于面包板的左侧，而 S2 按钮则位于右侧。现在，该更改布线了。不要忘记关闭 Yocto Linux，等待所有板载 LED 熄灭，然后断开 Intel Galileo Gen 2 主板的电源，最后插入或拔下主板引脚的连接线。

5.5.2 创建 PushButtonWithInterrupt 类

在完成接线的更改后，我们将编写 Python 代码，以中断方式检测用户何时按下按钮，而不是使用轮询方式。

当创建使用 mraa 库的 RESTful API 的最新版本时，将采用在上一个示例中编写的代码（代码文件是 iot_python_Chapter_05_02.py），并将此代码用作添加新功能的基础。

我们将创建一个新的 PushButtonWithInterrupt 类，以表示连接到主板的按钮，该按钮可以使用上拉或下拉电阻，并指定按下按钮时需要调用的回调，即中断处理程序（Interrupt Handler）。当按下按钮时，将发生中断，并且指定的回调将作为中断处理程序执行。

与 mraa 库一起使用的新 PushButtonWithInterrupt 类的代码如下所示。

以下示例的代码文件是 iot_python_chapter_05_04.py。

```
import mraa
import time
from datetime import date

class PushButtonWithInterrupt:
    def __init__(self, pin, pyfunc, args, pull_up=True):
        self.pin = pin
        self.pull_up = pull_up
        self.gpio = mraa.Gpio(pin)
        self.gpio.dir(mraa.DIR_IN)
        mode = mraa.EDGE_FALLING if pull_up else mraa.EDGE_RISING
        result = self.gpio.isr(mode, pyfunc, args)
        if result != mraa.SUCCESS:
            raise Exception("I could not configure ISR on pin {0}".
format(pin))

    def __del__(self):
        self.gpio.isrExit()
```

创建 PushButtonWithInterrupt 类的实例时，必须指定以下参数。

- pin：按钮所连接的引脚编号。
- pyfunc：触发中断时将调用的函数，即中断处理函数。
- args：将传递给中断处理函数的参数。

如果不指定其他值，则可选的 pull_up 参数将为 True，并且实例的工作方式就像是按钮连接到上拉电阻一样。如果要使用下拉电阻，则必须在 pull_up 参数中传递 False 值。

构造函数（即__init__方法）将创建一个新的 mraa.Gpio 实例，将接收到的 pin 值作为其 pin 参数，将其引用保存在 gpio 属性中，并调用 gpio 属性的 dir 方法将引脚配置为输入引脚（mraa.DIR_IN）。

然后，代码根据 pull_up 参数的值确定 mode 局部变量的值。如果 pull_up 为 True，则值为 mraa.EDGE_FALLING，否则为 mraa.EDGE_RISING。

mode 局部变量保存将触发中断的边沿（Edge）模式。当使用上拉电阻并且用户按下按钮时，信号将从高电平下降到低电平，因此，我们希望使用边沿下降的情形来触发中断（该中断表明按钮已被按下）。

然后，代码调用 self.gpio.isr 方法，将接收到的 pin 作为其 pin 参数，将局部 mode 变量作为其 mode 参数，并将接收到的 pyfunc 和 args 作为其 pyfunc 和 args 参数。这样，当由于按下按钮而导致引脚值更改时，可调用回调。

像前面为 mode 局部变量确定适当的值一样，我们将配置适当的边沿模式，该模式将根据上拉或下拉电阻的使用情况在按下按钮时触发中断。

如前文所述，并非所有的 GPIO 引脚都支持中断，因此，有必要检查调用 self.gpio.isr 方法的结果。如果 self.gpio.isr 方法返回的值不是 mraa.SUCCESS，则中断处理程序不会设置到该引脚上，因为该引脚不支持中断。

PushButtonWithInterrupt 类还声明了一个__del__方法，该方法将在 Python 从内存中删除该类的实例之前调用，即在该对象变得不可访问并被垃圾收集机制删除之前调用__del__方法。该方法仅调用 self.gpio.isrExit 方法以删除与该引脚关联的中断处理程序。

5.5.3　修改 BoardInteraction 类

我们将替换现有的 BoardInteraction 类中的两个类属性。这里不再使用 PushButton 实例，而是使用 PushButtonWithInterrupt 实例。在类中声明的类方法与我们用作基础的代码中的方法相同。

以下示例的代码文件是 iot_python_chapter_05_04.py。

```
class BoardInteraction:
    # 红色 LED 连接到引脚 ~6
    red_led = AnalogLed(6, 'Red')
    # 绿色 LED 连接到引脚 ~5
    green_led = AnalogLed(5, 'Green')
    # 蓝色 LED 连接到引脚 ~3
    blue_led = AnalogLed(3, 'Blue')
    # 重置颜色的按钮
    reset_push_button = PushButtonWithInterrupt(11,
    set_min_brightness_callback, set_min_brightness_callback)
    # 设置颜色最大亮度级别的按钮
    max_brightness_push_button = PushButtonWithInterrupt(10,
    set_max_brightness_callback, set_max_brightness_callback)
```

上面以加粗显示的代码行在 BoardInteraction 类中声明了两个类属性：reset_push_button 和 max_brightness_push_button。

- reset_push_button 类属性是 PushButtonWithInterrupt 的一个实例，其 pin 属性设置为 11，并且其中断处理程序设置为 set_min_brightness_callback 函数（后面会声明该函数）。这样，当用户按下连接到 GPIO 引脚编号 11 的按钮时，实例将进行所有必要的配置，以调用 set_min_brightness_callback 回调函数。

- max_brightness_push_button 类属性是 PushButtonWithInterrupt 的实例，其 pin 属性设置为 10，并且其中断处理程序设置为 set_max_brightness_callback 函数。这样，当用户按下连接到 GPIO 引脚编号 10 的按钮时，实例将进行所有必要的配置，以调用 set_max_brightness_callback 回调函数。

5.5.4 声明触发中断时要调用的函数

接下来，我们可以声明触发中断时将要调用的函数：set_min_brightness_callback 和 set_max_brightness_ callback。注意，这些函数被声明为函数，而不是任何类的方法。

```
def set_max_brightness_callback(args):
    print("You have pressed the maximum brightness pushbutton.")
    BoardInteraction.set_max_brightness()


def set_min_brightness_callback(args):
    print("You have pressed the reset pushbutton.")
    BoardInteraction.set_min_brightness()
```

上面代码中声明的两个函数都会打印一条消息，指示已按下特定按钮，并分别调用 BoardInteraction.set_max_brightness 和 BoardInteraction.set_min_brightness 类方法。在前面的示例中已经详细解释了这些类方法，并且无须进行任何更改。

5.5.5 修改__main__方法

最后，有必要将__main__方法也修改一下，因为我们不再需要运行定期回调。现在，PushButtonWithInterrupt 实例配置了每次按下按钮时都会调用的中断处理程序。

以下示例的代码文件是 iot_python_chapter_05_04.py。

```
if __name__ == "__main__":
    print("Listening at port 8888")
    application.listen(8888)
    ioloop = tornado.ioloop.IOLoop.instance()
    ioloop.start()
```

当__main__方法开始运行时，BoardInteraction 类已经执行了创建两个 PushButtonWithInterrupt 实例的代码，因此，只要按下按钮，中断处理程序就会运行。__main__方法的作用只是构建并启动 HTTP 服务器。

5.5.6 中断处理测试

以下命令行将启动 HTTP 服务器和新版本的 RESTful API。当然，在此之前不要忘记使用 SFTP 客户端将 Python 源代码文件传输到主板上的 Yocto Linux。

```
python iot_python_chapter_05_04.py
```

在运行示例后，按下将颜色设置为最大亮度级别的按钮，持续 5 s。RGB LED 将显示白光，并且还可以看到以下输出：

```
You are pressing the maximum brightness pushbutton.
Red LED connected to PWM Pin #6 set to brightness 255.
Green LED connected to PWM Pin #5 set to brightness 255.
Blue LED connected to PWM Pin #3 set to brightness 255.
```

在上面的测试操作中，我们按下按钮 5 s，但输出消息显示，我们仅按下按钮一次。这是因为，在按下按钮后，GPIO 引脚 10 的信号从高电平变为低电平，因此触发了 mraa.EDGE_FALLING 中断，并执行了配置的中断处理程序（set_max_brightness_callback）。虽然我们持续按住按钮不放，但信号始终保持在低电平，因此不会再次触发中断。

提示：

显然，当长时间按下按钮却只需要运行一次代码时，使用中断处理程序是非常方便的；而使用轮询的话，则问题会复杂得多。

现在，按下重置颜色（设置为最小亮度级别）的按钮，持续 10 s，RGB LED 熄灭，同时还可以看到以下输出：

```
You are pressing the reset pushbutton.
Red LED connected to PWM Pin #6 set to brightness 0.
Green LED connected to PWM Pin #5 set to brightness 0.
Blue LED connected to PWM Pin #3 set to brightness 0.
```

和前面的将颜色设置为最大亮度级别的按钮一样，按住重置颜色按钮数秒钟，但是输出的消息却显示，你仅按了一次按钮。这是因为，在按下按钮后，GPIO 引脚 11 的信号从高电平变为低电平，因此，触发了 mraa.EDGE_FALLING 中断，并执行了配置的中断处理程序（set_min_brightness_callback）。

提示：

我们可以发出与前面示例相同的 HTTP 请求，以检查在运行 HTTP 服务器时，这个使用中断处理程序的新代码是否可以实现完全相同的结果。

当用户按下按钮时，我们可以处理 HTTP 请求并运行中断处理程序。与以前的版本相比，该方法提高了准确性（在以前使用轮询的版本中，当用户长时间按住按钮时，代码的表现就像是多次按下按钮一样）。另外，我们还删除了定期回调。

提示：

每当需要读取数字输入时，开发人员都可以根据对项目的特定要求来决定是使用轮询还是中断处理程序。有时，中断处理程序是最佳解决方案，但在其他情况下，轮询可能更适合。

值得一提的是，wiring-x86 库不允许在处理数字输入时使用中断处理程序，因此，如果开发人员决定使用它们，就必须使用 mraa 库。

5.6 牛刀小试

1．假设按钮连接的是上拉电阻，那么当按下该按钮时，在与其连接的 GPIO 引脚中将读取到（　　）。

A．低电平值（0 V）

B．高电平值，即 IOREF 电压

C．介于 1 V 和 3.3 V 之间的值

2．假设按钮连接的是下拉电阻，那么当按下该按钮时，在与其连接的 GPIO 引脚中将读取到（　　）。

A．低电平值（0 V）

B．高电平值，即 IOREF 电压

C．介于 1 V 和 3.3 V 之间的值

3．如果通过轮询读取与按钮连接的 GPIO 引脚的值来检查按钮状态，并且循环每 0.5 s 秒运行一次，则当用户按住按钮 3 s 时（　　）。

A．代码的行为就像多次按下按钮一样

B．代码的行为就像只按了一次按钮一样

C．代码的行为就像从未按下按钮一样

4．假设对按钮使用中断处理程序，中断的边沿模式设置为 mraa.EDGE_FALLING，并且该按钮连接有上拉电阻，则当用户按住按钮 3 s 时（　　）。

A．代码的行为就像多次按下按钮一样

B．代码的行为就像只按了一次按钮一样

C．代码的行为就像从未按下按钮一样

5．在 Intel Galileo Gen 2 主板上，可以使用 mraa 库中用于数字输入的中断处理程序来配置标有（　　）作为数字前缀的引脚。

A．哈希符号（#）

B．美元符号（$）

C．波浪号（~）

5.7　小　　结

本章介绍了按钮连接上拉电阻和下拉电阻时的区别，并通过实例演示了如何使用 mraa 和 wiring-x86 库读取按钮的状态。

我们还讨论了通过轮询读取按钮状态与使用中断处理程序之间的区别。

本章创建的代码允许用户使用面包板上的按钮或 HTTP 请求执行相同的操作，并且可以保持软硬件操作的一致性。

我们使用 Tornado Web 服务器构建了 RESTful API，并且结合了对按钮状态变化做出反应的代码。和前几章一样，我们利用 Python 的面向对象功能以及 mraa 和 wiring-x86 库，并创建类来封装按钮和必要的配置。这使得代码更易于阅读和理解，并且可以轻松切换底层库。

现在，我们已经能够以不同的方式和配置读取数字输入，从而使用户可以在处理 HTTP 请求的同时与物联网设备进行交互。事实上，我们还可以使用主板中包含的更复杂的通信功能并利用其存储，这是第 6 章的主题。

第 6 章　使用模拟输入和本地存储

本章使用模拟输入将从实际环境中检索到的定量值转换为定性值，以用于触发动作。本章包含以下主题：

- 理解模拟输入的工作方式。
- 了解模数转换器分辨率的影响。
- 使用模拟引脚和 mraa 库测量电压。
- 在分压器中包括一个光敏电阻，并将模拟输入引脚连接到电压源。
- 将可变电阻器转换为电压源。
- 通过模拟输入和 mraa 库确定照明等级。
- 环境光变化时触发动作。
- 使用 wiring-x86 库控制模拟输入。
- 使用不同的本地存储选项来记录日志。

6.1　理解模拟输入

在本书第 1.2 节“识别输入/输出和 Arduino 1.0 引脚”中介绍过 Intel Galileo Gen 2 主板提供的 6 个模拟输入引脚，编号从 A0 到 A5，位于主板正面的右下角。由于可以测量从 0 V（接地）到通过 IOREF 跳线位置配置的值（默认为 5 V），并且主板为模数转换器（Analog to Digital Converter，ADC）提供了 12 位分辨率，因此，我们可以检测到 4096 个不同的值（$2^{12} = 4096$）或 4096 个单位，值的范围为 0~4095（含），其中，0 表示 0 V，4095 表示 5 V。

提示：

如果你有使用其他 Arduino 板的经验，必然会考虑到 Intel Galileo Gen 2 主板不使用标有 AREF 的引脚的情况。

在其他 Arduino 主板中，可以使用此引脚为模数转换过程设置模拟参考电压。

在使用 Intel Galileo Gen 2 主板时，模拟引脚的最大值始终由 IOREF 跳线位置控制

（5 V 或 3.3 V），并且不能为模拟输入使用任何外部参考电压。

在本书所有示例中，都将使用 IOREF 跳线的默认位置，因此，最大值始终为 5 V。

我们只需要应用一个线性函数就可以转换从模拟引脚读取的原始值，并将其映射到输入电压值。如果使用 12 位分辨率，则检测到的值将具有 5 V/4095 = 0.001220012 V 的最小差或步长，约等于 1.22 mV（milliVolts，毫伏）或 1.22E-03 V。我们只需要将从模拟引脚读取到的原始值乘以 5，然后再除以 4095，即可完成转换。

图 6-1 在横坐标轴（x 轴）上显示了从模拟引脚读取到的值，在纵坐标轴（y 轴）上则显示了对应的浮点电压值。

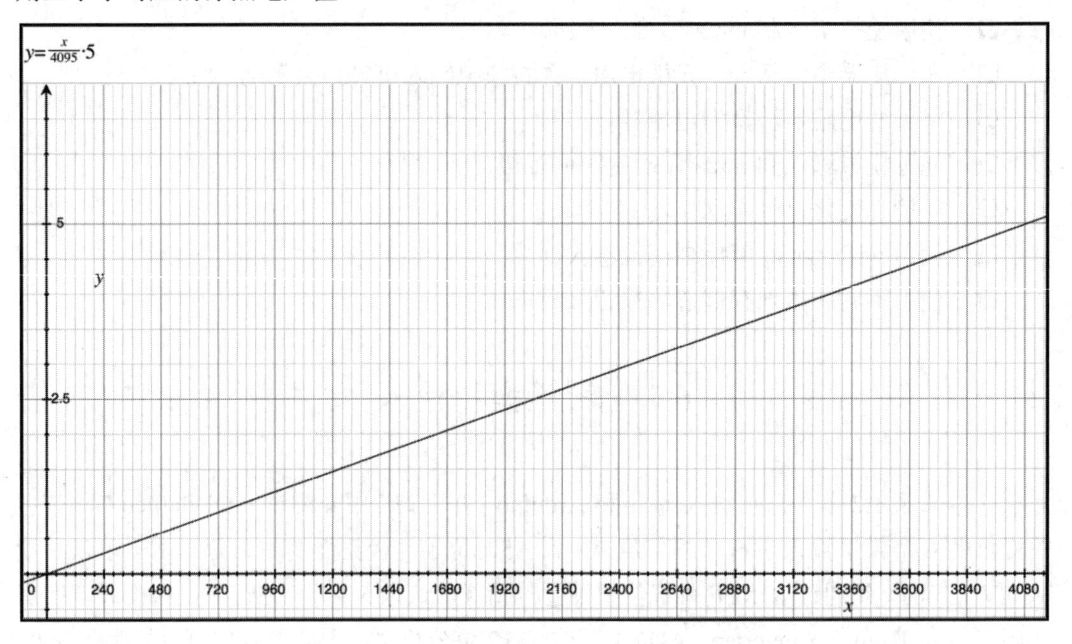

图 6-1

如图 6-1 所示，左上角的公式为 $y = x / 4095 * 5$，在这里可以将它解读为 voltage_value = Analog_pin_read_value / 4095 * 5（电压值=模拟引脚读数/4095 × 5）。我们可以在 Python 解释器中运行以下代码，以查看从该公式生成的所有电压值，这些电压值对应从模拟引脚读取的 0~4095（含）的每个原始值。

```
for analog_pin_read_value in range(0, 4096):
    print(analog_pin_read_value / 4095.0 * 5.0)
```

提示：

也可以使用较低的分辨率（例如 10 位分辨率），这样检测的差值（步长）会少一些，例如，10 位分辨率的差值是 1024 个（210 = 1024）或 1024 个单位——从 0 到 1023（含）。在这种情况下，这些值的最小差或步长为 5 V/1023 = 0.004887585 V，约等于 4.89 mV（milliVolts）或 4.89E-03 V。

如果决定使用较低的分辨率，则只需要将从模拟引脚读取到的原始值乘以 5，然后再除以 1023，即可完成转换。

6.2　使用模拟输入和 mraa 库测量电压

要理解如何从模拟引脚读取值并将这些值映射回电压值，最简单的方法是创建一个示例。我们将电源连接到一个模拟输入引脚，特别说明，这里的电源可以是一个带有两节串联的 AA 或 AAA 1.25 V 可充电电池的电池组，也可以串联使用 AA 或 AAA 1.5 V 标准电池。请注意，两个串联的可充电电池的最大电压是 2.5 V（1.25 V × 2），而两个串联的标准电池的最大电压则是 3 V（1.5 V × 2）。

使用标有 A0 的模拟引脚连接到电池组的正极（+）。注意，连接电池组的正极是指要连接到电池有银色突起的那一端。在完成必要的接线后，即可编写 Python 代码来测量电池组电压。这样，我们就可以读取将模拟值转换为数字表示的结果，并将其映射到电压值。我们需要以下元器件来制作此示例。

- 两节 AA 或 AAA 1.25 V 充电电池或两节 AA 或 AAA 1.5 V 标准电池。
- 适当的电池座（可串联插入两个选定的电池并简化接线）。例如，如果使用两节 AA 1.25 V 充电电池，则需要 2 × AA 电池座。
- 公差为 5%的 2200 Ω 电阻（色环为红、红、红、金）。

6.2.1　连接方案

图 6-2 显示了电池座、连接到面包板的电阻器、必要的布线以及从 Intel Galileo Gen 2 主板到面包板的布线。该示例的 Fritzing 文件是 iot_fritzing_ Chapter_06_01.fzz。

图 6-3 显示了以符号表示的电子组件的示意图。

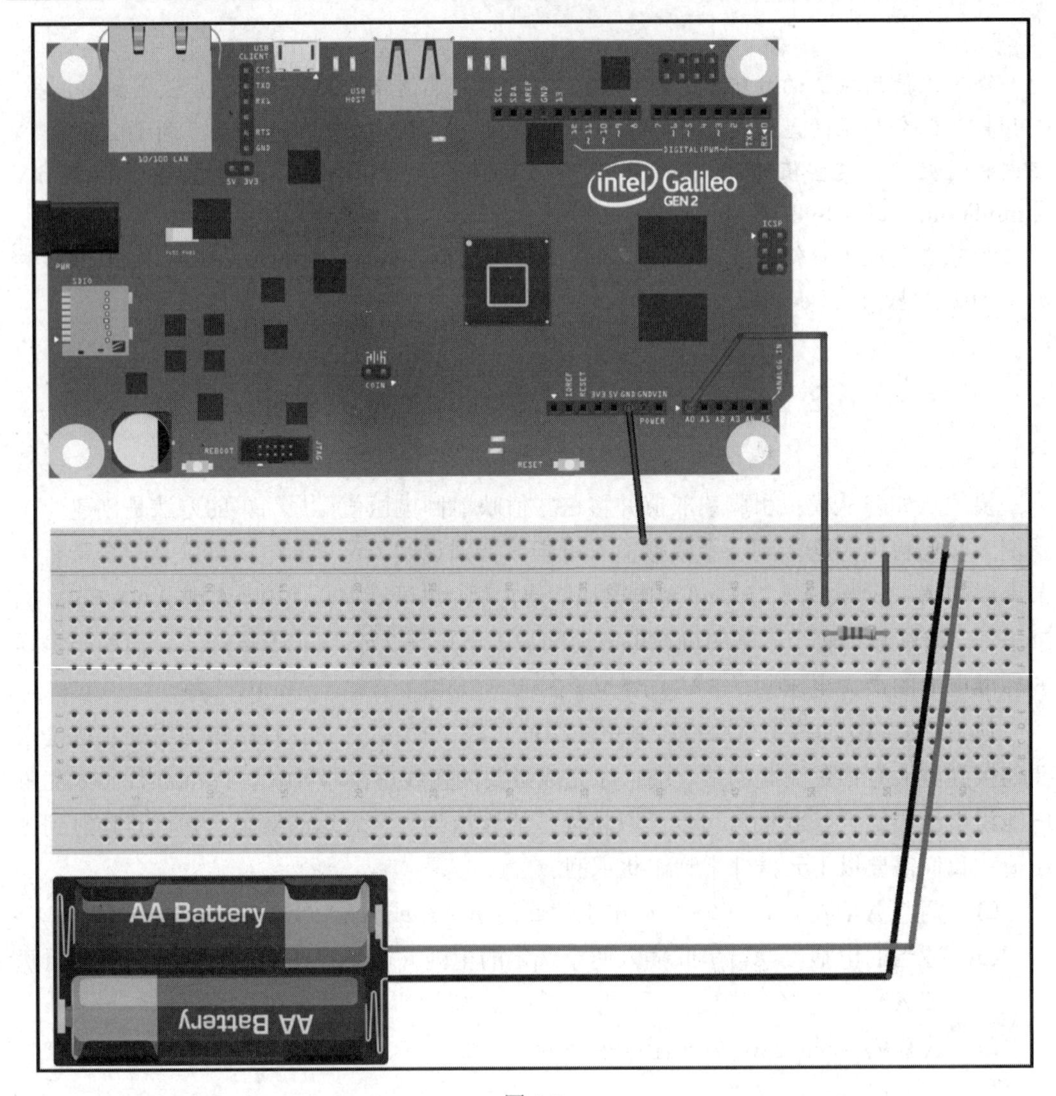

图 6-2

在图 6-3 中可以看到，在主板符号中标记为 A0 的模拟输入引脚通过电阻器连接到电源的正极。电源的负极端接地。

现在可以进行所有必要的布线。在此之前不要忘记关闭 Yocto Linux，等待所有板载 LED 熄灭，然后断开 Intel Galileo Gen 2 主板的电源，最后才是连接主板的引脚或拔出原有连接线。

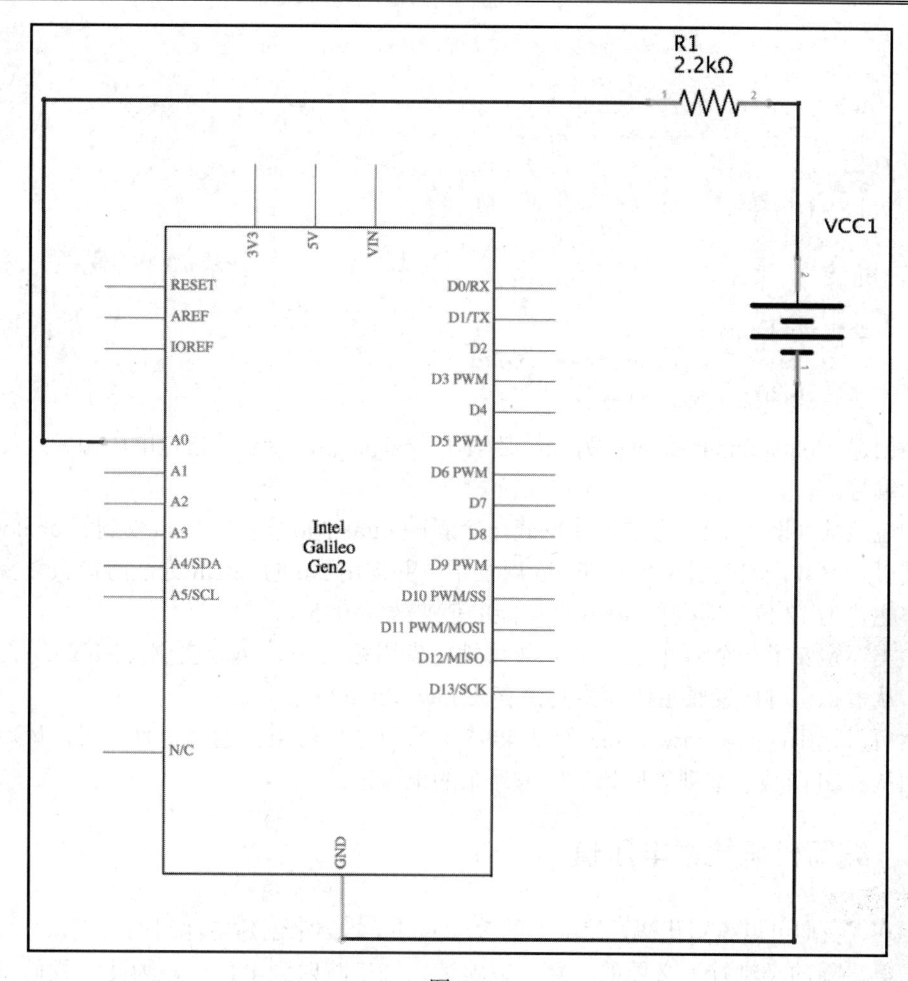

图 6-3

6.2.2 创建 VoltageInput 类

本示例将创建一个新的 VoltageInput 类，以表示连接到板上的电压源（Voltage Source），比较特别的地方是，我们使用了一个模拟输入引脚。

以下示例的代码文件是 iot_python_chapter_06_01.py。

使用 mraa 库的新 VoltageInput 类的代码如下所示：

```
import mraa
import time
```

```
class VoltageInput:
    def __init__(self, analog_pin):
        self.analog_pin = analog_pin
        self.aio = mraa.Aio(analog_pin)
        # 配置模数转换器（ADC）的分辨率为 12 位（0~4095）
        self.aio.setBit(12)

    @property
    def voltage(self):
        raw_value = self.aio.read()
        return raw_value / 4095.0 * 5.0
```

在创建 VoltageInput 类的实例时，必须在 analyst_pin 参数中指定电压源所连接的模拟引脚编号。

构造函数（即__init__方法）将创建一个新的 mraa.Aio 实例，将接收到的 analog_pin 作为其引脚参数，将其引用保存在 aio 属性中，并调用 aio 的 setBit 方法将模数转换器的分辨率配置为 12 位，即提供 4096 个可能的值来表示 0~5 V。

该类还定义了一个 voltage 属性，该属性将调用相关 mraa.Aio 实例（self.aio）的 read 方法，从模拟引脚检索原始值并将其保存在 raw_value 变量中。

然后，代码返回将 raw_value 除以 4095 并乘以 5 的结果。通过这种方式，该属性即可返回从 read 函数读取到的原始值转换而来的电压值。

6.2.3 编写代码检索电压值

现在，我们可以编写代码，使用新的 VoltageInput 类来创建电池组的实例，并轻松检索电压值。新的类进行了必要的计算，以将读取的值映射到电压值，因此，我们只需要检查 voltage 属性的值即可，而不必考虑模数转换器及其分辨率的具体细节。

该示例的代码文件是 iot_python_chapter_06_01.py。

现在，我们将编写一个循环，该循环将每秒检索一次电压值。

```
if __name__ == "__main__":
   v0 = VoltageInput(0)
   while True:
       print("Voltage at pin A0: {0}".format(v0.voltage))
       # 睡眠 1 s
       time.sleep(1)
```

在上面的代码中，首先将创建前面介绍过的 VoltageInput 类的实例，其中使用了 0

作为 analog_pin 参数的值。这样，实例将从标记为 A0 的引脚读取模拟值，该引脚通过电阻连接到电源的正极。

然后，该代码将永远运行一个循环，也就是说，只有按 Ctrl+C 快捷键才能让它停止。当然，如果你使用的是具有远程开发功能的 Python IDE，那么单击 Stop 按钮也可以停止该循环。

该循环每秒输出一次在引脚 A0 上的电压值。

当代码执行时，将生成以下示例输出行。前面我们介绍过，两个串联的可充电电池的最大电压是 2.5 V（1.25 V × 2），以下示例中可充电电池的电压值为 2.47130647131，表示它的电量已经略有损耗：

```
Voltage at pin A0: 2.47130647131
```

6.3　将光敏电阻连接到模拟输入引脚

现在，我们将使用光敏电阻（Photoresistor），即光传感器（Light Sensor），这是一种较为特殊的电子元器件，它可以提供可变电阻，根据入射光的强度来更改电阻器值。随着入射光强度的增加，光敏电阻的电阻减小，反之亦然。

提示：

光敏电阻也称为 LDR（Light-Dependent Resistor）或光电管（Photocell）。

需要指出的是，光敏电阻不是高精度感应光的最佳元器件，这是因为当光敏电阻受到脉冲光照射时，光电流要经过一段时间才能达到稳定值，而在停止光照后，光电流也不会立刻为零，这就是光敏电阻的时延特性。多数光敏电阻的时延都比较大，所以不能将它应用于要求快速响应的场合。

当然，如果你的项目不在乎时延问题，那么它们对于确定当前是否处于黑暗环境中是非常有用的。

我们无法在主板上测量电阻值。但是，可以读取电压值，因此，接下来的示例可以使用分压器（Voltage Divider）配置，即使用两个电阻，其中一个是光敏电阻。当光敏电阻接收到大量的光时，分压器将输出一个高电压值；而当光敏电阻处于黑暗环境中时（即当它完全接收不到光时），分压器将输出一个低电压值。

在前面的示例中，我们学习了如何从模拟引脚读取值并将这些值映射回电压值。现在我们将使用此知识来通过光敏电阻确定何时变暗。一旦理解了该传感器的工作原理，即可对光照条件的变化做出反应，并记录有关特定场景的数据。

我们将使用标记为 A0 的模拟引脚连接包括光敏电阻的分压器的正极（+）。在完成必要的接线后，即可编写 Python 代码以确定当前是否处于黑暗环境中。

我们将读取由电阻值转换的电压，然后将该模拟值转换为数字表示的结果。和前面的示例一样，本示例会将读取的数字值先映射到电压值，然后将这个电压值映射到照明等级测量值。虽然这听起来有点让人迷糊，但实际制作和编程其实挺简单的。我们需要以下元器件来制作此示例：

- 光敏电阻。
- 具有 5%公差的 10000 Ω（10 kΩ）电阻（色环为棕、黑、橙、金）。

6.3.1　连接方案

图 6-4 显示了连接到面包板的光敏电阻和另一个电阻器、必要的布线以及从 Intel Galileo Gen 2 主板到面包板的布线。该示例的 Fritzing 文件是 iot_fritzing_ Chapter_06_02.fzz。

图 6-4

图 6-5 显示了本示例的电子示意图，其中电子元件用符号表示。

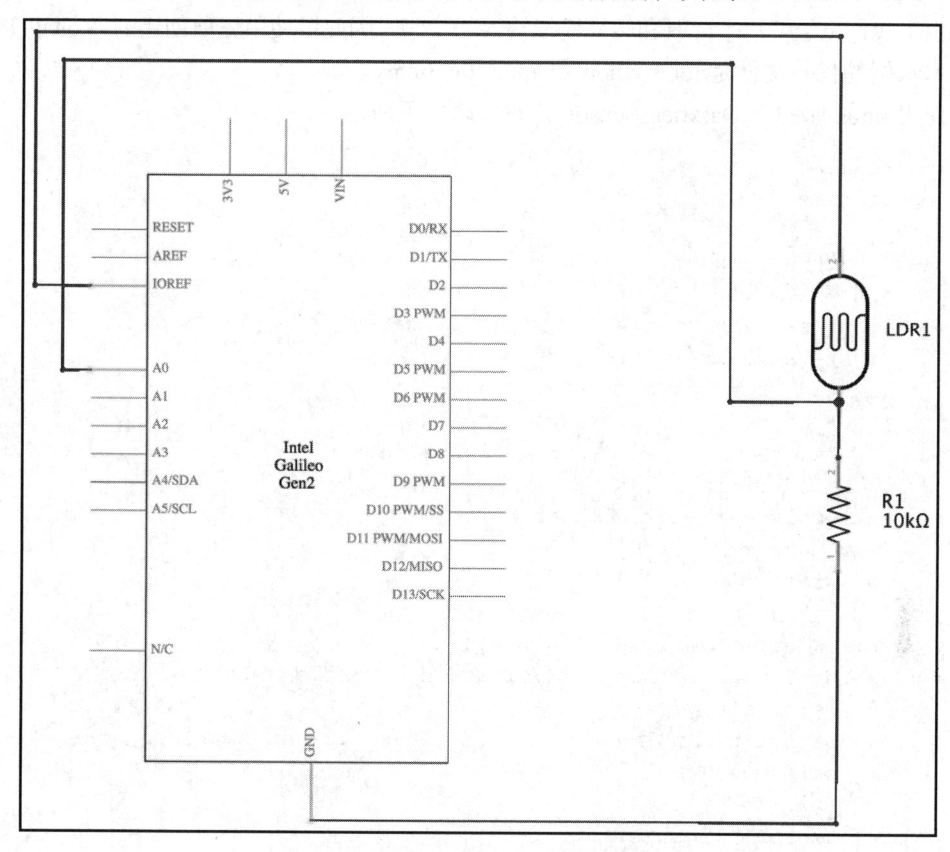

图 6-5

如图 6-5 所示，在主板符号中标记为 A0 的 GPIO 引脚连接到分压器电路，该分压器由一个名为 LDR1 的光敏电阻和一个公差为 5%的 10 kΩ 电阻 R1 组成。

LDR1 光敏电阻连接到 IOREF 引脚。我们已经知道，标有 IOREF 的引脚可提供 IOREF 电压，在本书中实际配置为 5 V。R1 电阻连接到 GND（接地）。

现在可以进行所有必要的布线。在此之前不要忘记关闭 Yocto Linux，等待所有板载 LED 熄灭，然后断开 Intel Galileo Gen 2 主板的电源，最后才是连接主板的引脚或拔出原有连接线。

6.3.2 创建 DarknessSensor 类以表示光敏电阻

我们将创建一个新的 DarknessSensor 类以表示光敏电阻，该光敏电阻包含在分压器中，并且已经连接到主板的模拟输入引脚。

由于我们已经编写了读取和转换模拟输入的代码，因此可使用先前创建的 VoltageInput 类。本示例的代码文件是 iot_python_chapter_06_02.py。

使用 mraa 库的新 DarknessSensor 类的代码如下所示。

```
import mraa
import time

class DarknessSensor:
    # 照明等级说明
    light_extremely_dark = "extremely dark"
    light_very_dark = "very dark"
    light_dark = "just dark"
    light_no_need_for_a_flashlight = \
        "there is no need for a flashlight"
    # 确定照明等级的最大电压
    extremely_dark_max_voltage = 2.0
    very_dark_max_voltage = 3.0
    dark_max_voltage = 4.0

    def __init__(self, analog_pin):
        self.voltage_input = VoltageInput(analog_pin)
        self.voltage = 0.0
        self.ambient_light = self.__class__.light_extremely_dark
        self.measure_light()

    def measure_light(self):
        self.voltage = self.voltage_input.voltage
        if self.voltage < self. __class__.extremely_dark_max_voltage:
            self.ambient_light = self. __class__.light_extremely_dark
        elif self.voltage < self. __class__.very_dark_max_voltage:
            self.ambient_light = self. __class__.light_very_dark
        elif self.voltage < self. __class__.dark_max_voltage:
            self.ambient_light = self. __class__.light_dark
        else:
            self.ambient_light = self. __class__.light_no_need_for_a_
flashlight
```

在创建 DarknessSensor 类的实例时，必须在 analog_pin 参数中指定分压器（其中包括了光敏电阻）所连接的模拟引脚编号。

构造函数（即__init__方法）使用接收到的 analog_pin 作为其 analog_pin 参数创建一

个新的 VoltageInput 实例，并将其引用保存在 voltage_input 属性中。

然后，该构造函数将创建并初始化两个属性：voltage 和 ambient_light。

最后，该构造函数将调用 measure_light 方法。

接下来，该类还定义了 measure_light 方法，该方法将保存通过检查 voltage 属性（self.voltage）中的 self.voltage_input.voltage 属性检索到的电压值。然后，代码将比较存储在 voltage 属性中的值是否低于确定照明水平的 3 个最大电压值，并根据比较结果为 ambient_light 属性（self.ambient_light）设置适当的值。

该类定义了以下 3 个类属性，这些属性确定了每个照明级别的最大电压值。

- extreme_dark_max_voltage：如果检索到的电压值低于 2 V，则表示环境极度黑暗。
- very_dark_max_voltage：如果检索到的电压值低于 3 V，则表示环境非常黑暗。
- dark_max_voltage：如果检索到的电压值低于 4 V，则表示环境比较黑暗。

提示：

这些值是针对特定的光敏电阻和环境条件配置的。你可能需要根据分压器中包含的光敏电阻检索到的电压值设置不同的值。

运行本示例后，你可以检查电压值并对存储在上述类属性中的电压值进行必要的调整。请记住，当入射光增加时，电压值将更高，即接近 5 V。因此，越是黑暗的环境测得的电压值越低。

我们的目标是将定量（Quantitative）值（在本示例中就是指电压值）转换为定性（Qualitative）值（在本示例中就是指可以解释真实环境中照明情况的值）。该类定义了以下 4 个类属性，这些属性指定了照明级别描述，并确定了在调用 measure_light 方法之后由电压值转换的 4 个照明级别之一：

- light_extremely_dark
- light_very_dark
- light_dark
- light_no_need_for_a_flashlight

6.3.3　循环检测照明条件变化

现在，我们可以编写代码，使用新的 DarkSensor 类为分压器中包含的光敏电阻创建实例，并轻松输出光照条件的描述。

新的类使用先前创建的 VoltageInput 类进行必要的计算，以将读取的值映射到电压值，然后再将其转换为定性值，从而提供有关照明状况的描述。

现在，我们将编写一个循环，该循环将每两秒检查一次照明条件是否出现变化。

以下示例的代码文件是 iot_python_ Chapter_06_02.py。

```
if __name__ == "__main__":
    darkness_sensor = DarknessSensor(0)
    last_ambient_light = ""
    while True:
        darkness_sensor.measure_light()
        new_ambient_light = darkness_sensor.ambient_light
        if new_ambient_light != last_ambient_light:
            # 环境光的值出现变化
            last_ambient_light = new_ambient_light
            print("Darkness level: {0}".format(new_ambient_light))
        # 睡眠 2 s
        time.sleep(2)
```

上面的代码将首先创建一个 DarknessSensor 类的实例，使用 0 作为 analog_pin 参数的值，并将该实例保存在 darkness_sensor 局部变量中。

通过这种方式,该实例将使用 VoltageInput 类的实例从标记为 A0 的引脚读取模拟值。然后，代码使用空字符串初始化 last_ambient_light 局部变量。

再然后，该代码将永远运行一个循环（可以按 Ctrl+C 快捷键或通过具有远程开发功能的 Python IDE 中止）。

该循环将调用 darkness_sensor.measure_light 方法以检索当前的照明条件，并将更新后的 darkness_sensor.ambient_light 值保存在 new_ambient_light 局部变量中。然后，检查代码 new_ambient_light 的值是否与 last_ambient_light 不同。如果它们不同，意味着环境光已出现变化，因此，它会设置 last_ambient_light 的值与 new_ambient_light 的值相等，并输出存储在 new_ambient_light 中的环境光描述。

该循环仅在自上次输出的值出现变化后才打印环境光描述，并且每两秒钟检查一次照明条件是否出现变化。

6.3.4 测试

以下命令行将启动本示例。同样，不要忘记先使用 SFTP 客户端将 Python 源代码文件传输到主板的 Yocto Linux。

```
python iot_python_chapter_06_02.py
```

在运行本示例后，请执行以下操作：

- 使用智能手机的手电筒照射在光敏电阻上。
- 用手遮在光敏电阻上以产生阴影。
- 减少环境中的光线，但不要减少太多，只是让其有点暗。
- 将环境中的光线降至最低，即完全没有光线的全黑环境。

经过上面的操作后，你可能会看到以下输出：

```
Darkness level: there is no need for a flashlight
Darkness level: just dark
Darkness level: very dark
Darkness level: extremely dark
```

6.4　环境光变化时触发动作

在前面的示例中，我们使用了支持脉宽调制（PWM）功能的引脚来设置 RGB LED 的红色、绿色和蓝色分量的亮度级别。现在，我们将添加一个 RGB LED，并将基于光敏电阻检测到的环境光来设置其 3 个分量的亮度级别。

在第 4 章“使用 RESTful API 和脉宽调制”中介绍了使用 PWM 引脚连接 RGB LED 的示例。本节将沿用该示例的做法，使用以下 PWM 输出引脚：

- 引脚~6 连接红色 LED 的阳极引脚。
- 引脚~5 连接绿色 LED 的阳极引脚。
- 引脚~3 连接蓝色 LED 的阳极引脚。

我们需要以下电子元器件来处理此示例：

- 1 个共阴极 5 mm RGB LED。
- 3 个具有 5%公差的 270 Ω 电阻器（色环为红、紫、棕、金）。

6.4.1　连接方案

图 6-6 显示了连接到面包板的元器件、必要的布线以及从 Intel Galileo Gen 2 主板到面包板的连接。该示例的 Fritzing 文件是 iot_fritzing_chapter_06_03.fzz。

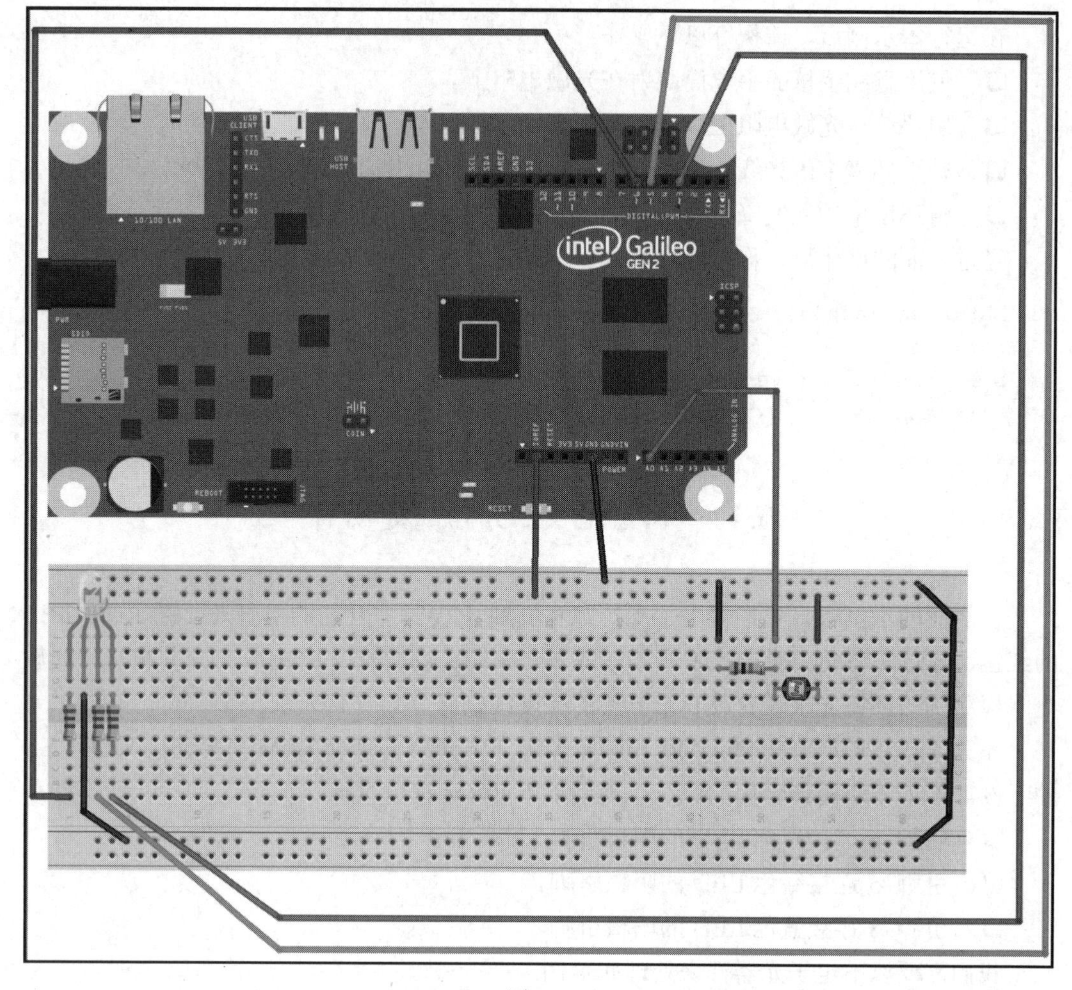

图 6-6

图 6-7 显示了本项目的电子示意图，其中电子元件用符号表示。

如图 6-7 所示，主板符号中标有 D3 PWM、D5 PWM 和 D6 PWM 的 3 个具有 PWM 功能的 GPIO 引脚连接到 270 Ω 电阻，并相应地连接到每种 LED 颜色的阳极引脚，而 RGB LED 的共阴极则接地。

现在可以进行所有必要的布线。在此之前不要忘记关闭 Yocto Linux，等待所有板载 LED 熄灭，然后断开 Intel Galileo Gen 2 主板的电源，最后才是连接主板的引脚或拔出原有的连接线。

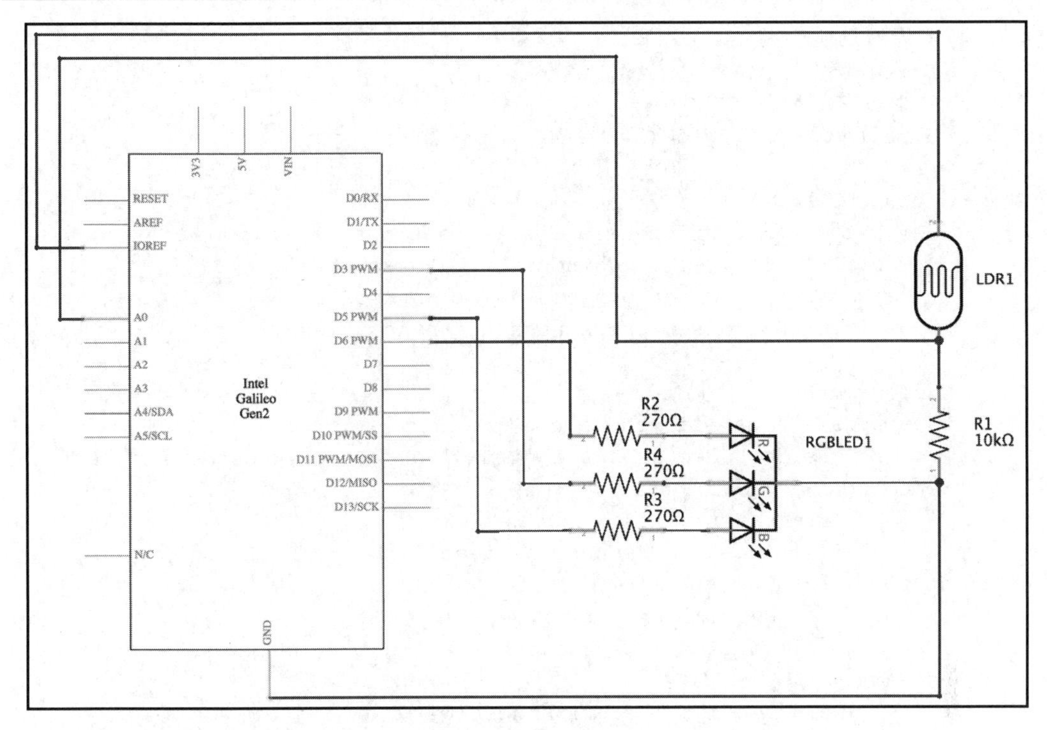

图 6-7

6.4.2　创建 BoardInteraction 类

我们将添加 AnalogLed 类的代码，该类表示连接到主板上的 LED，它的亮度级别为 0~255（包括 255）。我们在第 4 章“使用 RESTful API 和脉宽调制”中创建了此类，该示例的代码文件为 iot_python_chapter_04_02.py。

我们将创建一个新的 BoardInteraction 类，以创建 DarknessSensor 类的一个实例，以及 RGB LED 的每个分量的一个实例，并轻松控制其亮度级别。

BoardInteraction 类的代码如下所示。

以下示例的代码文件是 iot_python_chapter_06_03.py。

```
class BoardInteraction:
    # 光敏电阻包含在分压器中
    # 连接到模拟引脚 A0
    darkness_sensor = DarknessSensor(0)
    # 红色 LED 连接到 GPIO 引脚 ~6
    red_led = AnalogLed(6, 'Red')
```

```
    # 绿色 LED 连接到 GPIO 引脚 ~5
    green_led = AnalogLed(5, 'Green')
    # 蓝色 LED 连接到 GPIO 引脚 ~3
    blue_led = AnalogLed(3, 'Blue')

    @classmethod
    def set_rgb_led_brightness(cls, brightness_level):
        cls.red_led.set_brightness(brightness_level)
        cls.green_led.set_brightness(brightness_level)
        cls.blue_led.set_brightness(brightness_level)

    @classmethod
    def update_leds_brightness(cls):
        if cls.darkness_sensor.ambient_light == DarknessSensor.light_
extremely_dark:
            cls.set_rgb_led_brightness(255)
        elif cls.darkness_sensor.ambient_light == DarknessSensor.
light_very_dark:
            cls.set_rgb_led_brightness(128)
        elif cls.darkness_sensor.ambient_light == DarknessSensor.
light_dark:
            cls.set_rgb_led_brightness(64)
        else:
            cls.set_rgb_led_brightness(0)
```

BoardInteraction 类声明 4 个类属性：darkness_sensor、red_led、green_led 和 blue_led。第一个类属性保存 DarknessSensor 类的新实例，后 3 个类属性则保存先前导入的 AnalogLed 类的新实例，并代表连接到引脚~6、~5 和~3 的红色、绿色和蓝色 LED。然后，BoardInteraction 类声明以下两个类方法。

- set_rgb_led_brightness：将 RGB_LED 的 3 个颜色分量设置为与 brightness_level 参数中接收到的亮度级别相同。
- update_leds_brightness：基于 DarknessSensor 实例（cls.darkness_sensor）的环境光值（ambient_light）设置 RGB LED 的 3 个颜色分量的亮度级别。如果是极度全黑环境，则亮度级别为 255；如果非常暗，则亮度级别为 128；如果比较暗，则亮度级别为 64。否则，RGB LED 将完全关闭。

6.4.3　基于环境光设置 RGB LED 的亮度

现在可以编写代码，使用新的 BoardInteraction 类来测量环境光，并根据检索到的值设置 RGB LED 的亮度。

与前面的示例一样，我们仅在环境光出现变化时才进行更改。我们将编写一个循环，该循环将每两秒检查一次照明条件是否出现变化。

该示例的代码文件是 iot_python_chapter_06_03.py。

```
last_ambient_light = ""
while True:
    BoardInteraction.darkness_sensor.measure_light()
    new_ambient_light = BoardInteraction.darkness_sensor.ambient_light
    if new_ambient_light != last_ambient_light:
        # 环境光的值出现变化
        last_ambient_light = new_ambient_light
        print("Darkness level: {0}".format(new_ambient_light))
        BoardInteraction.update_leds_brightness()
    # 睡眠 2 s
    time.sleep(2)
```

在上面的代码中，第一行使用空字符串初始化 last_ambient_light 局部变量。

然后，代码将永远运行一个循环，直到按 Ctrl+C 快捷键中断执行为止。

该循环将调用 BoardInteraction.darkness_sensor.measure_light 方法以检索当前的光照条件，并将更新的 BoardInteraction.darkness_sensor.ambient_light 值保存在 new_ambient_light 局部变量中。

然后，该代码检查 new_ambient_light 值是否和 last_ambient_light 的值不同。如果它们不同，则意味着环境光已出现变化，这样，它就会将 last_ambient_light 的值设置为等于 new_ambient_light，输出存储在 new_ambient_light 中的环境光描述，并调用 BoardInteraction.update_leds_brightness 方法来基于环境光设置 RGB LED 的亮度。

6.4.4　测试

使用以下命令行即可启动该示例。同样，不要忘记使用 SFTP 客户端将 Python 源代码文件传输到主板的 Yocto Linux。

```
python iot_python_chapter_06_03.py
```

在运行本示例后，执行以下操作，你将看到 RGB LED 会自动更改其亮度级别，具体如下所述：

- ❑ 使用智能手机的手电筒照射在光敏电阻上。RGB LED 将保持关闭状态。
- ❑ 用手遮挡光敏电阻以产生阴影。RGB LED 将变暗。

- ❑ 减少环境中的光线，但不要减少太多，只是让其有点暗。RGB LED 将增加其亮度。
- ❑ 将环境中的光线降至最低，即完全没有光线的全黑环境。RBG LED 将其亮度增加到最大水平。
- ❑ 再次使用智能手机手电筒照射在光敏电阻上。RGB LED 将熄灭。

在执行上述操作后，你可能会看到以下输出：

```
Darkness level: there is no need for a flashlight
Red LED connected to PWM Pin #6 set to brightness 0.
Green LED connected to PWM Pin #5 set to brightness 0.
Blue LED connected to PWM Pin #3 set to brightness 0.
Darkness level: just dark
Red LED connected to PWM Pin #6 set to brightness 64.
Green LED connected to PWM Pin #5 set to brightness 64.
Blue LED connected to PWM Pin #3 set to brightness 64.
Darkness level: very dark
Red LED connected to PWM Pin #6 set to brightness 128.
Green LED connected to PWM Pin #5 set to brightness 128.
Blue LED connected to PWM Pin #3 set to brightness 128.
Darkness level: extremely dark
Red LED connected to PWM Pin #6 set to brightness 255.
Green LED connected to PWM Pin #5 set to brightness 255.
Blue LED connected to PWM Pin #3 set to brightness 255.
Darkness level: there is no need for a flashlight
Red LED connected to PWM Pin #6 set to brightness 0.
Green LED connected to PWM Pin #5 set to brightness 0.
Blue LED connected to PWM Pin #3 set to brightness 0.
```

本示例编写了易于阅读和理解的面向对象的 Python 代码。借助 mraa 库，我们可以在环境光发生变化时轻松触发动作。

上述测试表明，当环境光改变时，RGB LED 的亮度也会自动随之改变。我们使用了模拟输入来确定环境光水平，并且使用 PWM 产生模拟输出和控制 RGB LED 的亮度。

6.5　使用 wiring-x86 库控制模拟输入

到目前为止，我们一直在使用 mraa 库处理模拟输入并监测环境光。事实上，使用 wiring-x86 库也是可以的。开发人员仅需更改几行面向对象代码，即可将 mraa 库替换为 wiring-x86 库，以读取模拟值。

首先，我们必须修改 AnalogLed 类的代码，以使它能够与 wiring-x86 库一起使用。

在第 4 章“使用 RESTful API 和脉宽调制”中已经创建了此版本（该示例的代码文件为 iot_python_chapter_04_04.py）。该代码文件中不但有 AnalogLed 类的代码，还提供了 Board 类的代码。

要使用 wiring-x86 库而不是 mraa 库，其 VoltageInput 类的新版本如下所示。

该示例的代码文件是 iot_python_chapter_06_04.py。

```
from wiringx86 import GPIOGalileoGen2 as GPIO

class VoltageInput:
    initial_analog_pin_number = 14

    def __init__(self, analog_pin):
        self.analog_pin = analog_pin
        self.gpio = Board.gpio
        self.gpio.pinMode(
            analog_pin + self.__class__.initial_analog_pin_number,
            self.gpio.ANALOG_INPUT)

    @property
    def voltage(self):
        raw_value = self.gpio.analogRead(
            self.analog_pin +
            self.__class__.initial_analog_pin_number)
        return raw_value / 1023.0 * 5.0
```

上面的代码创建了一个新版本的 VoltageInput 类，可以看到，该类首先声明了一个名为 initial_analog_pin_number 类属性，并且该属性的值为 14。

wiring-x86 库使用 Arduino 兼容数字引用模拟输入引脚或 ADC 引脚。因此，模拟输入引脚 A0 被称为 14，模拟输入引脚 A1 被称为 15，以此类推。这正是 initial_analog_pin_number 类属性的值被设置为 14 的原因。

由于我们不想更改其余的代码，因此使用类属性来指定一个数字，它必须与接收到的 analog_pin 值相加，才能将其转换为 wiring-x86 模拟引脚编号（在后面的代码中可以看到相加的操作）。

构造函数（即__init__方法）将对 Board.gpio 类属性的引用保存在 self.gpio 中，并使用接收到的 analog_pin 和 initial_analog_pin_number 类属性中指定的值相加作为 pin 参数，使用 self.gpio.ANALOG_INPUT 作为其 mode 参数，调用 self.gpio 的 pinMode 方法。

通过这种方式，我们将引脚配置为模拟输入引脚，将模拟输入引脚编号转换为与

wiring-x86 兼容的模拟输入引脚编号。

wiring-x86 库在 GPIO 和模拟 I/O 引脚之间没有区别，都可以通过 Board.gpio 类属性来管理所有这些引脚。

所有 VoltageInput 实例都将保存对创建了 GPIO 类（具体而言，就是 wiringx86.GPIOGalileoGen2 类）的实例的相同 Board.gpio 类属性的引用。wiringx86.GPIOGalileoGen2 类的 debug 参数被设置为 False，以避免不必要的用于低级通信的调试信息。

VoltageInput 类还定义了一个 voltage 属性，该属性为 GPIO 实例（self.gpio）调用 analogRead 方法，以从模拟引脚检索原始值并将其保存在 raw_value 变量中。

将 self.analog_pin 属性与在 initial_analog_pin_number 类属性中指定的值相加，即指定了 analogRead 方法调用的 pin 值。

然后，代码返回将 raw_value 除以 1023 并乘以 5 的结果。这样，该属性将返回电压值，该电压值是从 analogRead 函数返回的原始值转换而来的。

提示：

遗憾的是，wiring-x86 库不支持模数转换器的 12 位分辨率。该库以固定的 10 位分辨率工作，因此，我们只能检测 1024 个不同的值（$2^{10} = 1024$）或 1024 个单位，值的范围是 0~1023（包括 1023 本身），其中，0 表示 0 V，1023 表示 5 V。因此，在 voltage 属性中，必须将 raw_value 除以 1023 而不是 4095。

其余代码与前面的示例相同。无须更改 DarknessSensor 类、BoardInteraction 类或主循环，因为它们将自动与新的 VoltageInput 类一起使用，并且其构造函数或其 voltage 属性的参数也没有更改。

下面的命令行将启动可与 wiring-x86 库一起使用的新版本示例：

```
python iot_python_chapter_06_04.py
```

提示：

可以对光敏电阻上的入射光进行相同的更改，以检查是否可以使用 wiring-x86 库获得完全相同的结果。唯一的区别在于所获取的电压值的精度，因为在这种情况下，我们将使用 10 位分辨率的模数转换器。

6.6　使用本地存储记录日志

Python 的标准库模块提供了强大而灵活的日志记录 API。开发人员不但可以使用日志记录模块来跟踪物联网应用在主板上运行时发生的事件，而且可以利用本地存储选项将其保存在日志文件中。

6.6.1　添加日志记录功能

现在，我们将对第 6.4 节“环境光变化时触发动作”中光敏电阻示例的最新版本进行修改（该示例使用 mraa 库记录从环境光传感器读取的电压值）。我们只想在环境光发生变化时（即 BoardInteraction.darkness_sensor.ambient_light 的值发生变化时）记录新的电压值，因此，使用之前的代码（该示例的代码文件是 iot_python_chapter_06_03.py）作为基准来添加新的日志记录功能。

我们将替换__main__方法。添加了日志记录功能的新版本的代码如下所示。新的代码行加粗显示。

该示例的代码文件为 iot_python_chapter_06_05.py。

```
import logging

if __name__ == "__main__":
    logging.basicConfig(
        filename="iot_python_chapter_06_05.log",
        level=logging.INFO,
        format="%(asctime)s %(message)s",
        datefmt="%m/%d/%Y %I:%M:%S %p")
    logging.info("Application started")
    last_ambient_light = ""
    last_voltage = 0.0
    while True:
        BoardInteraction.darkness_sensor.measure_light()
        new_ambient_light = BoardInteraction.darkness_sensor.ambient_
light
        if new_ambient_light != last_ambient_light:
            # 环境光的值出现变化
            logging.info(
                "Ambient light value changed from {0} to {1}".format(
                    last_voltage, BoardInteraction.darkness_sensor.
voltage))
            last_ambient_light = new_ambient_light
            last_voltage = BoardInteraction.darkness_sensor.voltage
            print("Darkness level: {0}".format(new_ambient_light))
            BoardInteraction.update_leds_brightness()
```

```
        # 睡眠 2 s
        time.sleep(2)
```

在上面的代码中，首先调用了 logging.basicConfig 方法对日志系统进行基本配置。其中，fileName 参数指定 iot_python_Chapter_06_05.log 作为日志记录的文件名。因为这里没有为 fileMode 参数指定值，所以使用的就是默认的 'a' 模式（a 表示 append，追加），即后续运行的消息将追加到指定的日志文件中，这意味着该文件将永远不会被覆盖。

提示：

本示例也没有在 fileName 参数中指定任何路径，因此，该日志文件将在运行 Python 脚本的同一文件夹（即/home/root 文件夹）中创建。在这种情况下，日志文件将使用引导 Yocto Linux 发行版的 microSD 卡中的可用存储空间。

format 参数指定了 "%(asctime)s %(message)s"，这是因为我们要存储日期和时间，后跟一条消息。datefmt 参数指定 "%m/%d/%Y %I:%M:%S %p" 作为日期和时间格式，该日期和时间将作为所有行的前缀附加到日志。我们想要一个短日期（月/日期/年），然后是一个短时间（小时/分钟/秒 AM/PM）。我们只想将信息日志记录到文件中，因此，level 参数指定了 logging.INFO 值。

接下来调用 logging.info 方法来记录第一个事件：已启动执行的应用程序。

在进入循环之前，代码声明了一个新的 last_voltage 局部变量并将其初始化为 0.0。每当环境光发生变化时，我们都希望记录以前的电压和新的电压，因此，有必要将最近一次的电压保存在新变量中。

当环境光发生变化时，对 logging.info 方法的调用将记录从先前电压到新电压值的变化。但是，请务必注意，第一次调用此方法，先前的电压等于 0.0。

下一行可以将 BoardInteraction.darkness_sensor.voltage 的值保存在 last_voltage 变量中。

6.6.2　测试日志功能

使用以下命令行将启动示例的新版本，该示例将创建 iot_python_chapter_06_05.log 文件：

```
python iot_python_chapter_06_05.py
```

运行 Python 脚本几分钟，并对光敏电阻上的入射光进行多次更改。这样，你将在日志文件中生成许多行。然后，可以使用 SFTP 客户端从/home/root 下载已经保存的日志文件并进行读取。

以下是在执行应用程序后在日志文件中生成的一些示例行：

```
03/08/2016 04:54:46 PM Application started
03/08/2016 04:54:46 PM Ambient light value changed from 0.0 to
4.01953601954
03/08/2016 04:55:20 PM Ambient light value changed from 4.01953601954
to 3.91208791209
03/08/2016 04:55:26 PM Ambient light value changed from 3.91208791209
to 2.49572649573
03/08/2016 04:55:30 PM Ambient light value changed from 2.49572649573
to 3.40903540904
03/08/2016 04:55:34 PM Ambient light value changed from 3.40903540904
to 2.19291819292
03/08/2016 04:55:38 PM Ambient light value changed from 2.19291819292
to 3.83394383394
03/08/2016 04:55:42 PM Ambient light value changed from 3.83394383394
to 4.0
03/08/2016 04:55:48 PM Ambient light value changed from 4.0 to
3.40903540904
03/08/2016 04:55:50 PM Ambient light value changed from 3.40903540904
to 2.89133089133
03/08/2016 04:55:56 PM Ambient light value changed from 2.89133089133
to 3.88278388278
03/08/2016 04:55:58 PM Ambient light value changed from 3.88278388278
to 4.69841269841
03/08/2016 04:56:00 PM Ambient light value changed from 4.69841269841
to 3.93650793651
```

6.7　使用 U 盘存储

记录与传感器相关事件的日志文件可能会迅速增长，因此，将日志文件存储在 microSD 存储空间中可能会成为一个问题。

要解决这个问题，可以考虑使用容量更大的 microSD 卡。在第 2.1 节“设置主板以使用 Python 作为编程语言”中已经介绍过，目前较大容量的 microSD 卡价格已经不是很高（例如，128 GB 容量的存储卡也不到 100 元），甚至你还可能从各种设备上“回收”到这些微小卡片，因此，一种选择是在更大容量的 microSD 卡上创建 Yocto Linux 镜像，然后将余下的部分作为存储之用，这需要我们从默认镜像扩展分区。

另一个选择是利用云，在本地存储中仅保留有限的日志。这个选项以后再讨论，目前，我们想介绍必须使用本地存储时的其他选项。

6.7.1 连接 U 盘

在第 1.3 节“认识额外的扩展和连接功能”中已经介绍过，Intel Galileo Gen 2 主板提供了一个 USB 2.0 连接器，标记为 USB HOST。可以使用此连接器插入 U 盘以用于其他存储，并将日志文件保存在 U 盘中。

在插入任何 U 盘之前，请在 SSH 终端中运行以下命令以列出分区表：

```
fdisk -l
```

请注意，上面命令中的参数-l 不是数字 1，而是 L 的小写，来自于英文单词 list，表示列出已知分区。

上面的命令将生成以下输出。注意，你的输出结果可能会有所不同，因为它取决于你用来引导 Yocto Linux 的 microSD 卡。另外需要注意的是，/dev/mmcblk0 磁盘标识了 microSD 卡，并且有两个分区：/dev/mmcblk0p1 和/dev/mmcblk0p2。

```
Disk /dev/mmcblk0: 7.2 GiB, 7746879488 bytes, 15130624 sectors
Units: sectors of 1 * 512 = 512 bytes
Sector size (logical/physical): 512 bytes / 512 bytes
I/O size (minimum/optimal): 512 bytes / 512 bytes
Disklabel type: dos
Disk identifier: 0x000a69e4

Device         Boot     Start      End    Blocks  Id  System
/dev/mmcblk0p1 *         2048   106495     52224  83  Linux
/dev/mmcblk0p2         106496  2768895   1331200  83  Linux
```

现在可以将 U 盘插入主板的 USB 2.0 连接器，运行必要的命令进行安装，然后更改代码以将日志保存在 U 盘内的文件夹中。你将需要一个与 USB 2.0 兼容的已经格式化的 U 盘，以运行此示例。

图 6-8 显示了一个已经插入主板的 USB 2.0 连接器（标有 USB HOST）的 U 盘。插入 U 盘后，请等待几秒钟。

Yocto Linux 将在/dev 文件夹中添加一个新的分区设备。在 SSH 终端中运行以下命令以列出分区表：

```
fdisk -l
```

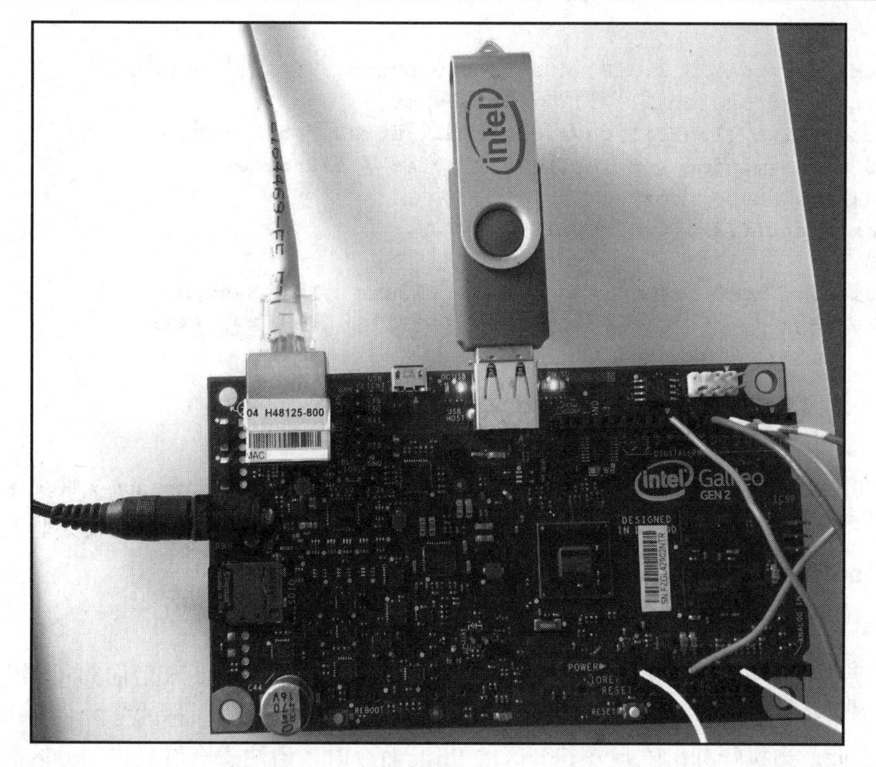

图 6-8

上面的命令将生成以下输出。注意，你的输出结果可能会有所不同，因为它取决于你用来引导 Yocto Linux 的 microSD 卡和插入的 U 盘。将现在的输出与插入 U 盘之前执行相同命令时生成的输出进行比较，多出来的行提供了有关 U 盘、磁盘名称及其分区的信息。以加粗显示的行提供了 U 盘分区详细信息，标识为/dev/sda 磁盘，并带有 FAT32 分区/dev/sda1。我们将使用此分区名称进行下一步操作。

```
Disk /dev/mmcblk0: 7.2 GiB, 7746879488 bytes, 15130624 sectors
Units: sectors of 1 * 512 = 512 bytes
Sector size (logical/physical): 512 bytes / 512 bytes
I/O size (minimum/optimal): 512 bytes / 512 bytes
Disklabel type: dos
Disk identifier: 0x000a69e4

Device         Boot   Start     End   Blocks  Id  System
/dev/mmcblk0p1 *       2048  106495    52224  83  Linux
/dev/mmcblk0p2       106496 2768895  1331200  83  Linux
```

```
Disk /dev/sda: 3.8 GiB, 4026531840 bytes, 7864320 sectors
Units: sectors of 1 * 512 = 512 bytes
Sector size (logical/physical): 512 bytes / 512 bytes
I/O size (minimum/optimal): 512 bytes / 512 bytes
Disklabel type: dos
Disk identifier: 0x02bb0a1a

Device     Boot  Start      End  Blocks  Id  System
/dev/sda1 *         64  7864319 3932128   b  W95 FAT32
```

6.7.2 在 U 盘上创建日志文件夹

现在，有必要创建一个挂载点（Mount Point）。我们必须在/media 文件夹中创建一个新的子文件夹。可以使用 usb 作为子文件夹的名称，因此，我们将要安装驱动器的文件夹为/media/usb。运行以下命令创建文件夹：

```
mkdir /media/usb
```

运行以下命令将分区安装在最近创建的/media/usb 文件夹中。在前面的步骤中，我们已经检索了分区名称，并可以看到它的名称为/dev/sda1。请注意，你的分区名称可能有所不同，因此，当执行列出磁盘及其分区的 fdisk 命令时，请注意查看列出的分区名称，然后使用它替换本示例中的/dev/sda1。

```
mount /dev/sda1 /media/usb
```

现在，我们可以通过/media/usb 文件夹访问 U 盘的内容，也就是说，每当在该文件夹中创建文件夹或文件时，都将写入 U 盘分区。

运行以下命令以创建一个新的/media/usb/log 文件夹，我们将在该文件夹中存储物联网应用程序的日志：

```
mkdir /media/usb/log
```

6.7.3 修改代码中的日志路径

现在，当在__main__方法中调用 logging.basicConfig 方法时，将更改传递给 filename 参数的值。我们希望将日志文件保存在/media/usb/log 文件夹中。这样就可以将其存储在 U 盘的 log 文件夹中。我们将使用之前的代码（代码文件是 iot_python_chapter_06_05.py）作为基础来更改日志文件名及其路径。

调用 logging.basicConfig 方法的新代码如下所示，其余代码与前面的示例相同。

该示例的代码文件为 iot_python_chapter_06_06.py。

```
import logging


if __name__ == "__main__":
    logging.basicConfig(
        filename="/media/usb/log/iot_python_chapter_06_06.log",
        level=logging.INFO,
        format="%(asctime)s %(message)s",
        datefmt="%m/%d/%Y %I:%M:%S %p")
```

6.7.4　启动示例将日志保存到 U 盘

以下命令行将启动示例的新版本，该示例将在/media/usb/log 文件夹中创建名为 iot_python_chapter_06_06.log 的日志文件。

```
python iot_python_chapter_06_06.py
```

运行 Python 脚本几分钟，并对光敏电阻上的入射光进行多次更改。这样，你将在日志文件中生成许多行。然后，使用 SFTP 客户端从/media/usb/log 下载日志文件并进行读取。但是，不要忘记返回到 SFTP 客户端中的 home/root 文件夹，因为这是你上传 Python 脚本的文件夹。

6.7.5　拔出 U 盘前的操作

如果需要拔出 U 盘以将其插入另一台计算机或设备，首先必须中断 Python 脚本的执行，然后运行以下命令来卸载分区。

```
umount /dev/sda1
```

在前面的步骤中，我们已经检索了分区名称，并可以看到它的名称为/dev/sda1。请注意，你的分区名称可能有所不同，因此，当你执行列出磁盘及其分区的 fdisk 命令时，请注意查看列出的分区名称，然后使用它替换本示例中的/dev/sda1。

请注意并确保你在 Yocto Linux 的 Shell 终端上运行此命令。在执行之前，请确保你看到 root@galileo:~# 提示符。如果在运行 Linux 或 OS X 的计算机上运行该命令，则可能卸载的不是主板上的 U 盘驱动器。

现在，你可以从主板 USB 2.0 连接器中拔出 U 盘。

6.8 小 试 牛 刀

1．Intel Galileo Gen 2 主板为模数转换器（ADC）提供（　　）分辨率。

A．32 位

B．64 位

C．12 位

2．模拟引脚使我们最多可以检测（　　）。

A．4096 个不同的值，范围为 0~4095（含）

B．16384 个不同的值，范围为 0~16383（含）

C．256 个不同的值，范围为 0~255（含）

3．通过调用 mraa.Aio 实例的（　　），可以配置要用作分辨率的位数。

A．setADCResolution

B．setBit

C．setResolutionBits

4．调用 mraa.Aio 实例的 read 方法将返回（　　）。

A．基于为实例配置的分辨率位数的原始单位数量

B．从原始单位数量自动转换的电压值

C．电阻值，单位为欧姆（Ω）

5．可以使用模拟引脚读取（　　）。

A．电阻值

B．电流值

C．电压值

6.9 小　　结

本章介绍了如何使用模拟输入来测量电压值。我们解释了不同分辨率位对模数转换器的影响，并编写了将原始单位转换为电压值的代码。

我们使用了模拟引脚以及 mraa 和 wiring-x86 库来测量电压。我们能够将可变电阻转换为电压源，并可以使用模拟输入、光敏电阻和分压器来测量照明等级。

与前几章一样，我们继续利用 Python 的面向对象功能，并创建了类来封装电压输入、

照明传感器以及 mraa 和 wiring-x86 库的必要配置。这些代码易于阅读和理解，并且可以轻松切换底层库。

本章利用光敏电阻的特性制作了有趣的示例，当环境光线发生变化时，会自动触发动作，改变 RGB LED 的亮度级别，这同时使用了模拟输入和模拟输出。

最后，我们利用 Python 标准库中包含的日志记录功能创建了日志。我们还学会了利用 Intel Galileo Gen 2 主板上包含的 USB 2.0 连接器来插入 U 盘，并将其用作附加存储。

既然我们已经能够以不同的方式和配置读取模拟输入，从而使我们的物联网设备能够读取环境变化产生的模拟值，那么我们也可以考虑使用各种传感器，从真实世界中检索数据，这正是第 7 章的主题。

第 7 章　使用传感器从现实世界中检索数据

本章将使用各种传感器从现实世界中检索数据。

本章包含以下主题：

- 了解传感器及其连接类型。
- 了解选择传感器时必须考虑的事项。
- 使用 upm 库和不同的传感器。
- 用加速度计正确测量加速度或重力的大小和方向。
- 使用三轴模拟加速度计。
- 使用可与 I^2C 总线配合使用的数字加速度计。
- 使用 mraa 库和 I^2C 总线控制数字加速度计。
- 使用模拟传感器测量环境温度。
- 结合 I^2C 总线使用数字温度和湿度传感器。

7.1　了解传感器及其连接类型

在第 6 章“使用模拟输入和本地存储”中使用了光敏电阻，并将其连接到模拟输入引脚。这样的设计能够测量环境光，确定不同的照明等级，并根据不同的照明条件更改 RGB LED 的亮度。

光敏电阻也称为 LDR（Light-Dependent Resistor）或光电管（Photocell），它是一种传感器。我们只需要将其包含在分压器中，即可通过环境光改变光敏电阻的电阻值。电阻值的这些变化将在模拟引脚中产生电压值的变化。因此，我们使用了产生模拟传感器的电子元器件配置，能够将环境光的变化转换为电压值。

事实上，除光敏电阻外，还有大量的传感器可以让我们从现实世界中检索数据并将其转换为模拟或数字值，开发人员可以使用 Intel Galileo Gen 2 主板中包含的不同通信端口来收集它们，然后使用 Python 和不同的库进行处理。

当需要使用光敏电阻测量环境光时，可以将它连接到一个模拟引脚，然后使用 mraa 库或 wiring-x86 库，以利用模数转换器（Analog to Digital Converter，ADC）检索值。

在第 2 章“结合使用 Intel Galileo Gen 2 和 Python”中介绍并安装了 upm 库的最新版

本。该库为传感器和执行器提供了高级接口。每当需要使用传感器时，都可以很方便地查看一下，upm 库是否包含对它的支持，因为高级接口可以节省大量时间，使我们更轻松地从传感器中检索值，并执行必要的计算以转换到不同的测量单位。

本章将结合使用许多不同的传感器和 upm 库。但是，对于特定传感器来说，upm 库中包含的功能有时也可能还不够，开发人员可能需要自己编写低级代码才能与使用 mraa 或 wiring-x86 库的传感器进行交互。正如本章后面分析的那样，对于 upm 库不支持的传感器，只有 mraa 库才能提供所有必要的功能。

7.1.1　传感器选择考虑因素

显然，选择传感器时首先要考虑的是我们要测量的东西，例如温度。但是，这不是选择特定传感器的唯一考虑因素。在选择传感器时，必须考虑它们的功能、测量范围、精度和连接类型等。以下列举了开发人员必须考虑的事项及其解释。

- 与 Intel Galileo Gen 2 主板以及所使用的电源电压（5 V 或 3.3 V）的兼容性：有时，我们可能需要在主板上连接多个传感器，因此，检查所有传感器是否都可以使用主板上选择的电压配置非常重要。某些传感器只能在对主板进行特定设置的情况下才能使用。
- 功耗：必须考虑到某些传感器具有不同的工作模式。例如，某些传感器具有高性能模式，该模式需要比正常模式更多的功率。由于我们可能需要将多个传感器连接到主板上，因此考虑连接到主板上的所有传感器以及在使用它们的模式下的总功耗也很重要。另外，某些传感器在不使用时会切换到省电模式。
- 连接类型：为了确定最方便的连接类型，我们需要回答一些问题。例如，是否有必要的连接、通信或接口端口？是否可用？我们所需的连接类型和距离是否对测量值的准确性有影响？

  此外，当我们为主板选择第一个传感器时，所有连接都可能可用，但是，随着添加的传感器越来越多，这种情况可能会发生改变，这意味着我们将被迫选择具有不同连接类型的传感器。

  举例来说，假设我们已经在 6 个不同位置测量环境光，有 6 个光敏电阻与 6 个分压器配置相连，并连接到 6 个可用的模拟输入引脚，因此，我们已经没有其他可用的模拟引脚（Intel Galileo Gen 2 主板只有 6 个模拟引脚）。如果后面还必须添加温度传感器，则不能添加需要模拟输入引脚的模拟传感器，因为它们均已连接至光传感器。在这种情况下，就只能使用数字温度传感器，然后连接

至 I^2C 或 SPI 总线。当然，还有一个选择是使用数字温度传感器并将其连接到 UART 端口。稍后我们将深入探讨传感器的不同连接类型。

- 测量范围：传感器的规格会详细指示其测量范围。例如，假设某个测量环境温度的温度传感器的测量范围可以是-40℉~185℉（相当于-40℃~85℃），那么，如果需要测量可能达到 90℃的环境温度，则必须选择一个具有更高上限的温度传感器。例如，另一个测量环境温度的传感器可提供-40℉~257℉（相当于-40℃~125℃）的测量范围，那么选择该传感器就是合适的。
- 灵敏度和精度：每个传感器都很敏感，可能会提供不同的可配置精度（Precision）级别。我们必须确保传感器提供的精度符合需求。

  随着测量值的变化，重要的是要考虑灵敏度（Sensitivity），也称为测量分辨率（Measurement Resolution）。例如，如果某个项目必须测量温度，并且必须能够根据所使用的测量单位确定至少 2℉或 1℃的变化，则必须确保传感器能够提供所需的灵敏度。

提示：

在选择合适的传感器并分析其测量范围、灵敏度和精度时，一定要注意测量单位的区别。例如，对于温度传感器来说，摄氏度（℃）和华氏度（℉）数值表示的意义是不一样的。推荐一个相当方便的度量衡转换站点，其网址如下：

https://www.metric-conversions.org/zh-hans/

- 延迟（Latency）：确定传感器可以等待多少时间来收集一个新值，以及在这段时间内它是否能够为我们提供真正的新值，这一点非常重要。

  当测量值在实际环境或我们要测量的对象中发生变化时，传感器需要一些时间才能为我们提供新的测量值。有时，这个时间可能是微秒，但在其他情况下，也可能是毫秒甚至几秒。在第 6.3 节“将光敏电阻连接到模拟输入引脚”中曾经介绍过，多数光敏电阻的时延都比较大，所以不能将它应用于要求快速响应的场合。

  具体的延迟指标取决于传感器，在为项目选择合适的传感器时，必须考虑到它。例如，我们可能需要一个温度传感器来允许每秒测量两个温度值，因此，必须使用延迟小于 500 ms（0.5 s）的传感器来实现该目标。具体到项目而言，我们可以选择延迟时间为 200 ms 的温度传感器。有时我们必须深入了解产品的数据表，以检查某些传感器及其使用的电子元器件的延迟值。

- ❑ 工作范围和特殊环境要求：考虑传感器的工作范围非常重要。有时，传感器必须在可能不适合所有可用传感器的特定环境条件下工作。例如，某些项目的传感器可能必须具有以下适应恶劣环境的能力。
  - ➢ 极强的耐冲击性。
  - ➢ 防水性。
  - ➢ 耐超高温。
  - ➢ 耐高湿度。
- ❑ 尺寸：传感器具有不同的尺寸。有时只有特定的尺寸才适合我们的项目。
- ❑ 协议、upm 库支持和 Python 绑定：我们最终将使用 Python 代码处理从传感器检索到的数据，因此，确保可以在 Python 中使用传感器非常重要。

  在某些情况下，如果不想编写底层代码，就必须确保 upm 库支持该传感器。而在另外一些情况下，还必须确保拥有必要的 Python 库以使用某些数字传感器支持的协议。例如，许多使用 UART 端口的温度传感器都采用的是 MODBUS 串行通信协议。如果 upm 库不支持它们，则开发人员必须通过特定的 Python 库来使用 MODBUS 串行通信协议建立通信。如果你没有使用该协议的经验，则可能需要做更多的工作。
- ❑ 成本：显然，我们还必须考虑到传感器的成本。可能满足我们所有要求的最佳传感器非常昂贵，这样我们可能会决定使用功能较少或精度较低但是成本较低的另一种传感器。目前市面上有大量的廉价传感器在售，它们都可以与 Intel Galileo Gen 2 主板兼容，并且功能优良。当然，根据需求和预算选择最适合项目而又物美价廉的传感器始终是开发人员不变的追求。

7.1.2 模块连接类型

可以连接到 Intel Galileo Gen 2 主板的传感器或包含传感器的模块可以使用以下连接类型。下面列举了制造商通常用来描述模块连接类型的首字母缩写及其解释。

- ❑ AIO：该模块需要一个或多个模拟输入引脚。需要模拟输入引脚的传感器称为模拟传感器（Analog Sensor）。
- ❑ GPIO：该模块需要一个或多个通用输入/输出（General-Purpose Input/Output，GPIO）引脚。
- ❑ I^2C：该模块需要两条线才能连接到两条 I^2C 总线，一条是串行时钟（Serial CLock，SCL）线，另一条是串行数据（Serial DAta，SDA）线。

内部集成电路（Inter-Integrated Circuit，I^2C）总线是一种简单的双向二线制同步串行总线。它只需要两根线即可在连接于总线上的器件之间传送信息。SDA 和 SCL 都是双向输入/输出线，这两条线都必须通过上拉电阻连接到电源。

开发人员可以将许多从设备连接到 Intel Galileo Gen 2 主板上的 I^2C 总线，只要这些从设备具有不同的 I^2C 地址即可。

- SPI：该模块需要 3 条线连接到 3 条 SPI 总线，分别是串行时钟（Serial ClocK，SCK）、主输出从输入（Master Out Slave In，MOSI）和主输入从输出（Master In Slave Out，MISO）。

  串行外设接口（Serial Peripheral Interface，SPI）是微控制器和外围 IC（如传感器、ADC、DAC、移位寄存器、SRAM 等）之间使用最广泛的接口之一。

- UART：该模块通过串行连接（RX/TX）工作，因此需要两条线连接到 UART 端口的两个引脚：TX→1 和 RX←0。

  通用异步收发传输器（Universal Asynchronous Receiver/Transmitter，UART）是一种通用串行数据总线，它有两条线，可以实现全双工的传输和接收。

与 I^2C 总线、SPI 总线或 UART 端口配合使用的模块被称为数字传感器（Digital Sensor），因为它们使用数字接口。当然，有些模块也会将总线之一或 UART 端口与 GPIO 引脚组合在一起使用。

7.1.3　关于 mraa 库

在前面的章节中，我们已经多次使用 mraa 和 wiring-x86 库处理模拟输入和模数转换器。我们还使用了这些库将 GPIO 引脚配置为输入引脚。但是，我们还没有使用过 I^2C 总线、SPI 总线或 UART 端口。

mraa 库提供了以下类，这些类使我们可以使用上面提到的串行总线和 UART 端口。

- mraa.I2c：该类表示一个 I^2C 总线主设备（主板），可以通过选择地址与多个 I^2C 总线从设备通信。可以创建此类的许多实例以与许多从属设备进行交互。该类允许向连接到 I^2C 总线的从设备写入数据和从中读取数据。
- mraa.Spi：该类表示 SPI 总线及其芯片选择。该类允许向连接到 SPI 总线的设备写入数据和从中读取数据。
- mraa.UART：该类表示 UART 端口，它允许配置 UART 端口、发送数据到 UART 端口以及从 UART 端口接收数据。

提示：

我们可以使用 mraa 库提供的上面 3 个类（mraa.I2c、mraa.Spi 和 mraa.UART）与任何数字模块进行交互。当然，这也需要我们花一些时间去阅读模块的数据表，了解它们的工作模式，编写将数据写入相应的总线或 UART 端口以及从相应的总线或 UART 端口读取数据的代码。

事实上，每个模块都有自己的 API，我们必须通过串行总线或 UART 端口编写请求并处理响应。

接下来，我们将优先通过 upm 库使用每个模块。在极个别 upm 库不支持的情况下，我们将使用 mraa 库中的适当类来了解如何与具有较低级别接口的传感器进行交互。这样，万一我们必须使用 upm 库中不支持的模块，则可以分析数据表中提供的信息并编写代码以与该模块进行交互。

7.2　使用加速度计

加速度计（Accelerometer）使开发人员能够正确测量加速度或重力的大小和方向。平板电脑和智能手机都使用了加速度计，因此可以根据用户握住设备的方向自动在屏幕的纵向和横向模式之间切换。

此外，内置的加速度计也使开发人员能够通过使设备在不同方向上进行不同强度的微小移动来控制 App。

加速度计使我们能够通过测量重力加速度来检测物体相对于地表的方向。此外，当我们想要检测物体何时开始或停止运动时，加速度计也非常有用。加速度计还能够检测振动以及物体掉落的时间。

提示：

加速度计通常以 g 力（g-force）来测量加速度，缩写为 g。重要的是要避免由度量单位名称中包含的“力”这一词而引起的混乱，因为我们正在测量的是加速度而不是力。某些加速度计使用米/秒平方（m/s^2）作为度量单位，而不是 g 力。

如今，大多数加速度计都能够测量三轴加速度，因此被称为三轴加速度计。三轴加速度计可以测量 x、y 和 z 轴的加速度。如果要测量较小的加速度或振动，则使用小范围的三轴加速度计更为方便，因为它们提供了必要的灵敏度。

7.3　将模拟加速度计连接到模拟输入引脚

要理解加速度计如何工作，最简单的方法就是使用它制作一个示例。现在，我们将使用一个模拟三轴加速度计，其感测范围为-3g~+3g。这种加速度计需要 3 个模拟输入引脚，每个引脚测量一个轴。加速度计会根据测得的每个轴的加速度来提供电压电平。

7.3.1　使用模拟加速度计的分线板

我们将主板上标记为 A0、A1 和 A2 的 3 个模拟引脚连接到模拟加速度计的分线板（Breakout Board）的正电压输出。

在完成必要的接线后，我们将编写 Python 代码来测量和显示 3 个轴的加速度：*x*、*y* 和 *z*。方法是读取将模拟值转换为数字表示之后的结果，并将其映射到加速度值。

我们需要一个 SparkFun 三轴加速度计分线板 ADXL335 来制作此示例。以下 URL 提供了有关此分线板的详细信息：

https://www.sparkfun.com/products/9269

该分线板集成了 ADI 公司的 ADXL335 加速度传感器。

提示：

提供给分线板的电源应该在 1.8~3.6 V DC，因此，我们将使用标记为 3V3 的电源引脚作为电源，以确保提供 3.3 V 的电源，而绝不向分线板提供 5 V 的电源。

也可以使用 Seeedstudio Grove 三轴模拟加速度计来制作该示例。以下 URL 提供了有关此模块的详细信息：

http://www.seeedstudio.com/depot/Grove-3Axis-Analog-Accelerometer-p-1086.html

如果使用此模块，则可以使用标记为 3V3 或 5 V 的电源引脚作为电源，因为该分线板能够使用 3~5 V 的电源。此模块完整的感应范围与 SparkFun 分线板相同，并且它们使用了相同的加速度传感器。这两个模块的接线方式也都兼容。

7.3.2　连接方案

图 7-1 显示了一个 SparkFun 三轴加速度计的分线板 ADXL335、必要的布线以及从

Intel Galileo Gen 2 主板到面包板的布线。该示例的 Fritzing 文件是 iot_fritzing_ Chapter_ 07_ 01.fzz。

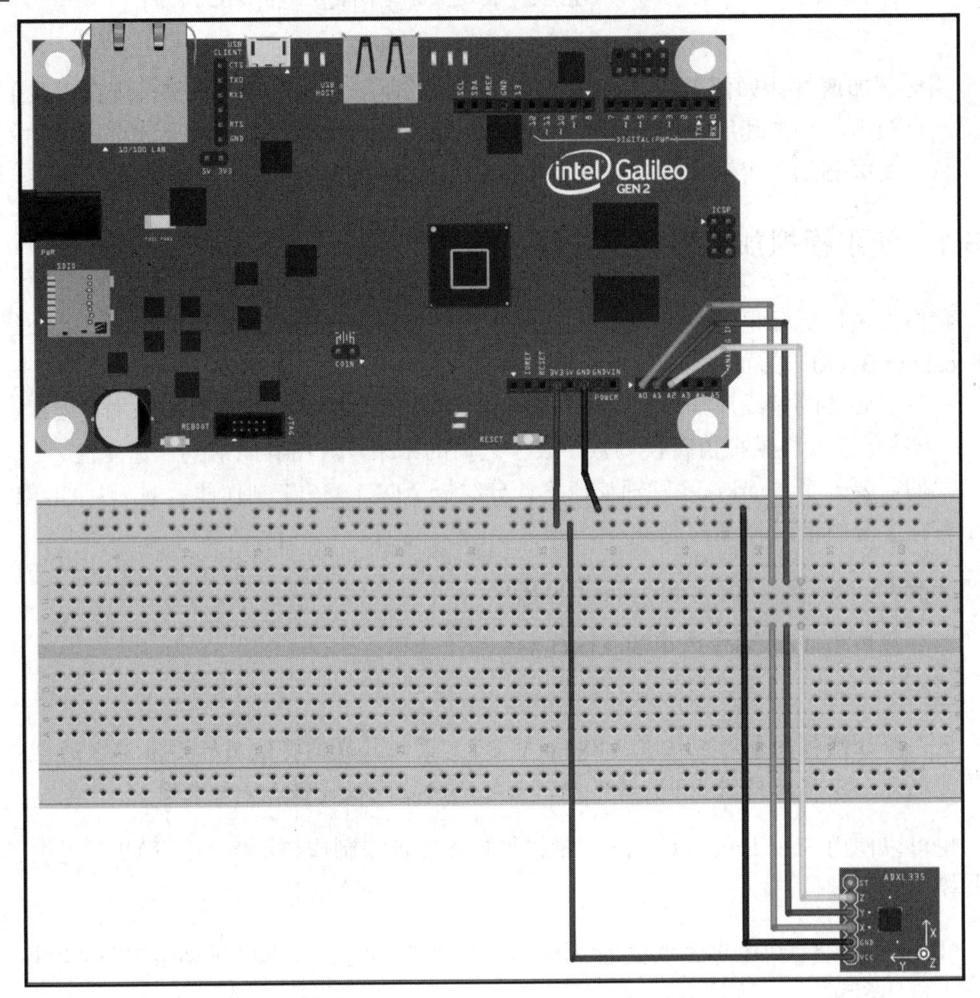

图 7-1

图 7-2 显示了本项目的电子示意图，其中电子元器件用符号表示。

如图 7-2 所示，本项目的连接方式如下：

- 主板上标记为 A0 的模拟输入引脚连接到分线板上标记为 X 的加速度计输出引脚（分线板上的符号为 XOUT）。
- 主板上标记为 A1 的模拟输入引脚连接到分线板上标记为 Y 的加速度计输出引

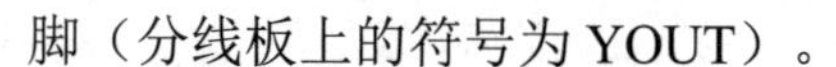

脚（分线板上的符号为 YOUT）。

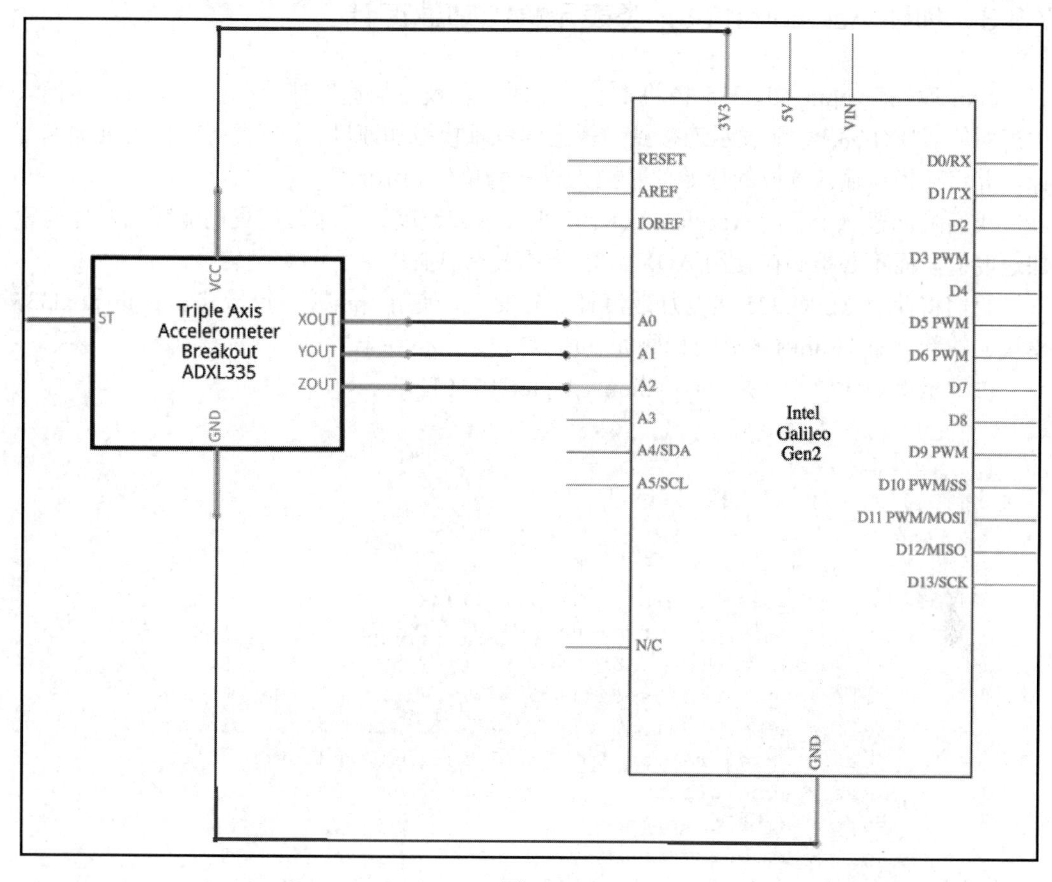

图 7-2

- ❑ 主板上标记为 A2 的模拟输入引脚连接到分线板上标记为 Z 的加速度计输出引脚（分线板上的符号为 ZOUT）。
- ❑ 主板上标记为 3V3 的电源引脚连接到分线板上标记为 VCC 的加速度计电源引脚。
- ❑ 主板上标记为 GND 的接地引脚连接到分线板上标记为 GND 的加速度计接地引脚。

现在可以进行所有必要的布线。在此之前不要忘记关闭 Yocto Linux，等待所有板载 LED 熄灭，并断开 Intel Galileo Gen 2 主板的电源，然后在主板上插入或拔下任何连接线。注意，应使用较粗的连接线，以确保在朝不同方向移动加速度计的分线板时，不会出现意外扯脱连接线的情况。

7.3.3 创建 Accelerometer 类表示模拟加速度计

upm 库在 pyupm_adxl335 模块中包含了对三轴模拟加速度计分线板的支持。该模块中声明的 ADXL335 类即表示连接到主板上的三轴模拟加速度计。该类可轻松校准加速度计，并将从模拟输入读取的原始值转换为以 g 为单位表示的值。

我们将创建一个新的 Accelerometer 类来表示加速度计，这将使我们能够轻松地检索加速度值，而不必担心在使用 ADXL335 类的实例时必须进行的类型转换。

我们将使用 ADXL335 类与加速度计进行交互。使用 upm 库（特指其 pyupm_adxl335 模块）的新 Accelerometer 类的代码如下所示。

以下示例的代码文件是 iot_python_chapter_07_01.py。

```
import pyupm_adxl335 as upmAdxl335
import time


class Accelerometer:
    def __init__(self, pinX, pinY, pinZ):
        self.accelerometer = upmAdxl335.ADXL335(
            pinX, pinY, pinZ)
        self.accelerometer.calibrate()
        self.x_acceleration_fp = upmAdxl335.new_floatPointer()
        self.y_acceleration_fp = upmAdxl335.new_floatPointer()
        self.z_acceleration_fp = upmAdxl335.new_floatPointer()
        self.x_acceleration = 0.0
        self.y_acceleration = 0.0
        self.z_acceleration = 0.0

    def calibrate(self):
        self.accelerometer.calibrate()

    def measure_acceleration(self):
        # 检索 3 个轴的加速度值
        self.accelerometer.acceleration(
            self.x_acceleration_fp,
            self.y_acceleration_fp,
            self.z_acceleration_fp)
        self.x_acceleration = upmAdxl335.floatPointer_value(
            self.x_acceleration_fp)
        self.y_acceleration = upmAdxl335.floatPointer_value(
```

```
            self.y_acceleration_fp)
        self.z_acceleration = upmAdxl335.floatPointer_value(
            self.z_acceleration_fp)
```

在创建 Accelerometer 类的实例时，必须在 pinX、pinY 和 pinZ 参数中指定每个轴的引脚所连接的模拟引脚号。

构造函数（即__init__方法）将使用接收到的 pinX、pinY 和 pinZ 参数创建一个新的 upmAdxl335.ADXL335 实例，并将其引用保存在 accelerometer 属性中。

upmAdxl335.ADXL335 实例需要使用浮点指针（Float Point Pointer）来检索 3 个轴的加速度值。因此，构造函数将通过调用 upmAdxl335.new_floatPointer()在以下 3 个属性中保存 float *（浮点指针）类型的 3 个对象。

- x_acceleration_fp
- y_acceleration_fp
- z_acceleration_fp

最后，构造函数将使用 0.0 创建和初始化以下 3 个属性：x_acceleration、y_acceleration 和 z_acceleration。

在执行完构造函数后，我们必须校准（Calibrate）加速度计，然后准备检索 3 个轴（*x*、*y* 和 *z*）的加速度值。

该类定义了以下两个方法。

- calibrate：调用 self.accelerometer 的校准方法来校准模拟加速度计。
- measure_acceleration：检索 3 个轴的加速度值，并将它们保存在 x_acceleration、y_acceleration 和 z_acceleration 属性中。

  加速度值以 g 力（g）表示。

  首先，代码调用了 self.accelerometer 的 acceleration 方法。以 3 个 float *类型的对象（self.x_acceleration_fp、self.y_acceleration_fp 和 self.z_acceleration_fp）作为参数。该方法读取从 3 个模拟引脚获取的原始值，将它们转换为 g 力（g）中的适当值，并使用更新后的值作为参数接收的 float *类型对象的浮点值。

  然后，代码调用 upmAdxl335.floatPointer_value 方法以从 float *类型的对象检索浮点值，并更新 3 个属性：x_acceleration、y_acceleration 和 z_acceleration。

7.3.4　编写主循环

现在，我们将编写一个循环，以运行校准、按每 500 ms 一次（即每秒两次）检索和显示以 g 力（g）表示的 3 个轴的加速度值。

以下示例的代码文件是 iot_python_chapter_07_01.py。

```
if __name__ == "__main__":
    # 加速度计连接到模拟引脚 A0、A1 和 A2
    # A0 -> x
    # A1 -> y
    # A2 -> z
    accelerometer = Accelerometer(0, 1, 2)
    # 校准加速度计
    accelerometer.calibrate()

    while True:
        accelerometer.measure_acceleration()
        print("Acceleration for x:
            {0}g".format(accelerometer.x_acceleration))
        print("Acceleration for y:
            {0}g".format(accelerometer.y_acceleration))
        print("Acceleration for z:
            {0}g".format(accelerometer.z_acceleration))
        # 睡眠 0.5 s（500 ms）
        time.sleep(0.5)
```

在上面的代码中，首先创建了一个 Accelerometer 类的实例，并使用 0、1 和 2 作为 pinX、pinY 和 pinZ 参数的值。这样，该实例将从标记为 A0、A1 和 A2 的引脚读取模拟值。

然后，该代码为该 Accelerometer 实例调用 calibrate 方法以校准模拟加速度计。

提示：

校准将测量在传感器静止时 *x*、*y* 和 *z* 轴的值，然后传感器将这些值用作零值，即作为基础值。该模拟传感器的默认灵敏度为 0.25 V/g。

然后，该代码将永远运行一个循环，直到你按下 Ctrl+C 快捷键中断执行为止（也可以在具有远程开发功能的 Python IDE 中单击 Stop 按钮中止主板上的代码运行）。

该循环将调用 measure_acceleration 方法来更新以 g 力（g）表示的加速度值，并输出相应结果。

7.3.5 测试模拟加速度计

以下命令行将启动该示例。在此之前，不要忘记使用 SFTP 客户端将 Python 源代码文件传输到 Yocto Linux。在启动示例之前，请确保将加速度计的分线板置于不会振动的稳定表面上。这样，校准即可正常进行。

```
python iot_python_chapter_07_01.py
```

在运行示例后，请执行以下操作：

- 让加速度计的分线板在不同方向上做向小幅度移动。
- 让加速度计的分线板在特定方向上做向大幅度移动。
- 将加速度计的分线板置于不会振动的稳定表面上。

作为上述操作的结果，你将看到为 3 个轴测量的不同加速度值。

以下显示了当使用分线板进行大幅度移动时生成的一些输出示例：

```
Acceleration for x: 0.0g
Acceleration for y: 0.4296875g
Acceleration for z: 0.0g
Acceleration for x: 0.0g
Acceleration for y: 0.52734375g
Acceleration for z: 0.0g
Acceleration for x: 0.0g
Acceleration for y: 0.60546875g
Acceleration for z: 0.0g
Acceleration for x: 0.01953125g
Acceleration for y: 0.68359375g
Acceleration for z: 0.0g
```

7.4　将数字加速度计连接到 I^2C 总线

数字加速度计通常比模拟加速度计具有更高的精度、更高的分辨率和更高的灵敏度。现在，我们将使用具有从-16 g 到+16 g 的完整感测范围的数字三轴加速度计。该加速度计的分线板使用了 I^2C 总线，允许主板与加速度计进行通信。

我们将使用标记为 SDA 和 SCL 的两个引脚将 I^2C 总线的数据和时钟线连接到数字加速度计分线板上的相应引脚。

在完成必要的接线后，我们将编写 Python 代码来测量和显示 3 个轴的加速度：*x*、*y* 和 *z*。方法是通过 I^2C 总线向加速度计发送命令并读取返回的结果，响应值将被解码为以 g 力（g）表示的适当加速度值。

7.4.1　使用数字加速度计的分线板

我们需要一个 SparkFun 三轴加速度计分线板 ADXL345 来制作此示例。以下 URL 提供了有关此分线板的详细信息：

https://www.sparkfun.com/products/9836

该分线板集成了 ADI 公司的数字加速度传感器 ADXL345，并提供了 SPI 和 I^2C 总线支持。在本示例中，我们将仅使用 I^2C 总线。

提示：

提供给该分线板的电源应在 2.0 V DC 和 3.6 V DC 之间，因此，我们必须使用标记为 3V3 的电源引脚作为电源，以确保仅提供 3.3 V 的电源，而绝不能向该分线板提供 5 V 的电源。

也可以使用 Seeedstudio Grove 三轴数字加速度计来制作此示例。以下 URL 提供了有关此模块的详细信息：

http://www.seeedstudio.com/depot/Grove-3Axis-Digital-Accelerometer16g-p-1156.html

如果使用此模块，则可以使用标记为 3V3 或 5 V 的电源引脚作为电源，因为该分线板能够使用 3~5 V 的电源。其完整的感应范围与 SparkFun 分线板相同，并且使用相同的加速度传感器。这两个模块的接线方式也都兼容。

提示：

Seeedstudio Grove 三轴数字加速度计可以使用连接线插入 Grove 基座扩展卡中。Grove 基座扩展卡可以插入 Intel Galileo Gen 2 主板，并提供数字、模拟和 I^2C 端口，可以通过适当的连接线轻松地将 Grove 传感器连接到底层 Intel Galileo Gen 2 主板上。

在本示例中，我们不会使用 Grove 基座扩展卡，而是继续使用布线来连接每个不同的传感器。但是，如果结合使用 Grove 基座扩展卡和 Grove 传感器，也可以获得相同的结果。

在下一个示例中介绍的其他 Grove 传感器也可以与 Grove 基座扩展卡一起使用。Grove 基座扩展卡的最新版本是 V2，可以在以下 URL 中获得有关它的更多信息：

http://www.seeedstudio.com/depot/Base-Shield-V2-p-1378.html

7.4.2　连接方案

图 7-3 显示了 Seeedstudio Grove 三轴数字加速度计分线板 ADXL345、必要的布线以及从 Intel Galileo Gen 2 主板到面包板的布线。该示例的 Fritzing 文件是 iot_fritzing_Chapter_ 07_02.fzz。

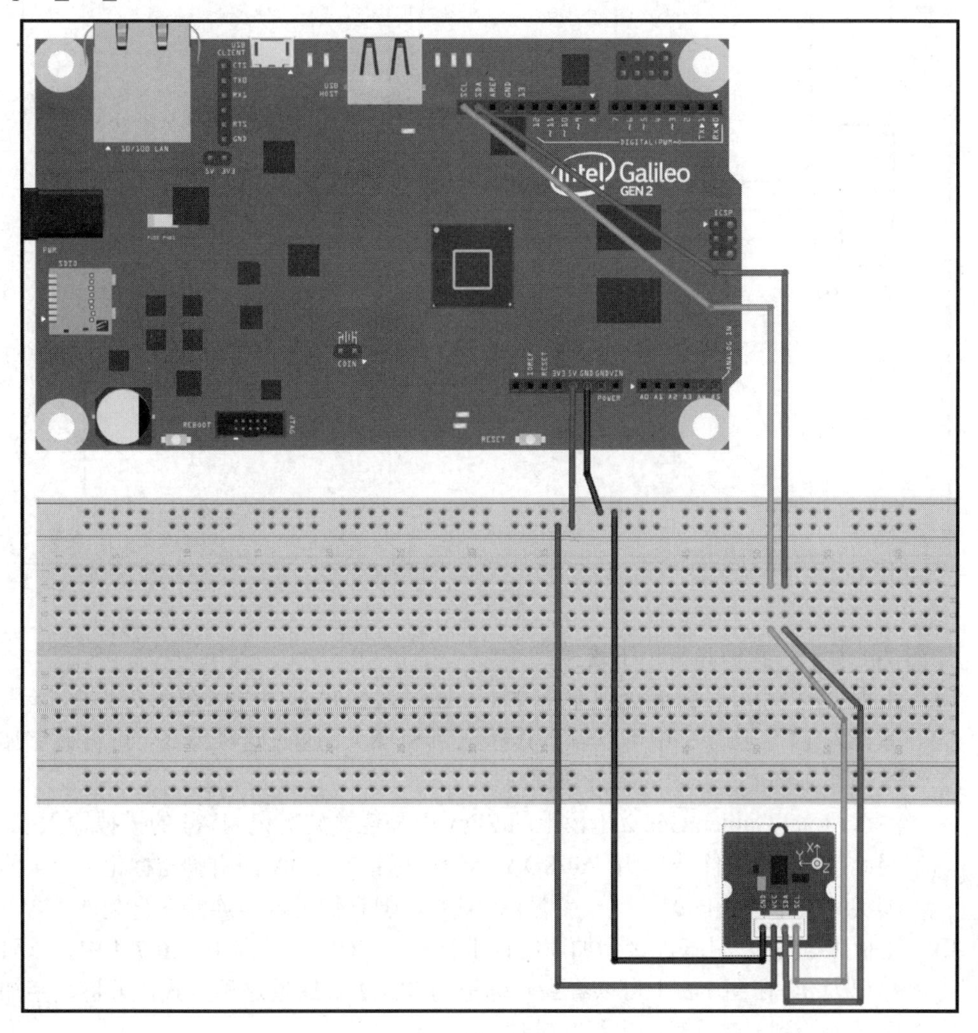

图 7-3

图 7-4 显示了本项目的电子示意图，其中电子元器件以符号表示。

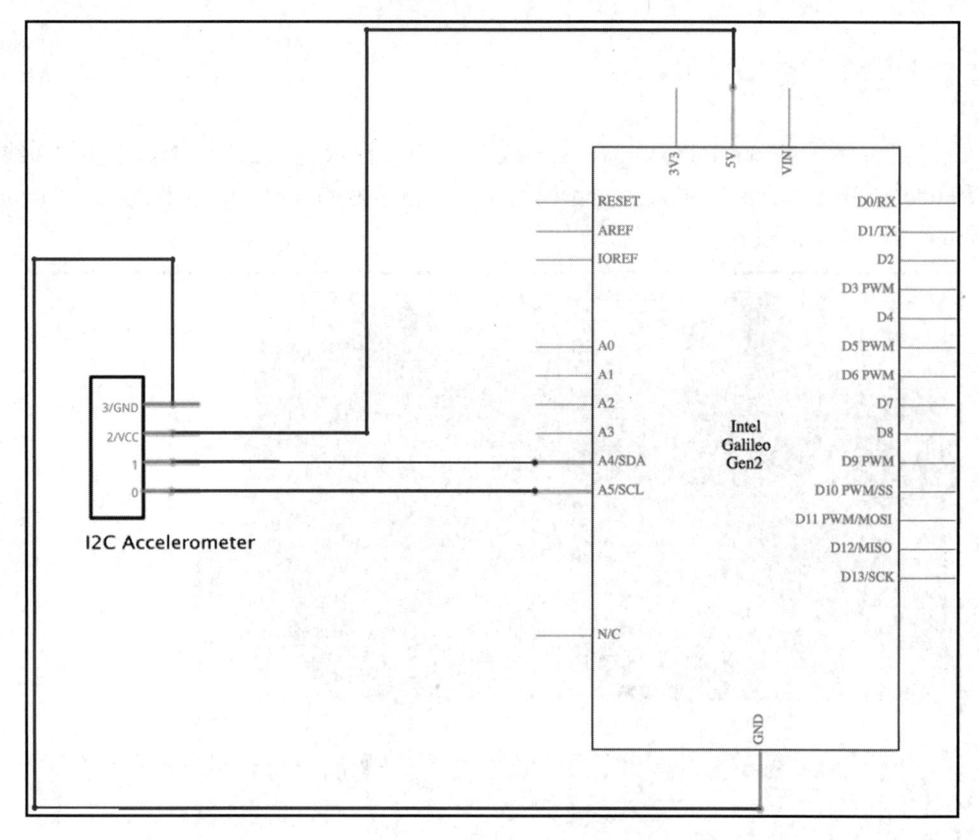

图 7-4

如图 7-4 所示，我们具有以下连接：

- 主板上的 SDA 引脚连接到加速度计上标记为 SDA 的引脚（在图 7-4 中，该引脚标记为 1，在图 7-3 中可以看到其标记为 SDA）。通过这种方式，可将数字加速度计连接到 I^2C 总线的串行数据线。

  注意，Intel Galileo Gen 2 主板上的 SDA 引脚连接到标记为 A4 的模拟输入引脚，因此，该主板的符号使用 A4/SDA 标记。标记为 SDA 的引脚与标记为 A4 的引脚实际上位于不同的位置（参见图 7-3），但它们内部是连接在一起的。

- 主板上的 SCL 引脚连接到加速度计上标记为 SCL 的引脚（在图 7-4 中，该引脚标记为 0，在图 7-3 中可以看到其标记为 SCL）。通过这种方式，可将数字加速度计连接到 I^2C 总线的串行时钟线。

  同样请注意，Intel Galileo Gen 2 主板上的 SCL 引脚连接到标记为 A5 的模拟输入引脚，因此，该主板的符号使用 A5/SCL 标记。标记为 SCL 的引脚与标记为

A5 的引脚实际上位于不同的位置（见图 7-3），但它们内部是连接在一起的。

- 主板上标记为 5 V 的电源引脚连接到加速度计上标记为 VCC 的电源引脚。当然，如果使用的是 SparkFun 三轴加速度计分支 ADXL345，则必须将标记为 3V3 的电源引脚连接到加速度计上标记为 VCC 的电源引脚。
- 主板上标记为 GND 的接地引脚连接到加速度计上标记为 GND 的接地引脚。

现在可以进行所有必要的布线连接。在此之前不要忘记关闭 Yocto Linux，等待所有板载 LED 熄灭，并断开 Intel Galileo Gen 2 主板的电源，然后在主板上插入或拔下任何连接线。同前面的示例一样，请使用较粗的连接线，以确保你在朝不同方向移动加速度计的分线板时，不会出现意外扯脱连接线的情况。

7.4.3　创建 Accelerometer 类表示数字加速度计

upm 库在 pyupm_adxl345 模块中包括对三轴数字加速度计分线板 ADXL345 的支持。此模块中声明的 Adxl345 类表示已经连接到主板的基于 ADXL345 传感器的三轴数字加速度计。该类可以通过 I^2C 总线轻松初始化传感器，更新和获取 3 个轴的加速度值。

该类通过 mraa.I2c 类与传感器通信，即将数据写入 ADXL345 传感器或从中读取数据，该传感器充当连接到 I^2C 总线的从设备。

提示：

遗憾的是，upm 库中的模块没有像我们期望的那样遵循 Python 代码一致的命名约定。例如，在前面的示例中，传感器的类名称为 ADXL335，带有大写字母，而在本示例中，传感器的类名称则为 Adxl345。

我们将创建一个新版本的 Accelerometer 类来表示加速度计，以使我们能够轻松检索加速度值，而无须担心在使用 Adxl345 类实例时的特定方法和数组等问题。

我们将使用 Adxl345 类与加速度计进行交互。使用 upm 库（特指其 pyupm_adxl345 模块）的新 Accelerometer 类的代码如下所示。

以下示例的代码文件是 iot_python_chapter_07_02.py。

```
import pyupm_adxl345 as upmAdxl345
import time


class Accelerometer:
    def __init__(self, bus):
        self.accelerometer = upmAdxl345.Adxl345(bus)
```

```
        self.x_acceleration = 0.0
        self.y_acceleration = 0.0
        self.z_acceleration = 0.0

    def measure_acceleration(self):
        # 更新 3 个轴的加速度值
        self.accelerometer.update()
        # 检索 3 个轴的加速度值
        acceleration_array = \
            self.accelerometer.getAcceleration()
        self.x_acceleration = acceleration_array[0]
        self.y_acceleration = acceleration_array[1]
        self.z_acceleration = acceleration_array[2]
```

当创建 Accelerometer 类的实例时，我们必须在 bus 参数中指定数字加速度计所连接的 I^2C 总线编号。

构造函数（即__init__方法）使用接收到的 bus 参数创建一个新的 upmAdxl345.Adxl345 实例，并将其引用保存在 accelerometer 属性中。

upmAdxl345.Adxl345 实例需要使用浮点指针数组来检索 3 个轴的加速度值。我们希望使用易于理解的属性，因此，构造函数使用 0.0 创建并初始化了 3 个属性：x_acceleration、y_acceleration 和 z_acceleration。

在该构造函数执行完成后，我们就已经拥有一个初始化的数字加速度计，准备检索 *x*、*y* 和 *z* 3 个轴的加速度值。

该类还定义了 measure_acceleration 方法，该方法可以更新传感器中 3 个轴的加速度值，从传感器中检索这些加速度值，最后将它们保存在以下 3 个属性中：x_acceleration、y_acceleration 和 z_acceleration。加速度值以 g 力（g）表示。

首先，measure_acceleration 方法中的代码调用 self.accelerometer 的 update 方法，以请求传感器更新读取的值。

然后，该代码调用 self.accelerometer 的 getAcceleration 方法以检索 3 个轴的加速度值，并将返回的数组保存在 acceleration_array 局部变量中。

数组中的第一个元素保存的是 *x* 轴的加速度值，第二个元素保存的是 *y* 轴的加速度值，第三个元素保存的是 *z* 轴的加速度值。因此，代码使用 acceleration_array 数组中的值更新以下 3 个属性：x_acceleration、y_acceleration 和 z_acceleration。

这样，我们就可以通过访问适当的属性来轻松访问每个加速度值，而不是使用可能导致混淆的数组元素。

7.4.4　编写主循环

现在，我们将编写一个循环，以运行校准、按每 500 ms 一次（即每秒两次）检索和显示以 g 力（g）表示的 3 个轴的加速度值。

该示例的代码文件是 iot_python_chapter_07_02.py。

```
if __name__ == "__main__":
    accelerometer = Accelerometer(0)
    while True:
        accelerometer.measure_acceleration()
        print("Acceleration for x: {:5.2f}g".
              format(accelerometer.x_acceleration))
        print("Acceleration for y: {:5.2f}g".
              format(accelerometer.y_acceleration))
        print("Acceleration for z: {:5.2f}g".
              format(accelerometer.z_acceleration))
        # 睡眠 0.5 s (500 ms)
        time.sleep(0.5)
```

在上面的代码中，首先创建了一个 Accelerometer 类的实例，并使用 0 作为 bus 参数的值。mraa.I2c 类可以识别加速度计所连接的编号为 0 的 I^2C 总线（参考图 7-4 及其说明）。通过这种方式，该实例将通过 I^2C 总线与数字加速度计建立通信。

Intel Galileo Gen 2 主板是总线中的主设备，数字加速度计与连接到该总线的任何其他设备一样都是从设备。

然后，该代码将永远运行一个循环，该循环调用 measure_acceleration 方法以更新加速度值，然后输出以 g 力（g）表示的值。

7.4.5　测试数字加速度计

以下命令行将启动该示例：

```
python iot_python_chapter_07_02.py
```

在运行该示例后，你可以执行与上一个示例相同的操作。

在操作之后，你将看到为 3 个轴测得的不同加速度值。以下显示了当使用分线板进行较小幅度的移动时生成的一些示例输出：

```
Acceleration for x: 0.000g
Acceleration for y: 0.056g
```

```
Acceleration for z: 0.000g
Acceleration for x: 0.000g
Acceleration for y: 0.088g
Acceleration for z: 0.000g
Acceleration for x: 0.000g
Acceleration for y: 0.872g
Acceleration for z: 0.056g
```

7.5　使用 mraa 库通过 I^2C 总线控制数字加速度计

有时，特定传感器的 upm 库中包含的功能并未包括其所有可能的用法和配置。

例如，在上一示例中使用的 upmAdxl345.Adxl345 类就有这种情况。该传感器本身支持以下 4 个可选测量范围：±2g、±4g、±8g 和±16g，但是，该类却不允许开发人员为加速度计配置所需的范围。

如果要使用 upm 模块中未包含的特定功能，则可以使用适当的 mraa 类与传感器进行交互，在这种情况下，可以使用 mraa.I2c 通过 I^2C 总线控制数字加速度计。

7.5.1　编写新的 Adxl1345 类

开发人员可以使用 upm 模块的 C++源代码作为基础来编写自己的 Python 代码，以使用 mraa.I2c 类通过 I^2C 总线控制加速度计。

该 C++源代码的文件为 adxl1345.cxx，可以在以下 GitHub URL 中找到：

http://github.com/intel-iot-devkit/upm/blob/master/src/adxl345/adxl345.cxx

由于我们将 C++源代码用作基础，因此对于#define 声明的常量，我们将使用相同的命名约定（大写字母），但会将其转换为类属性。

新的 Adxl1345 类的代码如下所示，该类可与 mraa.I2c 类的实例配合使用以与数字加速度计进行通信。

该示例的代码文件是 iot_python_chapter_07_03.py。

```
class Adxl345:
    # 读取缓冲长度
    READ_BUFFER_LENGTH = 6
    # ADXL345 加速度计的 I²C 地址
    ADXL345_I2C_ADDR = 0x53
```

```
ADXL345_ID = 0x00
# 控制寄存器
ADXL345_OFSX = 0x1E
ADXL345_OFSY = 0x1F
ADXL345_OFSZ = 0x20
ADXL345_TAP_THRESH = 0x1D
ADXL345_TAP_DUR = 0x21
ADXL345_TAP_LATENCY = 0x22
ADXL345_ACT_THRESH = 0x24
ADXL345_INACT_THRESH = 0x25
ADXL345_INACT_TIME = 0x26
ADXL345_INACT_ACT_CTL = 0x27
ADXL345_FALL_THRESH = 0x28
ADXL345_FALL_TIME = 0x29
ADXL345_TAP_AXES = 0x2A
ADXL345_ACT_TAP_STATUS = 0x2B
# 中断寄存器
ADXL345_INT_ENABLE = 0x2E
ADXL345_INT_MAP = 0x2F
ADXL345_INT_SOURCE = 0x30
# 数据寄存器（只读）
ADXL345_XOUT_L = 0x32
ADXL345_XOUT_H = 0x33
ADXL345_YOUT_L = 0x34
ADXL345_YOUT_H = 0x35
ADXL345_ZOUT_L = 0x36
ADXL345_ZOUT_H = 0x37
DATA_REG_SIZE = 6
# 数据和电源管理
ADXL345_BW_RATE = 0x2C
ADXL345_POWER_CTL = 0x2D
ADXL345_DATA_FORMAT = 0x31
ADXL345_FIFO_CTL = 0x38
ADXL345_FIFO_STATUS = 0x39
# 有用的值
ADXL345_POWER_ON = 0x08
ADXL345_AUTO_SLP = 0x30
ADXL345_STANDBY = 0x00
# 范围和分辨率
ADXL345_FULL_RES = 0x08
ADXL345_10BIT = 0x00
```

```
    ADXL345_2G = 0x00
    ADXL345_4G = 0x01
    ADXL345_8G = 0x02
    ADXL345_16G = 0x03

    def __init__(self, bus):
        # 初始化总线和复位芯片
        self.i2c = mraa.I2c(bus)
        # 设置对话的从设备
        if self.i2c.address(self.__class__.ADXL345_I2C_ADDR) != mraa.
SUCCESS:
            raise Exception("i2c.address() failed")
        message = bytearray(
            [self.__class__.ADXL345_POWER_CTL,
             self.__class__.ADXL345_POWER_ON])
        if self.i2c.write(message) != mraa.SUCCESS:
            raise Exception("i2c.write() control register failed")
        if self.i2c.address(self.__class__.ADXL345_I2C_ADDR) != mraa.
SUCCESS:
            raise Exception("i2c.address() failed")
        message = bytearray(
            [self.__class__.ADXL345_DATA_FORMAT,
             self.__class__.ADXL345_16G | self.__class__.ADXL345_FULL_
RES])
        if self.i2c.write(message) != mraa.SUCCESS:
            raise Exception("i2c.write() mode register failed")
        # 2.5V 敏感度是 256 LSB/g = 0.00390625 g/bit
        # 3.3V x 和 y 敏感度是 265 LSB/g = 0.003773584 g/bit
        self.x_offset = 0.003773584
        self.y_offset = 0.003773584
        self.z_offset = 0.00390625
        self.x_acceleration = 0.0
        self.y_acceleration = 0.0
        self.z_acceleration = 0.0
        self.update()

    def update(self):
        # 设置对话的从设备
        self.i2c.address(self.__class__.ADXL345_I2C_ADDR)
        self.i2c.writeByte(self.__class__.ADXL345_XOUT_L)
        self.i2c.address(self.__class__.ADXL345_I2C_ADDR)
```

```
        xyz_raw_acceleration = self.i2c.read(self.__class__.DATA_REG_
SIZE)
        x_raw_acceleration = (xyz_raw_acceleration[1] << 8) |
                              xyz_raw_acceleration[0]
        y_raw_acceleration = (xyz_raw_acceleration[3] << 8) |
                              xyz_raw_acceleration[2]
        z_raw_acceleration = (xyz_raw_acceleration[5] << 8) |
                              xyz_raw_acceleration[4]
        self.x_acceleration = x_raw_acceleration * self.x_offset
        self.y_acceleration = y_raw_acceleration * self.y_offset
        self.z_acceleration = z_raw_acceleration * self.z_offset
```

在上面的代码中，该类首先声明了许多常量，这些常量使我们更容易理解通过 I^2C 总线与加速度计交互的代码。例如，ADXL345_I2C_ADDR 常量指定了 I^2C 总线中 ADXL345 加速度计的地址，该地址的十六进制数为 53（0x53）。如果仅在代码中看到一个 0x53，那么我们可能想不到它是传感器的 I^2C 总线地址。

我们导入了 C++版本中定义的所有常量，以便在需要添加初始版本中未包含的其他功能时拥有所有必需的值。制造商提供的数据手册提供了必要的详细信息，以使开发人员能够了解每个寄存器的地址以及命令在 I^2C 总线中的工作方式。

当创建 Adxl345 类的实例时，必须在 bus 参数中指定数字加速度计所连接的 I^2C 总线编号。构造函数（即__init__方法）将使用接收到的 bus 参数创建一个新的 mraa.I2c 实例，并将其引用保存在 i2c 属性中。

```
self.i2c = mraa.I2c(bus)
```

在 I^2C 总线上执行任何读取或写入操作之前，最好为 mraa.I2c 实例调用 address 方法以指示我们要与之对话的从设备。在本示例中，从设备的地址是在 ADXL345_I2C_ADDR 常量中指定的。

```
if self.i2c.address(self.__class__.ADXL345_I2C_ADDR) != mraa.SUCCESS:
    raise Exception("i2c.address() failed")
```

然后，代码将通过创建一个 bytearray 数组来生成一条消息。在 bytearray 数组中，包含了两个十六进制值：ADXL345_POWER_CTL 和 ADXL345_POWER_ ON，这实际上是要写入从设备的值。

使用此 message 作为参数调用 mraa.I2c 实例的 write 方法将打开加速计，这意味着我们可以在打开电源控制寄存器时读取该消息。

```
message = bytearray(
    [self.__class__.ADXL345_POWER_CTL,
```

```
    self.__class__.ADXL345_POWER_ON])
if self.i2c.write(message) != mraa.SUCCESS:
    raise Exception("i2c.write() control register failed")
```

在前面的代码中，我们还声明了以下与分辨率有关的常量。

- ADXL345_FULL_RES：使用完整分辨率，其中，分辨率随着 g 范围的增加而提高，最高为 13 位分辨率。
- ADXL345_10BIT：使用固定的 10 位分辨率。

我们还声明了以下与范围有关的常量。

- ADXL345_2G：将 g 范围设置为±2g。
- ADXL345_4G：将 g 范围设置为±4g。
- ADXL345_8G：将 g 范围设置为±8g。
- ADXL345_16G：将 g 范围设置为±16g。

在继续使用 write 方法配置传感器所需的分辨率和范围之前，该代码又一次调用了 mraa.I2c 实例的 address 方法。address 通过创建一个 bytearray 数组生成了另一条消息，这一次，bytearray 数组同样包含了要写入从设备的两个十六进制值，其中一个是 ADXL345_DATA_FORMAT，另一个则是对 ADXL345_16G 和 ADXL345_FULL_RES 应用按位或运算符（|）的结果。

在成功将分辨率和范围写入数据格式寄存器时可以读取该消息。值得一提的是，由于必须在单个字节值中组合所需的分辨率和范围，因此只能使用按位或运算符（|）。

```
if self.i2c.address(self.__class__.ADXL345_I2C_ADDR) != mraa.SUCCESS:
    raise Exception("i2c.address() failed")
message = bytearray(
    [self.__class__.ADXL345_DATA_FORMAT,
     self.__class__.ADXL345_16G | self.__class__.ADXL345_FULL_RES])
if self.i2c.write(message) != mraa.SUCCESS:
    raise Exception("i2c.write() mode register failed")
```

使用此消息调用 mraa.I2c 实例的 write 方法将使加速度计在±16g 的范围内工作，并具有完整分辨率。

在可以访问此调用后，即可修改代码以更改所需的分辨率或加速度测量的范围。例如，以下代码行将更改配置，以使加速度计在±4g 的范围内工作：

```
message = bytearray(
    [self.__class__.ADXL345_DATA_FORMAT,
     self.__class__.ADXL345_4G | self.__class__.ADXL345_FULL_RES])
```

然后，代码声明了 *x*、*y* 和 *z* 的偏移（Offset）属性，这是将从加速度计获取的原始加速度值转换为以 g 表示的适当值所必需的。

我们想要使用易于理解的属性，因此，构造函数使用 0.0 创建并初始化了以下 3 个属性：x_acceleration、y_acceleration 和 z_acceleration。

最后，构造函数调用 update 方法以从加速度计检索第一个值。

update 方法调用 mraa.I2c 实例的 address 方法，然后使用 ADXL345_XOUT_L 作为参数（即我们要读取的第一个数据寄存器）调用其 writeByte 方法。

```
self.i2c.address(self.__class__.ADXL345_I2C_ADDR)
self.i2c.writeByte(self.__class__.ADXL345_XOUT_L)
```

加速度计值存储在 6 个数据寄存器中。每个轴有两个字节：低字节（最低有效位 8 位）和高字节（最高有效位 8 位），因此，我们可以通过单次 I^2C 读取操作读取 6 个字节，从 *x* 轴的第一个字节的地址开始。然后，必须将每对字节组成单个值。

接下来，在调用 mraa.I2c 实例的 read 方法时，我们传递了 DATA_REG_SIZE 常量作为参数，以指示要读取 6 个字节，代码会将读取所获得的字节数组保存在 xyz_raw_acceleration 局部变量中。

```
self.i2c.address(self.__class__.ADXL345_I2C_ADDR)
xyz_raw_acceleration = self.i2c.read(self.__class__.DATA_REG_SIZE)
```

然后，代码将低字节和高字节组合在一起，即将从加速度计获取的每个原始加速度字节对组成单个值，并将它们保存在 3 个局部变量中：x_raw_acceleration、y_raw_acceleration 和 z_ raw_acceleration。

该代码使用二进制左移（<<）按位运算符将高字节（八个最高有效位）向左移动 8 位，并使右侧新位为零。然后，它应用二进制或（|）来构建整个字（两个字节）。x_raw_acceleration 值是将高字节和低字节合并以组成两个字节的字（Word）的结果。

xyz_raw_acceleration 数组中的第一个元素（xyz_raw_acceleration [0]）包含 *x* 原始加速度的低字节，xyz_ raw_acceleration 数组中的第二个元素（xyz_raw_acceleration [1]）包含 *x* 原始加速度的高字节。因此，有必要将 8 个二进制零添加到高字节（xyz_raw_acceleration [1]），并用低字节（xyz_raw_acceleration [0]）替换这 8 个零。对于 *y* 和 *z* 原始加速字节必须执行相同的操作。

```
x_raw_acceleration = (xyz_raw_acceleration[1] << 8) | xyz_raw_
acceleration[0]
```

```
y_raw_acceleration = (xyz_raw_acceleration[3] << 8) | xyz_raw_
acceleration[2]
z_raw_acceleration = (xyz_raw_acceleration[5] << 8) | xyz_raw_
acceleration[4]
```

最后，必须将每个值乘以构造函数中定义的偏移量，以获得以 g 表示的 *x*、*y* 和 *z* 的适当值，并将它们保存在以下 3 个属性中：x_acceleration、y_acceleration 和 z_acceleration。

```
self.x_acceleration = x_raw_acceleration * self.x_offset
self.y_acceleration = y_raw_acceleration * self.y_offset
self.z_acceleration = z_raw_acceleration * self.z_offset
```

现在我们有了一个完全用 Python 编写的可以代表 ADXL345 加速度计的类，可以对它进行任何必要的更改以改变加速度计的配置。

7.5.2　创建新的 Accelerometer 类

我们可以使用最新创建的 Adxl345 类而不是 pyupm_adxl345.Adxl345 类创建一个新版本的 Accelerometer 类。

新的 Accelerometer 类的代码如下所示。

该示例的代码文件是 iot_python_chapter_07_03.py。

```
class Accelerometer:
    def __init__(self, bus):
        self.accelerometer = Adxl345(bus)
        self.x_acceleration = 0.0
        self.y_acceleration = 0.0
        self.z_acceleration = 0.0

    def measure_acceleration(self):
        # 更新 3 个轴的加速度值
        self.accelerometer.update()
        self.x_acceleration = self.accelerometer.x_acceleration
        self.y_acceleration = self.accelerometer.y_acceleration
        self.z_acceleration = self.accelerometer.z_acceleration
```

现在，我们可以使用与上一个示例中相同的代码作为__main__方法，并执行相同的操作以检查从加速度计获取的值。

提示：

编写与 I^2C 总线和特定传感器交互的代码需要付出巨大的努力，因为我们必须从制造商的数据表中阅读详细的产品规格。有时，如果开发人员不编写自己的代码，就无法使用传感器中包含的所有功能。当然，在很多情况下，upm 库中包含的功能足以满足普通项目要求。

7.6　使用模拟温度传感器

在第 6 章“使用模拟输入和本地存储”中使用了分压器电路，其中包含光敏电阻，并将其连接到模拟输入引脚。接下来我们将使用类似的配置，只不过会用热敏电阻（Thermistor）代替光敏电阻来测量环境温度。热敏电阻的特性是随温度改变其电阻值，因此，我们可以将电阻变化转换为电压值变化。

本示例将使用模拟传感器分线板，其配置中包含必要的热敏电阻，以向我们提供表示温度值的模拟引脚的电压电平。

在本示例中，将使用 upm 库中支持的模拟温度传感器来测量环境温度。

我们将使用标记为 A0 的模拟引脚连接模拟加速度计的分线板的电压输出。在完成必要的接线后，我们将编写 Python 代码以测量和显示以摄氏度（℃）和华氏度（℉）为单位的环境温度。这意味着，我们需要读取将模拟值转换为数字表示形式的结果，并将其映射到相应度量单位的温度值。

我们需要一个 Seeedstudio Grove 温度传感器来制作该示例。以下 URL 提供了有关此模块的详细信息：

http://www.seeedstudio.com/depot/Grove-Temperature-Sensor-p-774.html

7.6.1　连接方案

图 7-5 显示了传感器分线板、必要的布线以及从 Intel Galileo Gen 2 主板到面包板的布线。该示例的 Fritzing 文件是 iot_fritzing_chapter_07_04.fzz。由于前面我们已经介绍过，因此也可以考虑使用 Grove 基座扩展卡将该传感器插入 Intel Galileo Gen 2 主板。

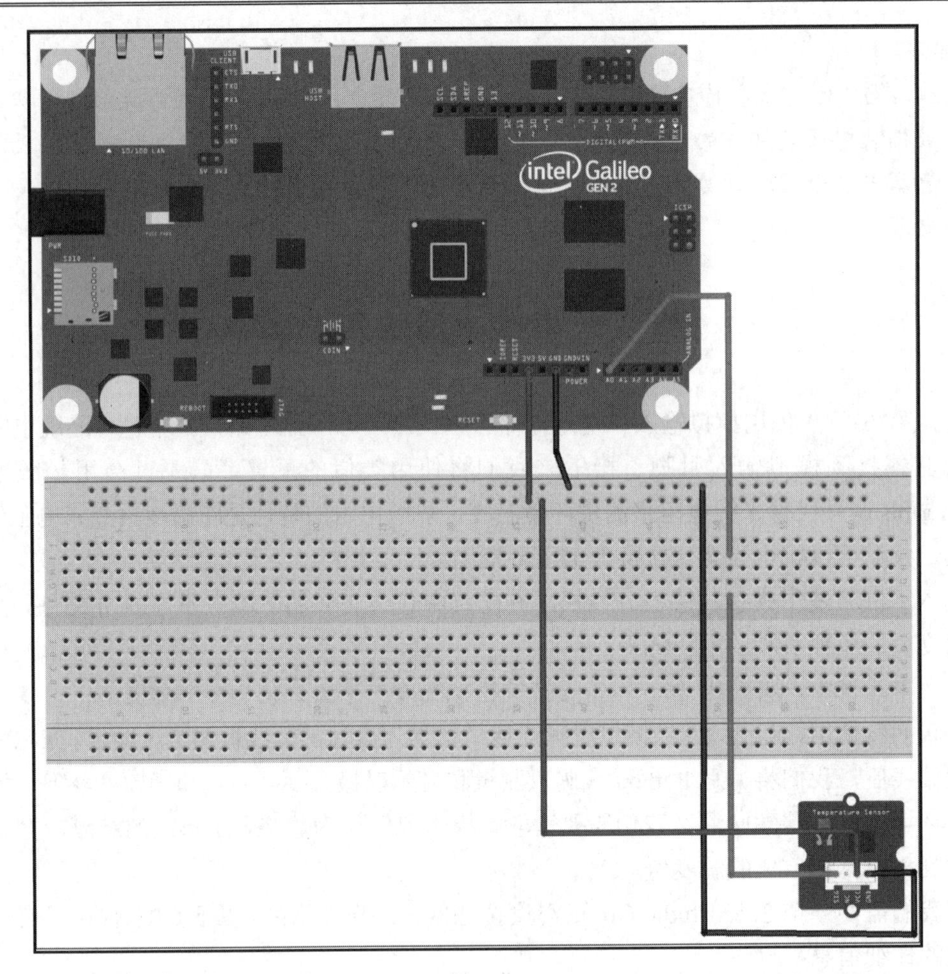

图 7-5

图 7-6 显示了本项目的电子示意图，其中电子元器件用符号表示。

如图 7-6 所示，我们具有以下连接：

- 主板上标记为 A0 的模拟输入引脚连接到温度传感器上标记为 SIG 的输出引脚（分线板符号中为 0）。
- 主板上标记为 3V3 的电源引脚连接到温度传感器上标记为 VCC 的电源引脚。
- 主板上标记为 GND 的接地引脚连接到温度传感器上标记为 GND 的接地引脚。

现在可以进行所有必要的布线连接。在此之前不要忘记关闭 Yocto Linux，等待所有板载 LED 熄灭，并断开 Intel Galileo Gen 2 主板的电源，然后在主板上插入或拔下任何连接线。

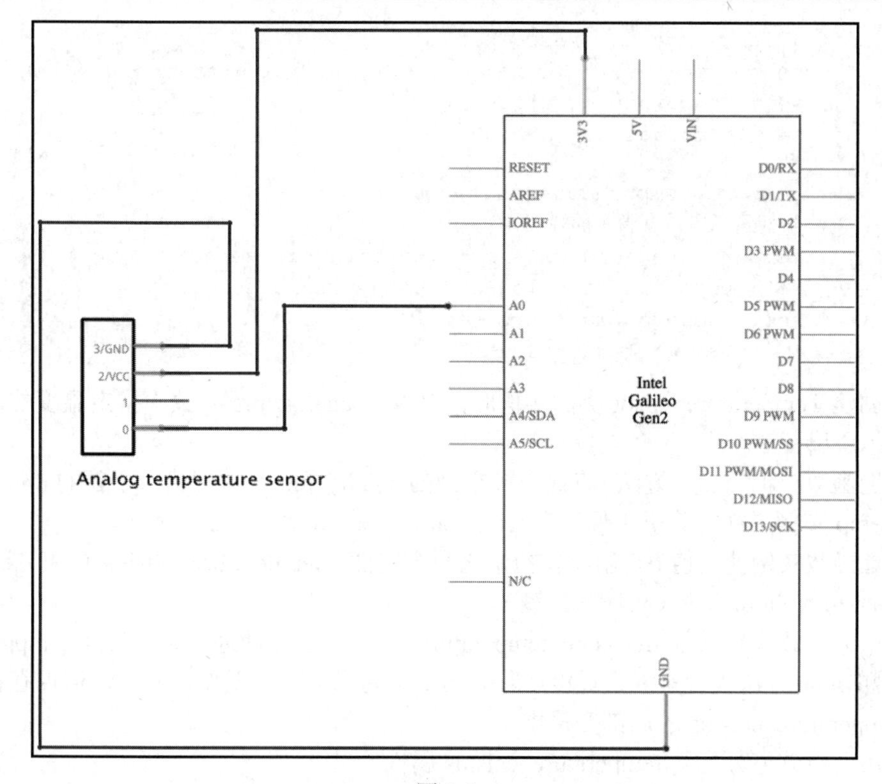

图 7-6

7.6.2　创建 TemperatureSensor 类表示温度传感器

upm 库在 pyupm_grove 模块中包含了对 Grove 模拟温度传感器分线板的支持。在该模块中声明的 GroveTemp 类表示连接到主板上的模拟温度传感器。通过该类可以轻松地将模拟输入中读取的原始值转换为以摄氏度（℃）表示的值。

我们将创建一个新的 TemperatureSensor 类来表示温度传感器，这使我们可以轻松地检索环境温度值，而不必担心在使用 GroveTemp 类的实例时必须进行单位转换。

我们将使用 GroveTemp 类与模拟温度传感器进行交互。使用 upm 库（特指 pyupm_grove 模块）新的 TemperatureSensor 类的代码如下所示。

该示例的代码文件是 iot_python_chapter_07_04.py。

```
import pyupm_grove as upmGrove
import time


class TemperatureSensor:
```

```
    def __init__(self, analog_pin):
        self.temperature_sensor = upmGrove.GroveTemp(analog_pin)
        self.temperature_celsius = 0.0
        self.temperature_fahrenheit = 0.0

    def measure_temperature(self):
        # 检索以摄氏度表示的温度
        temperature_celsius = self.temperature_sensor.value()
        self.temperature_celsius = temperature_celsius
        self.temperature_fahrenheit = \
            (temperature_celsius * 9.0 / 5.0) + 32.0
```

当创建 TemperatureSensor 类的实例时，必须在 analog_pin 参数中指定温度传感器连接的模拟引脚。

构造函数（即__init__方法）将使用接收到的 analog_pin 参数创建一个新的 upmGrove.GroveTemp 实例，并将其引用保存在 temperature_sensor 属性中。

构造函数实例使用值 0.0 创建和初始化两个属性：temperature_celsius（对应摄氏度）和 temperature_fahrenheit（对应华氏度）。

接下来，该类定义了 measure_temperature 方法，该方法通过调用 self.temperature_sensor 的 value 方法来检索以摄氏度（℃）为单位的当前环境温度，并将该值保存在一个名为 temperature_celsius 的局部变量中。

然后，将该值分配给 temperature_celsius 属性。

最后，代码会将以摄氏度（℃）为单位的温度转换为以华氏度（℉）为单位的等效值。该转换公式简单易懂，因为仅需将以摄氏度（℃）测得的温度乘以 9，将结果除以 5，然后再加上 32。这样，TemperatureSensor 类就可以用传感器测得的环境温度更新两个分别使用摄氏度（℃）和华氏度（℉）单位的属性。

7.6.3　编写主循环

现在，我们将编写一个循环，每 10 s 检索一次环境温度，并分别以摄氏度（℃）和华氏度（℉）显示。

该示例的代码文件是 iot_python_chapter_07_04.py。

```
if __name__ == "__main__":
    # 温度传感器连接到模拟引脚 A0
    temperature_sensor = TemperatureSensor(0)

    while True:
        temperature_sensor.measure_temperature()
        print("Ambient temperature in degrees Celsius: {0}".
```

```
        format(temperature_sensor.temperature_celsius))
    print("Ambient temperature in degrees Fahrenheit: {0}".
        format(temperature_sensor.temperature_fahrenheit))
    # 睡眠 10 s（10000 ms）
    time.sleep(10)
```

在上面的代码中，首先创建了一个 TemperatureSensor 类的实例，该实例使用值 0 作为 analog_pin 参数的值，这样，实例将从标记为 A0 的引脚读取模拟值。

然后，代码将永远运行一个循环，该循环会每隔 10 s 调用一次 measure_temperature 方法以更新环境温度值，然后输出以摄氏度（℃）和华氏度（℉）表示的结果。

7.6.4　测试温度传感器

以下命令行将启动该示例：

```
python iot_python_chapter_07_04.py
```

运行该示例之后，可以打开空调或供暖系统以产生环境温度的变化，几分钟后你将看到测量的温度变化。以下显示了一些示例输出：

```
Ambient temperature in degrees Celsius: 13
Ambient temperature in degrees Fahrenheit: 55.4
Ambient temperature in degrees Celsius: 14
Ambient temperature in degrees Fahrenheit: 57.2
Ambient temperature in degrees Celsius: 15
Ambient temperature in degrees Fahrenheit: 59
Ambient temperature in degrees Celsius: 16
Ambient temperature in degrees Fahrenheit: 60.8
```

7.7　将数字温度和湿度传感器连接到 I^2C 总线

现在，我们将使用多功能数字传感器，该传感器可以同时提供温度和相对湿度信息。我们将使用 I^2C 总线的分线板来允许 Intel Galileo Gen 2 主板与该传感器进行通信。当不需要在极端条件下测量温度和湿度时，该传感器非常有用。如果你从事的是与火山或极地有关的研究项目，那么它可能不能胜任。

我们将使用标记为 SDA 和 SCL 的两个引脚将 I^2C 总线的数据和时钟线连接到数字温度和湿度分线板上的相应引脚。

在完成必要的接线后，我们将编写 Python 代码来测量、显示环境温度和相对湿度。这样，我们将读取通过 I^2C 总线向传感器发送命令的结果，读取响应并将它们解码为以适当单位表示的环境温度和相对湿度。

我们需要一个 SeeedStudio Grove 温度和湿度传感器（高精度和小型）分线板来制作此示例。以下 URL 提供了有关此分线板的详细信息：

http://www.seeedstudio.com/depot/Grove-TemperatureHumidity-Sensor-HighAccuracy-Mini-p-1921.html

该分线板集成了 TH02 数字温度和湿度传感器，并提供了对 I^2C 总线的支持。

7.7.1 连接方案

图 7-7 显示了该数字温度和湿度分线板、必要的布线以及从 Intel Galileo Gen 2 主板到面包板的布线。该示例的 Fritzing 文件是 iot_fritzing_chapter_07_05.fzz。

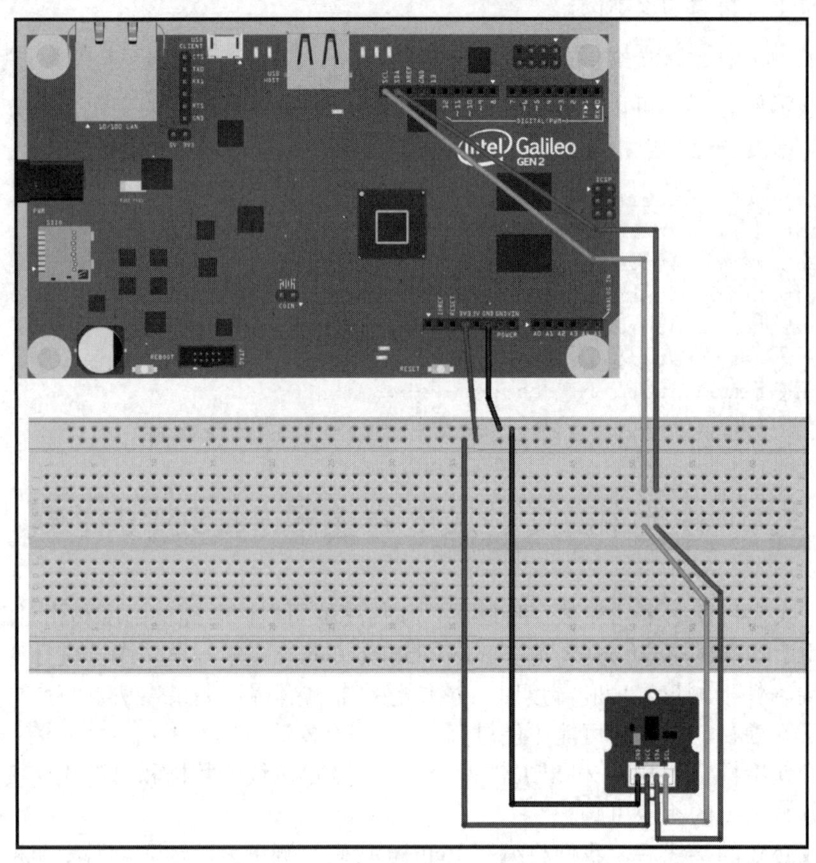

图 7-7

图 7-8 显示了该项目的电子示意图，其中电子元器件用符号表示。

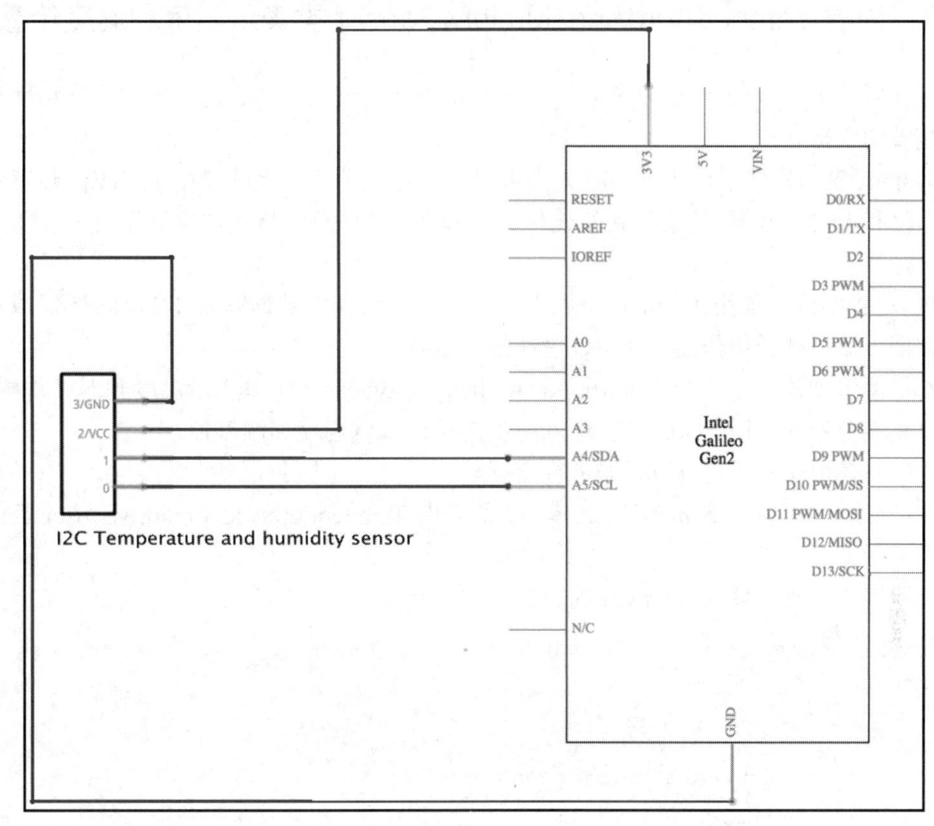

图 7-8

如图 7-8 所示，我们具有以下连接：

- 主板上的 SDA 引脚连接到分线板上标记为 SDA 的引脚。这样，我们就将数字温度和湿度传感器连接到 I^2C 总线的串行数据线。
- 主板上的 SCL 引脚连接到分线板上标记为 SCL 的引脚。这样，我们就将数字温度和湿度传感器连接到 I^2C 总线的串行时钟线。
- 主板上标记为 3V3 的电源引脚连接到分线板上标记为 VCC 的电源引脚。
- 主板上标记为 GND 的接地引脚连接到分线板上标记为 GND 的接地引脚。

现在可以进行所有必要的布线连接。在此之前不要忘记关闭 Yocto Linux，等待所有板载 LED 熄灭，并断开 Intel Galileo Gen 2 主板的电源，然后再在主板上插入或拔下任何连接线。

7.7.2　创建 TemperatureAndHumiditySensor 类表示温度和湿度传感器

upm 库包含了 pyupm_th02 模块，该模块提供了对使用 TH02 传感器的数字温度和湿度分线板的支持。

pyupm_th02 模块中声明的 TH02 类可以表示连接到板子上的使用了 TH02 传感器的数字温度和湿度传感器。该类使初始化传感器和通过 I^2C 总线检索温度和湿度值变得非常容易。

TH02 类实际上使用了 mraa.I2c 类与传感器通信，即将数据写入 TH02 传感器或从中读取数据。该传感器用作连接到 I^2C 总线的从设备。

本示例将创建一个新的 TemperatureAndHumiditySensor 类来表示温度和湿度传感器，这将使我们更容易使用 TH02 类实例以适当的单位检索温度和湿度值。

我们将使用 TH02 类与传感器进行交互。

使用 upm 库（特指 pyupm_th02 模块）的新的 TemperatureAndHumiditySensor 类的代码如下所示。

该示例的代码文件是 iot_python_chapter_07_05.py。

```
import pyupm_th02 as upmTh02
import time


class TemperatureAndHumiditySensor:
    def __init__(self, bus):
        self.th02_sensor = upmTh02.TH02(bus)
        self.temperature_celsius = 0.0
        self.temperature_fahrenheit = 0.0
        self.humidity = 0.0

    def measure_temperature_and_humidity(self):
        # 检索以摄氏度为单位表示的温度
        temperature_celsius = self.th02_sensor.getTemperature()
        self.temperature_celsius = temperature_celsius
        self.temperature_fahrenheit = \
            (temperature_celsius * 9.0 / 5.0) + 32.0
        # 检索湿度
        self.humidity = self.th02_sensor.getHumidity()
```

当创建 TemperatureAndHumiditySensor 类的实例时，必须在 bus 参数中指定数字温度和湿度传感器连接到的 I^2C 总线编号。

构造函数（即__init__方法）将使用接收到的 bus 参数创建一个新的 upmTh02.TH02 实例，并将其引用保存在 th02_sensor 属性中。

提示：

TH02 传感器的数据表（Datasheet）指定了一个公式，可用于将原始的温度读数转换为以摄氏度（℃）为单位，因此，通过阅读数据表，我们可能会认为 upmTh02.TH02 实例将为我们提供一个以华氏度（℉）为单位的值。

但是，实际并非如此。upmTh02.TH02 实例执行的是从华氏度（℉）到摄氏度（℃）的转换，并为我们提供了以摄氏度为单位的值。

因此，如果要显示以华氏度（℉）为单位的值，则必须执行从摄氏温度（℃）到华氏度（℉）的转换。

遗憾的是，发现这个问题的唯一方法是通过查看 upm 模块的 C++源代码，因为并没有关于该代码返回的温度值单位的说明文档。

我们希望使用易于理解的属性，因此，构造函数使用值 0.0 创建并初始化了以下 3 个属性：temperature_celsius、temperature_fahrenheit 和 humidity。

在该构造函数执行之后，我们就已经有了初始化的数字温度和湿度传感器，可以开始检索相应的读数。

接下来，该类定义了 measure_temperature_and_humidity 方法，该方法可以更新传感器中的环境温度和湿度值，检索这些值，最后将它们保存在以下 3 个属性中：temperature_celsius、temperature_fahrenheit 和 humidity。

measure_temperature_and_humidity 方法首先调用了 self.th02_sensor 的 getTemperature 方法，以请求传感器检索温度值。该方法返回转换为摄氏度（℃）的读数，并且将其保存在一个名为 temperature_celsius 局部变量中。

随后，代码将该变量的值保存在同名属性中。

接下来，代码将 temperature_celsius 局部变量的值转换为以华氏度（℉）为单位的值，并将转换后的结果保存在 temperature_fahrenheit 属性中。

最后，代码调用了 self.th02_sensor 的 getHumidity 方法，以请求传感器检索湿度值并将其保存在 humidity 属性中。

7.7.3　编写主循环

现在，我们将编写一个循环，该循环每隔 10 s 检索一次温度值和湿度值，并显示以摄氏度（℃）和华氏度（℉）表示的结果。

该示例的代码文件是 iot_python_chapter_07_05.py。

```
if __name__ == "__main__":
    temperature_and_humidity_sensor = \
        TemperatureAndHumiditySensor(0)

    while True:
        temperature_and_humidity_sensor.\
            measure_temperature_and_humidity()
        print("Ambient temperature in degrees Celsius: {0}".
              format(temperature_and_humidity_sensor.temperature_
celsius))
        print("Ambient temperature in degrees Fahrenheit: {0}".
              format(temperature_and_humidity_sensor.temperature_
fahrenheit))
        print("Ambient humidity: {0}%".
              format(temperature_and_humidity_sensor.humidity))
        # 睡眠 10 s（10000 ms）
        time.sleep(10)
```

在上面的代码中，首先创建了一个 TemperatureAndHumiditySensor 类的实例，该实例的 bus 参数值为 0。这样，该实例将通过 I^2C 总线与数字温度和湿度传感器建立通信。

和前面的示例中将数字加速度计连接到 I^2C 总线时所发生的情况一样，Intel Galileo Gen 2 主板是总线中的主设备，而数字温度和湿度传感器则充当从设备。

然后，代码将永远运行一个循环，该循环每隔 10 s 调用一次 measure_temperature_and_humidity 方法来更新以摄氏度（℃）和华氏度（℉）为单位表示的温度值和湿度值。

7.7.4　测试温度和湿度传感器

以下命令行将启动示例：

```
python iot_python_chapter_07_05.py
```

在运行该示例之后，打开空调或供暖系统，以改变环境温度和湿度，然后你将看到与下面内容类似的输出。

```
Ambient temperature in degrees Celsius: 24
Ambient temperature in degrees Fahrenheit: 73.4
Ambient humidity: 48%
```

7.8 牛刀小试

1．以下哪一类传感器使开发人员能够测量适当的加速度大小和方向？（　　）

A．温度传感器　　B．加速度计　　C．光传感器

2．以下哪一个首字母缩写定义了包含模拟传感器的模块的连接类型？（　　）

A．AIO　　B．I^2C　　C．UART

3．将设备连接到 I^2C 总线需要（　　）条线。

A．1　　B．2　　C．3

4．将设备连接到 SPI 总线需要（　　）条线。

A．1　　B．2　　C．3

5．以下哪个不是 I^2C 总线的连接？（　　）

A．MISO　　B．SDA　　C．SCL

7.9 小　　结

本章介绍了传感器及其连接类型。我们了解到，在选择传感器时需要考虑很多重要的事项，这些事项使我们能够轻松地测量来自现实世界的不同变量。我们解释了考虑度量单位的重要性，因为传感器始终以必须考虑的特定单位提供测量值。

我们编写的代码利用了 upm 库中包含的模块和类，这可以使我们更轻松地使用模拟和数字传感器。此外，我们还编写了通过 I^2C 总线与数字加速度计交互的代码，因为我们希望能够利用传感器支持但未包含在 upm 库模块中的其他功能。

我们测量了加速度或 g 力的大小和方向、环境温度和湿度。与前几章一样，我们利用了 Python 的面向对象功能，并使用 upm 和 mraa 库创建了类，以封装传感器和必要的配置。我们的代码易于阅读和理解，并且可以轻松地隐藏底层细节。

通过本章的学习，我们已经能够使用传感器从现实世界中检索数据，接下来我们将让物联网设备使用不同的执行器和扩展卡执行操作，这是第 8 章的主题。

第 8 章　显示信息和执行操作

本章将使用各种分线板和执行器，通过编写 Python 代码显示数据并执行操作。

本章包含以下主题：

- ❑ 了解 LCD 显示屏及其连接类型。
- ❑ 了解选择 LCD 显示屏时必须考虑的最重要的事情。
- ❑ 通过 upm 库使用 LCD 显示屏和执行器。
- ❑ 使用带有 RGB 背光的 LCD 显示屏。
- ❑ 在 16×2 LCD 屏幕上显示和更新文本。
- ❑ 使用 I^2C 总线连接 OLED 显示屏。
- ❑ 在 96×96 OLED 显示屏上显示和更新文本。
- ❑ 通过 PWM 控制标准伺服电机。
- ❑ 通过伺服电机和轴显示值。

8.1　了解 LCD 显示屏及其连接类型

有时，物联网设备必须通过连接到 Intel Galileo Gen 2 主板的设备向用户提供信息。我们可以使用不同种类的电子元器件、扩展卡或分线板来实现此目标。

我们可以使用简单的 LED 来提供可以用颜色表示的信息。例如，一个红色的 LED 亮起可能表示连接至该板的温度传感器已检测到环境温度高于 80℉或 26.66℃；蓝色 LED 亮起可能表明温度传感器检测到环境温度低于 40℉或 4.44℃；绿色 LED 点亮可以指示温度在这两个值之间。这 3 个 LED 使我们能够向用户提供有价值的信息。

正如我们在第 4 章“使用 RESTful API 和脉宽调制”中所了解的那样，开发人员还可以使用单个 RGB LED，通过脉宽调制（PWM）并根据测量的环境温度值更改其颜色，从而实现相同的目标。

但是，有时颜色不足以向用户提供详细而准确的信息。例如，有时我们想用百分比值显示湿度水平，而几个 LED 并不足以表示 0 到 100%的数字。如果我们希望显示的数字能够精确到 1%，则需要 100 个 LED，而我们却没有 100 个 GPIO 引脚，因此，我们需要一个包含 100 个 LED 的扩展卡或分线板和一个数字接口（例如 I^2C 总线），以允许发送命令，指示我们要打开的 LED 数量。

8.1.1 关于 LCD 显示屏

在上面的示例中，允许我们输出特定数字字符的LCD屏幕可能是更合适的解决方案。例如，在一个允许每行显示16个字符，一共2行的LCD屏幕上（称为16×2 LCD模块），我们可以在第一行显示温度，在第二行显示湿度。表8-1显示了每行的文本和值的示例，这是16列2行的字符和数字显示方案。

表 8-1　16 列 2 行的字符和数字显示方案

T	e	m	p	.					4	0	.	2	F		
H	u	m	i	d	i	t	y				8	0	%		

16×2 LCD模块为每个值、浮点值和度量单位提供了清晰的说明。因此，我们将以16×2 LCD模块为例。图8-1显示了16×2 LCD屏幕中每个字符的位置示例。

图 8-1

8.1.2 选择 LCD 模块时的考虑因素

LCD模块具有不同的功能，我们必须运用在第7章“使用传感器从现实世界中检索数据”中分析传感器时学到的很多知识，考虑多方面的问题。下面列举了选择LCD模块时必须考虑的重要事项及其解释。

在第7章介绍传感器的选择时，我们已经分析了其中的许多内容，因此这里不再重复对共同事项的说明。

- 与Intel Galileo Gen 2主板和我们使用的电源（5 V或3.3 V）兼容。
- 能耗。
- 连接类型：某些LCD显示屏需要使用很多引脚，因此，检查它们所需的所有引脚非常重要。LCD显示屏最常见的连接类型是I^2C总线、SPI总线和UART端口。但是，也有些LCD显示屏需要总线或端口结合使用其他GPIO引脚。

- 工作范围和特殊环境要求。
- 尺寸：LCD 显示屏具有不同的尺寸。有时只有特定的尺寸适合我们的项目。
- 列数和行数：根据项目必须显示的文本，我们将选择具有适当字符数的行数和列数的 LCD 显示屏。
- 响应时间：确定等待 LCD 显示屏显示新内容以替换显示的文本或清除显示屏的时间非常重要。
- 协议、upm 库和 Python 绑定中的支持。
- 支持的字符集和内置字体：某些 LCD 显示屏支持用户定义的字符，因此，它们使我们能够配置和显示自定义字符。同样重要的是检查 LCD 显示屏是否支持我们必须使用的显示语言的字符。例如，是否支持中文显示。
- 背光颜色、文本颜色和对比度级别：某些 LCD 显示屏允许我们更改背光颜色，而另一些显示屏则具有固定的背光颜色。RGB 背光可以组合红色、绿色和蓝色分量来确定所需的背光颜色。另外，还需要考虑对比度水平是否适合需要显示信息的光线条件，这一点也是很重要的。
- 成本。

8.2　将 LCD RGB 背光分线板连接到 I^2C 总线

在第 7 章“使用传感器检索现实世界中的数据”的最后一个示例中，我们使用了一个多功能数字传感器，该传感器为我们提供了温度和相对湿度信息。我们使用了 I^2C 总线的分线板，以允许 Intel Galileo Gen 2 主板与传感器进行通信。现在，我们将添加一个带有 16×2 LCD RGB 背光的分线板，以便能够以文本和数字显示测得的温度和湿度值。

LCD RGB 背光分线板也将连接到 I^2C 总线，并且与温度和湿度数字传感器连接的 I^2C 总线相同。我们可以将许多从设备连接到 Intel Galileo Gen 2 主板上的 I^2C 总线，只要这些从设备具有不同的 I^2C 地址即可。实际上，LCD RGB 背光分线板有两个 I^2C 地址：一个用于 LCD 显示屏，另一个用于背光。

我们需要以下元器件来制作此示例：

- SeeedStudio Grove 温度和湿度传感器（高精度和小型）分线板。以下 URL 提供了有关此分线板的详细信息：

  http://www.seeedstudio.com/depot/Grove-TemperatureHumidity-Sensor-HighAccuracy-Mini-p-1921.html

- SeeedStudio Grove LCD RGB 背光分线板。以下 URL 提供了有关此分线板的详细信息：

http://www.seeedstudio.com/depot/Grove-LCD-RGB-Backlight-p-1643.html

8.2.1　连接方案

图 8-2 显示了数字温度和湿度分线板、LCD RGB 背光分线板、必要的布线以及从 Intel Galileo Gen 2 主板到面包板的布线。该示例的 Fritzing 文件是 iot_fritzing_chapter_08_01.fzz。

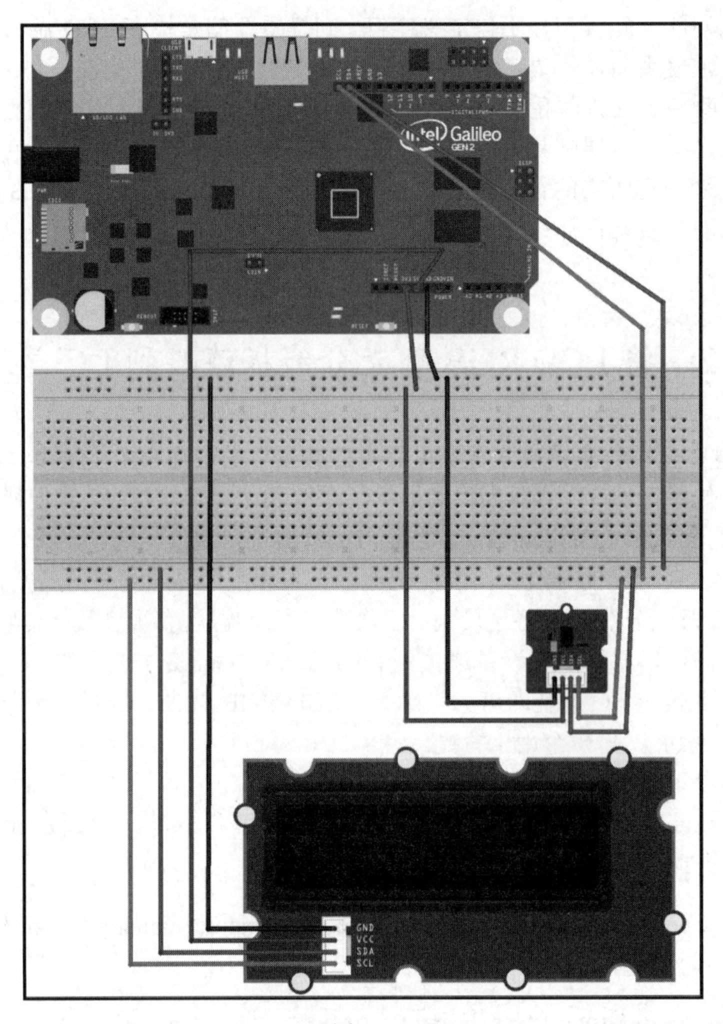

图 8-2

图 8-3 显示了本项目的电子示意图，其中电子元器件以符号表示。

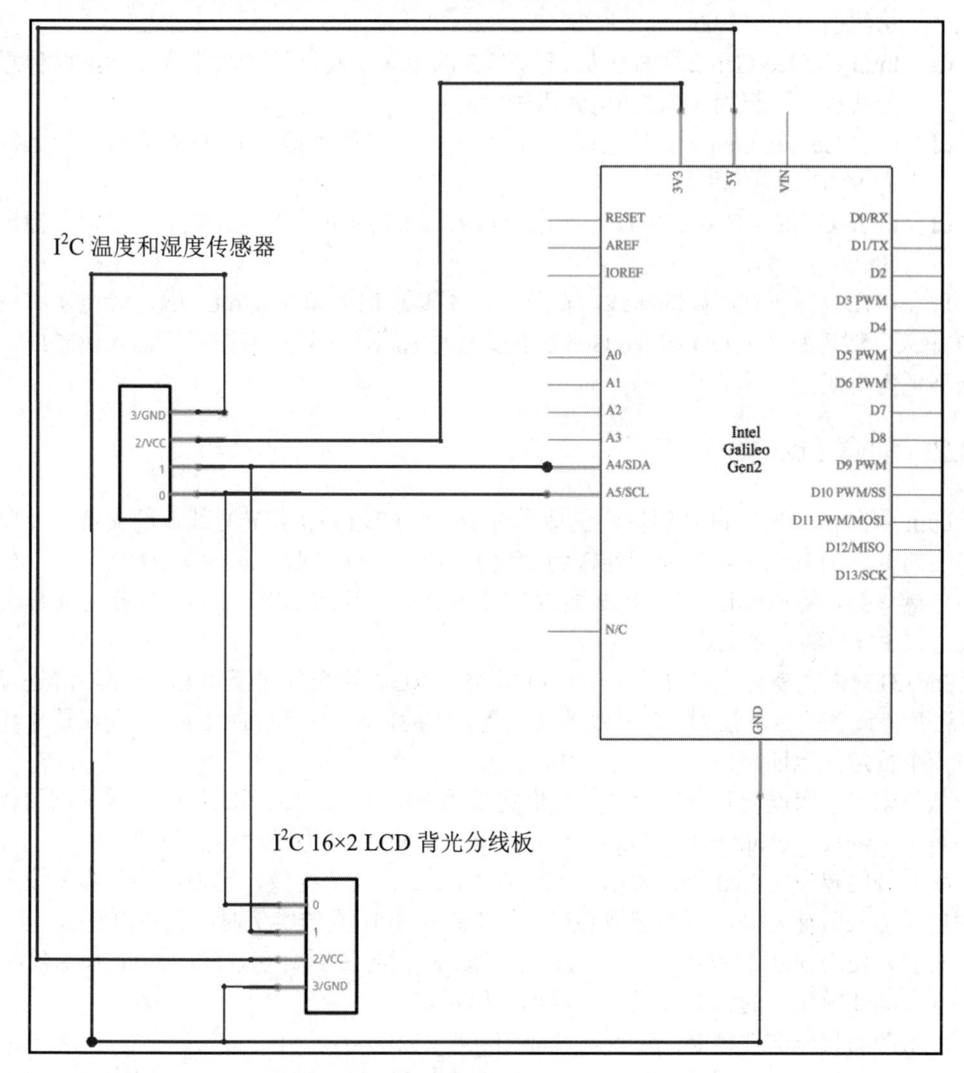

图 8-3

如图 8-3 所示，我们具有以下连接：

- Intel Galileo Gen 2 主板上的 SDA 引脚连接到两个分线板上标记为 SDA 的引脚。通过这种方式，我们将数字温度和湿度传感器以及 LCD 背光分线板都连接到 I^2C 总线的串行数据线上。
- Intel Galileo Gen 2 主板上的 SCL 引脚连接到两个分线板上标记为 SCL 的引脚。

通过这种方式，我们将数字温度和湿度传感器以及 LCD 背光分线板都连接到 I^2C 总线的串行时钟线。

- Intel Galileo Gen 2 主板上标记为 3V3 的电源引脚连接到数字温度和湿度传感器分线板上标记为 VCC 的电源引脚。
- Intel Galileo Gen 2 主板上标记为 5V 的电源引脚连接到 LCD 背光分线板上标记为 VCC 的电源引脚。
- Intel Galileo Gen 2 主板上标记为 GND 的接地引脚连接到两个分线板上标记为 GND 的引脚。

现在可以进行所有必要的布线。在此之前不要忘记关闭 Yocto Linux，等待所有板载 LED 熄灭，然后断开 Intel Galileo Gen 2 主板上的电源，最后再将连接线插入板子或从板上拔下任何电线。

8.2.2 创建 Lcd 类

upm 库在 pyupm_i2clcd 模块中包括了对 16×2 LCD RGB 背光分线板的支持。此模块中声明的 Jhd1313m1 类可以表示连接到主板上的 16×2 LCD 显示屏及其 RGB 背光灯分线板。通过该类，可以轻松设置 RGB 背光的颜色分量、清除 LCD 显示屏、指定光标位置以及通过 I^2C 总线写入文本。

Jhd1313m1 类实际上是使用了 mraa.I2c 类与 RGB 背光分线板和 LCD 显示屏进行通信。这两个设备充当连接到 I^2C 总线的从设备，因此，这两个设备中的每一个在该总线中都有一个特定的地址。

从传感器读取温度和湿度值时，我们将采用在第 7 章中编写的代码（该示例的代码文件是 iot_python_chapter_07_05.py），并将此代码用作添加新功能的基础。

我们将创建一个 Lcd 类来表示 16×2 LCD RGB 背光分线板，这使我们更容易设置背景颜色并写入两行文本，而不必担心在使用 Jhd1313m1 类的实例时的具体方法。

我们将使用 Jhd1313m1 类与 LCD 及其 RGB 背光进行交互。使用 upm 库（特别是 pyupm_i2clcd 模块）的新 Lcd 类的代码如下所示。

该示例的代码文件是 iot_python_chapter_08_01.py。

```
import pyupm_th02 as upmTh02
import pyupm_i2clcd as upmLcd
import time

class Lcd:
    # The I2C address for the LCD display
    lcd_i2c_address = 0x3E
    # The I2C address for the RBG backlight
```

```
    rgb_i2c_address = 0x62

    def __init__(self, bus, red, green, blue):
        self.lcd = upmLcd.Jhd1313m1(
            bus,
            self.__class__.lcd_i2c_address,
            self.__class__.rgb_i2c_address)
        self.lcd.clear()
        self.set_background_color(red, green, blue)

    def set_background_color(self, red, green, blue):
        self.lcd.setColor(red, green, blue)

    def print_line_1(self, message):
        self.lcd.setCursor(0, 0)
        self.lcd.write(message)

    def print_line_2(self, message):
        self.lcd.setCursor(1, 0)
        self.lcd.write(message)
```

Lcd 类声明了两个类属性：lcd_i2c_address 和 rgb_i2c_ address。这两个类属性使代码更易读。

顾名思义，第一个类属性（lcd_i2c_address）定义了 LCD 显示屏的 I^2C 地址，即当光标位于特定的行和列中时，该地址将处理定位光标并写入文本的命令。该地址是十六进制的 3E（0x3E）。如果仅在代码中看到一个 0x3E，则我们可能不会意识到它是 LCD 显示屏的 I^2C 总线地址。

第二个类属性（rgb_i2c_ address）定义了 RGB 背光的 I^2C 地址，即将处理设置背光颜色的红色、绿色和蓝色分量的命令的地址。该地址是十六进制的 62（0x62）。如果仅在代码中看到一个 0x62，则我们可能不会意识到它是 RGB 背光的 I^2C 总线地址。

当创建 Lcd 类的实例时，我们必须在 bus 参数中指定 16×2 LCD 和 RGB 背光分线板都连接到的 I^2C 总线编号。另外，还有必要指定红色、绿色和蓝色分量的值，以配置 RGB 背光的背景色。

构造函数（即__init__方法）使用接收到的 bus 参数以及 lcd_i2c_address 和 rgb_i2c_address 类属性创建一个新的 upmLcd.Jhd1313m1 实例，并将该新实例的引用保存在 lcd 属性中。然后，该代码为新实例（lcd）调用 clear 方法以清除 LCD 屏幕。

代码使用接收到的红色、绿色和蓝色值作为参数来调用 set_background_color 方法，以配置 RGB 背光的背景色。

该类声明了一个 set_background_color 方法，该方法将使用接收到的 red、green 和 blue 值作为参数调用 lcd.setColor 方法。实际上，是 upmLcd.Jhd1313m1 实例将数据写入从设备，该从设备正是地址等于 rgb_i2c_address 类属性的从设备，而写入的数据则是通过 I^2C 总线指定的每个颜色分量所需的值。

在这里，我们只是创建了一个遵循 Python 命名约定的特定方法，并使我们使用类的最终代码更易于阅读。

该类还定义了以下两种其他方法，它们使得在 LCD 显示屏的第一行和第二行打印文本变得更容易：

- print_line_1
- print_line_2

print_line_1 方法为 upmLcd.Jhd1313m1 实例（self.lcd）调用了 setCursor 方法，将 (0, 0) 作为 row 和 column 参数的值，以将光标定位在第一行和第一列中。

然后，调用 upmLcd.Jhd1313m1 实例（self.lcd）的 write 方法，并使用 message 作为参数，该 message 是要在 LCD 显示屏上输出的字符串。实际上，是 upmLcd.Jhd1313m1 实例将数据写入从设备，该从设备正是地址等于 lcd_i2c_address 类属性的从设备，而写入的数据则是通过 I^2C 总线指定光标的所需位置，然后从该位置开始写入指定的文本。

虽然第一行标识为 0，但我们仍将该方法命名为 print_line_1，这是因为它使我们更容易理解：我们正在将消息写入 LCD 屏幕的第一行。

print_line_2 方法的代码行与 print_line_1 方法的代码行基本相同，只有一个地方有区别，那就是在调用 setCursor 方法时将 (1, 0) 作为 row 和 column 参数的值。这样，该方法将在 LCD 屏幕的第二行输出一条消息。

8.2.3 创建 TemperatureAndHumidityLcd 子类

接下来，我们将创建一个 Lcd 类的子类，名为 TemperatureAndHumidityLcd。该子类将专门针对 Lcd 类，以使我们能够轻松地在 LCD 屏幕的第一行输出以华氏度（℉）表示的温度值，并在 LCD 屏幕的第二行输出以百分比表示的湿度值。

新的 TemperatureAndHumidityLcd 类的代码如下所示。

该示例的代码文件是 iot_python_ Chapter_08_01.py。

```
class TemperatureAndHumidityLcd(Lcd):
    def print_temperature(self, temperature_fahrenheit):
        self.print_line_1("Temp.   {:5.2f}F".format(temperature_
fahrenheit))
```

```
    def print_humidity(self, humidity):
        self.print_line_2("Humidity{0}%".format(humidity))
```

新的类（TemperatureAndHumidityLcd）向其超类（Lcd）添加了以下两个方法。

- print_temperature：使用格式化的文本调用 print_line_1 方法，该文本显示在 temperature_fahrenheit 参数中接收的以华氏度（℉）表示的温度值。
- print_humidity：使用格式化的文本调用 print_line_2 方法，该文本显示在 humidity 参数中接收的以百分比表示的湿度水平。

8.2.4　编写主循环

现在，我们将编写一个循环，每 10 s 一次在 LCD 屏幕上显示以华氏度（℉）表示的环境温度和湿度值。

该示例的代码文件是 iot_python_chapter_08_01.py。

```
if __name__ == "__main__":
    temperature_and_humidity_sensor = \
        TemperatureAndHumiditySensor(0)
    lcd = TemperatureAndHumidityLcd(0, 0, 0, 128)

    while True:
        temperature_and_humidity_sensor.\
            measure_temperature_and_humidity()
        lcd.print_temperature(
            temperature_and_humidity_sensor.temperature_fahrenheit)
        lcd.print_humidity(
            temperature_and_humidity_sensor.humidity)
        print("Ambient temperature in degrees Celsius: {0}".
              format(temperature_and_humidity_sensor.temperature_
celsius))
        print("Ambient temperature in degrees Fahrenheit: {0}".
              format(temperature_and_humidity_sensor.temperature_
fahrenheit))
        print("Ambient humidity: {0}".
              format(temperature_and_humidity_sensor.humidity))
        # 睡眠 10 s（10000 ms）
        time.sleep(10)
```

上面加粗显示的代码行是与先前版本的__main__方法对比所做的更改。

加粗显示的第一行创建了 TemperatureAndHumidityLcd 类的实例，该实例的 4 个参数中，第一个是 bus 参数，其值为 0，后面 3 个是颜色分量，red 和 green 参数的值也为 0，

blue 参数的值为 128，这实际上就是将背景色设置为浅蓝色。

该代码将对该实例的引用保存在 lcd 局部变量中。这样，实例将通过 I^2C 总线（编号 0）与 LCD 屏幕和 RGB 背光建立通信，并且 RGB 背光将显示浅蓝色背景。

然后，代码将永远运行一个循环，加粗显示的行将调用 lcd.print_temperature 方法，并使用 temperature_and_humidity_sensor.temperature_fahrenheit 作为参数，即以华氏度（℉）表示的实测温度。这样，代码将在 LCD 显示屏的第一行中显示该温度值。

接下来，加粗显示的行将调用 lcd.print_humidity 方法，并使用 temperature_and_humidity_sensor.humidity 作为参数，即以百分比表示的实测湿度。这样，代码将在 LCD 屏幕的第二行中显示湿度值。

8.2.5　测试 LCD 显示

以下命令行将启动本示例：

```
python iot_python_chapter_08_01.py
```

在运行该示例之后，打开空调或供暖系统，以改变环境温度和湿度。LCD 屏幕将显示实测的温度和湿度，并每隔 10 s 刷新一次。

8.3　将 OLED 点阵屏连接到 I^2C 总线

当我们必须通过 I^2C 或 SPI 总线在外部屏幕上显示内容时，LCD 显示屏并不是唯一的选择。还有 OLED 点阵（Dot Matrix）屏，它使我们可以控制特定数量的点。在 OLED 点阵屏中，我们可以控制每个点，而不是控制每个字符空间。有些 OLED 点阵屏是灰阶的，也有一些是 RGB 的。

8.3.1　关于 OLED 点阵屏

OLED 点阵屏的主要优势在于，我们可以显示任何类型的图形，而不仅仅是文本。实际上，我们可以将任何类型的图形和图像与文本混合使用。

0.96 in（英寸，1in = 2.54 cm）的 Grove OLED 显示屏（品名：Grove - OLED Display 0.96"）就是一个可与 I^2C 总线配合使用的 16 灰阶 96×96 点阵 OLED 显示模块。以下 URL 提供了有关此分线板的详细信息：

http://www.seeedstudio.com/depot/Grove-OLED-Display-096-p-824.html

Xadow RGB OLED 96×64 就是一个可与 SPI 总线配合使用的 RGB 颜色 96×64 OLED 点阵屏显示模块。有关此分线板的详细信息，请访问：

http://www.seeedstudio.com/depot/Xadow-RGB-OLED-96x64-p-2125.html

提示：

还有一个选择是使用 TFT LCD 点阵屏或显示屏。其中一些还支持触摸检测。

现在，我们将使用 16 灰阶 96×96 点阵 OLED 显示模块替换掉 16×2 LCD RGB 背光分线板，该 OLED 显示模块也可与 I^2C 总线配合使用，并且我们将使用此新屏幕以不同的方式显示相似的值。其接线方式与先前的分线板兼容。

和前面的示例一样，OLED 点阵屏也将连接到 I^2C 总线，并且与温度和湿度数字传感器连接的 I^2C 总线相同。由于 OLED 点阵屏的 I^2C 地址与温度和湿度数字传感器使用的 I^2C 地址不同，因此将这两个设备连接到同一 I^2C 总线没有问题。

我们需要以下零部件来制作此示例：

0.96 in 的 SeeedStudio Grove OLED 显示屏（品名：Grove - OLED Display 0.96"），这是一个 16 灰阶 96×96 点阵 OLED 显示模块。

96×96 点阵的 OLED 屏为我们提供了控制 9216 个点的机会（96×96 = 9216）。每个点其实就是一个像素。当然，在本示例中，我们只想使用 OLED 屏显示与上一个示例相似的文本，只是布局不同而已。

如果使用默认的 8×8 字符框，则可以有 12 列和 12 行来显示字符（96/8 = 12）。表 8-2 显示了包含文本和值的每一行的示例。

表 8-2　OLED 点阵屏显示布局示例

T	e	m	p	e	r	a	t	u	r	e	
F	a	h	r	e	n	h	e	i	t		
4	0	.	2								
C	e	l	s	i	u	s					
4	.	5	5								
H	u	m	i	d	i	t	y				
L	e	v	e	l							
8	0	%									

由于可以使用 12 列和 12 行来显示字符，因此我们能够为温度和湿度的每个值提供非常清晰的描述。此外，我们还可以显示以华氏度和摄氏度表示的温度值。图 8-4 显示了带有 8×8 字符框的 96×96 点阵 OLED 显示模块中每个字符的位置。

图 8-4

8.3.2 连接方案

使用 OLED 模块替换 LCD 屏幕分线板后，我们将具有以下连接：

- Intel Galileo Gen 2 主板上的 SDA 引脚连接到两个分线板上标记为 SDA 的引脚。通过这种方式，我们将数字温度和湿度传感器以及 OLED 模块都连接到 I^2C 总线的串行数据线上。
- Intel Galileo Gen 2 主板上的 SCL 引脚连接到两个分线板上标记为 SCL 的引脚。通过这种方式，我们将数字温度和湿度传感器以及 OLED 模块都连接到 I^2C 总线的串行时钟线。
- Intel Galileo Gen 2 主板上标记为 3V3 的电源引脚连接到数字温度和湿度传感器分线板上标记为 VCC 的电源引脚。
- Intel Galileo Gen 2 主板上标记为 5 V 的电源引脚连接到 OLED 模块上标记为 VCC 的电源引脚。
- Intel Galileo Gen 2 主板上标记为 GND 的接地引脚连接到两个分线板上标记为 GND 的引脚。

现在可以进行所有必要的布线。在此之前不要忘记关闭 Yocto Linux，等待所有板载 LED 熄灭，然后断开 Intel Galileo Gen 2 主板上的电源，最后再将连接线插入主板或从主板上拔下任何电线。

8.3.3 创建 Oled 类

upm 库包含了 pyupm_i2clcd 模块，该模块提供了对 0.96 in SeeedStudio Grove OLED 显示屏（16 灰阶 96×96 点阵 OLED 显示屏）分线板的支持。由于此 OLED 显示屏使用 SSD1327 驱动器集成电路，因此在该模块中声明的 SSD1327 类可以代表连接到板子上的 96×96 点阵 OLED 显示屏。

SSD1327 类使我们可以轻松地清除 OLED 屏幕，绘制位图图像，指定光标位置以及通过 I^2C 总线写入文本。实际上，该类使用了 mraa.I2c 类与 OLED 显示屏通信。

我们将创建一个新的 Oled 类，该类代表 96×96 的 OLED 点阵屏，并将使用其默认的 8×8 字符框显示文本。

我们将使用 SSD1327 类与 OLED 显示屏进行交互。使用 upm 库（特别指 pyupm_i2clcd 模块及其 SSD1327 类）的新 Oled 类的代码如下所示。

该示例的代码文件是 iot_python_ Chapter_08_02.py。

```
class Oled:
    # OLED 显示屏的 I2C 地址
    oled_i2c_address = 0x3C

    def __init__(self, bus, red, green, blue):
        self.oled = upmLcd.SSD1327(
            bus,
            self.__class__.oled_i2c_address)
        self.oled.clear()

    def print_line(self, row, message):
        self.oled.setCursor(row, 0)
        self.oled.setGrayLevel(12)
        self.oled.write(message)
```

Oled 类首先声明了一个 oled_i2c_address 类属性，该属性定义了 OLED 显示屏的 I^2C 地址，即当光标位于特定的行和列中时，将处理定位光标并写入文本命令的地址。该地址是十六进制的 3C（0x3C）。

当创建 Oled 类的实例时，我们必须在 bus 参数中指定 OLED 点阵显示屏连接的 I^2C 总线的编号。

构造函数（即__init__方法）将使用接收到的 bus 参数以及 oled_i2c_address 类属性创建一个新的 upmLcd.SSD1327 实例，并将新实例的引用保存在 oled 属性中。最后，代码还为新实例调用了 clear 方法以清除 OLED 屏幕。

接下来，该类声明了 print_line 方法，以使其可以轻松在特定行上输出文本。该代码为 upmLcd.SSD1327 实例（self.oled）调用了 setCursor 方法，将接收到的 row 值作为 row 参数的值，将 0 作为 column 参数的值，以将光标定位在指定行的第一列中。

然后，调用 upmLcd.SSD1327 实例（self.oled）的 setGrayLevel 和 write 方法，并将接收到的消息作为 message 参数，以默认的 8×8 字符框在 OLED 显示屏中显示接收到的字符串。其灰度级别被设置为 12。

upmLcd.SSD1327 实例会将数据写入从设备，该从设备的地址等于 oled_i2c_address 类属性。在写入数据时，将通过 I^2C 总线指定光标所需的位置，然后从定位光标的位置开始写入指定的文本。

8.3.4 创建 TemperatureAndHumidityOled 子类

现在，我们将创建一个 Oled 类的子类，名为 TemperatureAndHumidityOled。该子类将特别针对 Oled 类，使我们可以轻松地输出以华氏度（℉）表示的温度值、以摄氏度（℃）表示的温度值和以百分比表示的湿度值。

在该子类中，我们将使用前面解释过的文本布局。新的 TemperatureAndHumidityOled 类的代码如下所示。

该示例的代码文件是 iot_python_chapter_08_02.py。

```
class TemperatureAndHumidityOled(Oled):
    def print_temperature(self, temperature_fahrenheit, temperature_
celsius):
        self.oled.clear()
        self.print_line(0, "Temperature")
        self.print_line(2, "Fahrenheit")
        self.print_line(3, "{:5.2f}".format(temperature_fahrenheit))
        self.print_line(5, "Celsius")
        self.print_line(6, "{:5.2f}".format(temperature_celsius))

    def print_humidity(self, humidity):
        self.print_line(8, "Humidity")
        self.print_line(9, "Level")
        self.print_line(10, "{0}%".format(humidity))
```

新类（TemperatureAndHumidityOled）向其超类（Oled）添加了以下两个方法。

- print_temperature：多次调用 print_line 方法，显示通过参数接收到的以华氏度（℉）和摄氏度（℃）为单位的温度。

- print_humidity：多次调用 print_line 方法，显示通过参数接收到的湿度值。

提示：

在本示例中，我们将刷新许多行以更改其中的部分值。因为每 10 s 运行一次循环，所以不会有什么问题。但是，在其他情况下，例如，如果要在更短的时间内更新值，那么该代码就要进行优化，最好仅清除一行并更新该行中的特定值。

8.3.5　编写主循环

现在，我们将编写一个循环，每隔 10 s 显示一次以华氏度（℉）和摄氏度（℃）表示的环境温度以及湿度值。

该示例的代码文件是 iot_python_chapter_08_02.py。

```
if __name__ == "__main__":
    temperature_and_humidity_sensor = \
        TemperatureAndHumiditySensor(0)
    oled = TemperatureAndHumidityOled(0)

    while True:
        temperature_and_humidity_sensor.\
            measure_temperature_and_humidity()
        oled.print_temperature(
            temperature_and_humidity_sensor.temperature_fahrenheit,
            temperature_and_humidity_sensor.temperature_celsius)
        oled.print_humidity(
            temperature_and_humidity_sensor.humidity)
        print("Ambient temperature in degrees Celsius: {0}".
            format(temperature_and_humidity_sensor.temperature_
celsius))
        print("Ambient temperature in degrees Fahrenheit: {0}".
            format(temperature_and_humidity_sensor.temperature_
fahrenheit))
        print("Ambient humidity: {0}".
            format(temperature_and_humidity_sensor.humidity))
        # 睡眠 10 s (10000 ms)
        time.sleep(10)
```

在上面的代码行中，以加粗方式显示了与先前版本相比在__main__方法中所做的更改。加粗显示的第一行创建了先前编码的 TemperatureAndHumidityOled 类的实例，该实例的 bus 参数值为 0。该代码将对此实例的引用保存在 oled 局部变量中。通过这种方式，

实例将使用 I^2C 总线与 OLED 屏建立通信。

然后，代码将永远运行一个循环，加粗显示的行将调用 oled.print_temperature 方法，并且使用 temperature_and_humidity_sensor.temperature_fahrenheit（以华氏度为单位的温度值）和 temperature_and_humidity_sensor.temperature_celsius（以摄氏度为单位的温度值）作为参数。这样，代码在 OLED 屏幕中将首先显示两个温度值。

接下来加粗显示的行使用了 temperature_and_humidity_sensor.humidity 参数调用 oled.print_humidity 方法，代码将在 OLED 屏幕的底部显示湿度值。

8.3.6 测试 OLED 屏显示

以下命令行将启动示例：

```
python iot_python_chapter_08_02.py
```

运行该示例之后，打开空调或供暖系统以改变环境温度和湿度。OLED 屏幕将显示温度和湿度，并每 10 s 刷新一次。

8.4 连接伺服电机

到目前为止，我们一直在使用传感器从现实世界中检索数据，并在 LCD 和 OLED 显示屏中显示信息。但是，物联网设备不仅限于感测和显示数据，它们还可以移动东西。我们可以将不同的组件、扩展卡或分线板连接到 Intel Galileo Gen 2 主板上，并编写 Python 代码以移动连接到该板上的东西。

8.4.1 通过旋转伺服电机的轴显示温度

标准伺服电机（Standard Servo Motor）对于精确控制轴（Shaft）并将其定位在各种角度（通常在 0°~180°）非常有用。在第 4 章“使用 RESTful API 和脉宽调制”中使用了脉宽调制（PWM）来控制 LED 和 RGB LED 的亮度。在本示例中，也可以使用 PWM 来控制标准模拟伺服电机并将其轴定位在特定角度。

提示：

标准伺服电动机是直流电机，包括齿轮和提供精确定位的反馈控制回路电路。它们是小齿轮转向、机器人手臂和腿以及需要精确定位的其他用途的理想选择。

标准伺服电机不需要电机驱动器。

显然，并非所有伺服电机都具有相同的功能，因此在为项目选择特定的伺服电机时，必须考虑许多特性。这取决于我们需要定位的位置、精度、所需的扭矩、最佳的伺服转速以及成本等其他因素。

在本示例中，我们关注的重点是使用脉宽调制（PWM）来给标准伺服电机定位。当然，不能也不必使用与旋转重型机械臂所需的相同伺服电机来旋转较轻的塑料件。因此，开发人员有必要研究适合每个任务的伺服系统。

现在，我们将在本项目中使用一个标准的高灵敏度微型伺服电机，并且将旋转轴以通过该轴显示以华氏度表示的测量温度。

该轴将允许我们在半圆量角器（Protactor）中显示测得的温度，该量角器以度为单位测量角度，并显示从 0° ~180° 的角度数字。伺服系统与轴和量角器的组合将使我们能够以移动部件显示温度。

然后，我们可以制作一个带有刻度的量角器，该刻度可以添加颜色、特定的阈值和许多其他视觉设计，从而使温度测量变得更加有趣。

具体来说，我们可以创建一个量表、速度计或半圆环图，即在一个具有不同温度值的单个图表中组合一个半圆环图和一个饼图。图 8-5 显示了一个半圆量角器的示例，我们可以将其与带轴伺服电机结合使用。

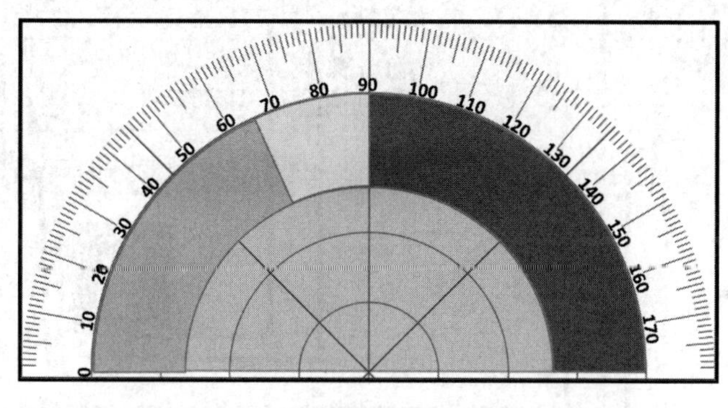

图 8-5

我们需要以下元器件来制作该示例：SeeedStudio Grove Servo 或 EMAX 9g ES08A High Sensitive Mini Servo（高灵敏度迷你伺服电机）。以下网址提供了有关这些伺服电机的详细信息：

http://www.seeedstudio.com/depot/Grove-Servo-p-1241.html

http://www.seeedstudio.com/depot/EMAX-9g-ES08A-High-Sensitive-Mini-Servo-p-760.html

8.4.2 连接方案

图 8-6 显示了数字温度和湿度分线板、LCD RGB 背光分线板、迷你伺服电机、必要的布线以及从 Intel Galileo Gen 2 主板到面包板的布线。该示例的 Fritzing 文件是 iot_fritzing_chapter_08_03.fzz。

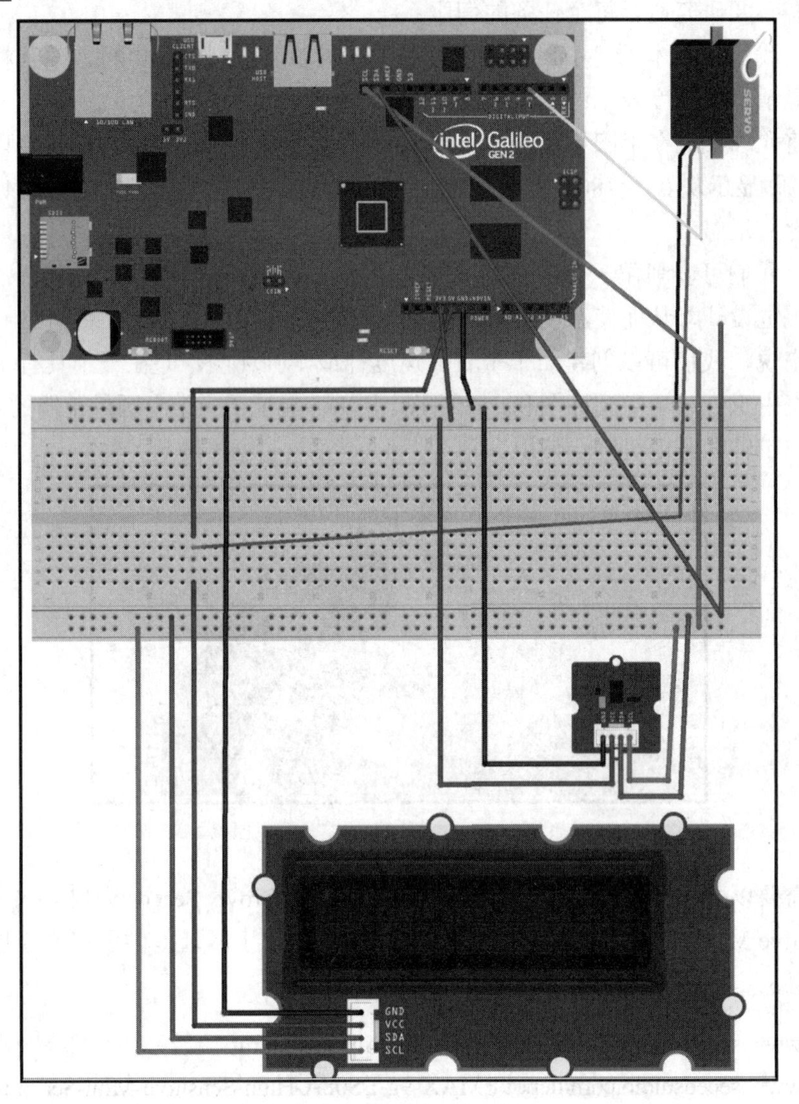

图 8-6

图 8-7 显示了本项目的电子示意图，其中电子元器件用符号表示。

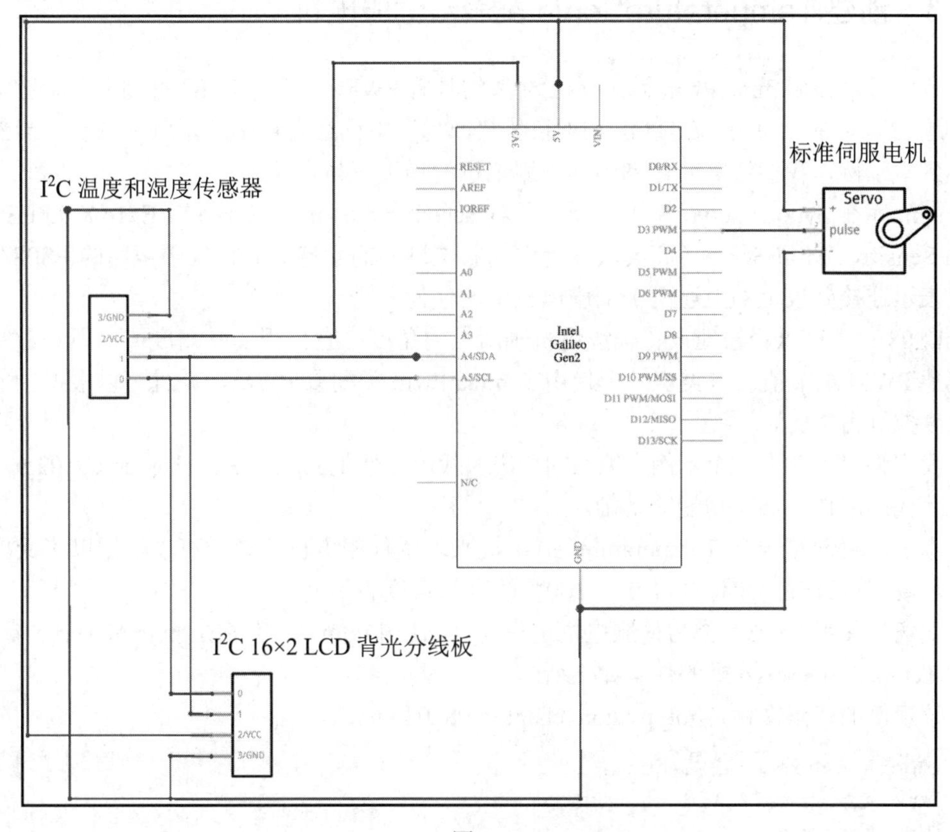

图 8-7

如图 8-7 所示，我们向现有项目添加了以下新的连接：

- Intel Galileo Gen 2 主板上的标记为 5 V 的电源引脚连接到伺服电机上标记为 + 的引脚。伺服电机通常使用红线进行此连接。
- Intel Galileo Gen 2 主板上的标记为 D3 PWM 的 GPIO 引脚（支持 PWM 功能）连接到伺服电机上标记为 pulse 的引脚。伺服电机通常使用黄线进行此连接。
- Intel Galileo Gen 2 主板上的标记为 GND 的接地引脚连接到伺服电机上标记为 -（负极）的引脚。伺服电机通常使用黑线进行此连接。

现在可以进行所有必要的布线。在此之前不要忘记关闭 Yocto Linux，等待所有板载 LED 熄灭，然后断开 Intel Galileo Gen 2 主板上的电源，最后再将连接线插入主板或从主板拔下任何电线。

8.4.3 创建 TemperatureServo 类表示伺服电机

我们可以使用 mraa.Pwm 类在标记为~3 的具有 PWM 功能的 GPIO 引脚上控制脉宽调制，这在第 4 章“使用 RESTful API 和脉宽调制”中已经有详细的示例和说明。当然，具体到本示例，我们还需要仔细阅读伺服电机的详细规格。

upm 库在 pyupm_servo 模块中提供了对 SeeedStudio Grove Servo 或 EMAX 9g ES08A High Sensitive Mini Servo（高灵敏度迷你伺服电机）的支持。此模块中声明的 ES08A 类即可表示连接到板上的上述两个伺服电机中的任何一个。

ES08A 类可以轻松地设置伺服电机轴所需的角度，它使用的是角度值而不是占空比和其他 PWM 细节值。该类实际上使用了 mraa.Pwm 类配置 PWM，并且可以根据轴所需的角度控制占空比。

我们将采用在上一个示例中编写的代码（代码文件是 iot_python_chapter_08_02.py），并将此代码用作添加新功能的基础。

本示例将创建一个 TemperatureServo 类来表示伺服电机，该类可以根据以华氏度表示的温度值设置轴的定位（以 0°~180°的有效角度表示）。

我们将使用 ES08A 类与伺服电机进行交互。使用 upm 库（特别是 pyupm_servo 模块）的新 TemperatureServo 类的代码如下所示。

该示例的代码文件是 iot_python_chapter_08_03.py。

```
import pyupm_th02 as upmTh02
import pyupm_i2clcd as upmLcd
import pyupm_servo as upmServo
import time


class TemperatureServo:
    def __init__(self, pin):
        self.servo = upmServo.ES08A(pin)
        self.servo.setAngle(0)

    def print_temperature(self, temperature_fahrenheit):
        angle = temperature_fahrenheit
        if angle < 0:
            angle = 0
        elif angle > 180:
            angle = 180
        self.servo.setAngle(angle)
```

当创建 TemperatureServo 类的实例时，必须在 pin 参数（必需）中指定与伺服电机连接的引脚编号。

构造函数（即__init__方法）创建一个新的 upmServo.ES08A 实例，将接收到的 pin 值作为其 pin 参数的值，并将其引用保存在 servo 属性中。

然后，调用 servo 的 setAngle 方法，使用 0 作为 angle 参数（必需）的值。这样，底层代码将基于在 angle 参数中接收到的值为支持 PWM 功能的 GPIO 引脚配置输出占空比，以便将轴定位在所需的角度。在本示例中，我们希望将轴放置在 0°。

该类定义了一个 print_temperature 方法，该方法接收在 temperature_fahrenheit 参数中以华氏度（℉）表示的温度值。

该代码定义了一个 angle 局部变量，以确保轴所需的角度在有效范围内：0°~180°（含）。如果在 temperature_fahrenheit 参数中接收到的值小于 0，则 angle 值将为 0；如果在 temperature_fahrenheit 参数中接收到的值大于 180，则 angle 值将为 180。

然后，该代码以 angle 为参数，调用 upmServo.ES08A 实例（self.servo）的 setAngle 方法。实际上，upmServo.ES08A 实例将基于 angle 参数中接收到的值为支持 PWM 功能的 GPIO 引脚配置输出占空比，以将轴定位在所需角度。

这样，只要温度值在 0~180℉，则轴将以与接收到的以华氏度（℉）表示的温度相同的角度显示。

如果天气太冷（小于 0℉），则轴将保持 0 度角；如果温度高于 180℉，则轴将保持 180 度角。

由于 0℉ = -17.78℃，180℉ = 82.22℃，因此，对于日常环境温度检测来说，本示例足以胜任。当然，对于不习惯使用华氏度的用户，也可以考虑在如图 8-5 所示的半圆量角器中添加与华氏度对应的摄氏度刻度。

8.4.4　修改主循环

现在，我们将对主循环进行更改，通过伺服电机的轴每隔 10 s 显示一次以华氏度（℉）表示的环境温度。

该示例的代码文件是 iot_python_chapter_08_03.py。

```
if __name__ == "__main__":
    temperature_and_humidity_sensor = \
        TemperatureAndHumiditySensor(0)
    oled = TemperatureAndHumidityOled(0)
    temperature_servo = TemperatureServo(3)
    while True:
        temperature_and_humidity_sensor.\
            measure_temperature_and_humidity()
```

```
        oled.print_temperature(
            temperature_and_humidity_sensor.temperature_fahrenheit,
            temperature_and_humidity_sensor.temperature_celsius)
        oled.print_humidity(
            temperature_and_humidity_sensor.humidity)
        temperature_servo.print_temperature(
            temperature_and_humidity_sensor.temperature_fahrenheit)
        print("Ambient temperature in degrees Celsius: {0}".
              format(temperature_and_humidity_sensor.temperature_
celsius))
        print("Ambient temperature in degrees Fahrenheit: {0}".
              format(temperature_and_humidity_sensor.temperature_
fahrenheit))
        print("Ambient humidity: {0}".
              format(temperature_and_humidity_sensor.humidity))
        # 睡眠 10 s (10000 ms)
        time.sleep(10)
```

在上面的代码中，以加粗方式显示了与先前版本相比对__main__方法所做的更改。

首先，加粗显示的代码行创建了先前编码的 TemperatureServo 类的实例，其中 pin 参数的值为 3（对应制作本示例时使用的~3 引脚）。

该代码将对此实例的引用保存在 temperature_servo 局部变量中。这样，实例将为编号 3 的配置 PWM 功能，并将轴定位在 0 度角的位置。

然后，代码将永远运行一个循环，其中，加粗显示的行将调用 temperature_servo.print_temperature 方法，并使用 temperature_and_humidity_sensor.temperature_fahrenheit 作为参数。这样，代码使轴指向量角器中对应的温度值。

8.4.5 测试

以下代码行将启动本示例。

```
python iot_python_chapter_08_03.py
```

运行该示例后，打开空调或供暖系统以改变环境温度。你将注意到轴开始移动，以每隔 10 s 一次的频率反映温度的变化。

8.5 牛 刀 小 试

1．将 Intel Galileo Gen 2 主板用作 I^2C 总线的主设备时（　　）。

A．只要从设备具有不同的 I^2C 地址，就可以将多个从设备连接到 I^2C 总线

B．只要从设备具有相同的 I^2C 地址，就可以将多个从设备连接到 I^2C 总线

C．只要从设备具有不同的 I^2C 地址，就可以将最多两个从设备连接到 I^2C 总线

2．一个 16×2 LCD 模块可以显示（　　）。

A．2 行文本，每行 16 个字符

B．16 行文本，每行 2 个字符

C．16 行文本，每行 3 个字符

3．一个 16 灰阶的 96×96 点阵 OLED 显示模块使我们可以控制（　　）。

A．96 行文本，每行 96 个字符

B．根据 OLED 显示屏的配置方式，一行包含 96 个点或 96 个字符

C．9216 个点（96×96 = 9216）

4．具有 8×8 字符框的 16 灰阶 96×96 OLED 点阵屏能够显示（　　）。

A．96 行文本，每行 96 个字符：96 列和 96 行

B．16 行文本，每行 16 个字符：16 列和 16 行

C．12 行文本，每行 12 个字符：12 列和 12 行

5．标准伺服电机能够（　　）。

A．在 OLED 显示屏上显示文本

B．将轴旋转到各种特定角度

C．通过指定所需的纬度和经度，将轴移动到特定位置

8.6　小　　结

本章介绍了可以通过 I^2C 总线连接到主板的各种显示屏。我们使用了 LCD 显示屏和 RGB 背光分线板制作示例，然后又使用了 OLED 点阵屏。

我们利用 upm 库中包含的模块和类编写了代码，以轻松使用 LCD 和 OLED 显示屏并在其上显示文本。另外，我们还编写了与模拟伺服电机交互的代码。

我们没有编写自己的代码来根据轴所需的位置设置输出占空比，而是利用了 upm 库中的特定模块和类。

现在我们能够在主板旁边显示数据并使用伺服电机，接下来可以将物联网设备连接到整个世界并使用云服务，这是第 9 章的主题。

第9章 使 用 云

本章将利用许多云服务来发布和可视化传感器收集的数据，并在物联网设备之间建立双向通信。

本章包含以下主题：

- 使用 dweepy 和 dweet.io 将数据发布到云。
- 使用 freeboard.io 构建基于 Web 的仪表板。
- 使用 PubNub 通过 Internet 实时发送和接收数据。
- 通过 PubNub 云发布带有命令的消息。
- 处理物联网设备与其他设备之间的双向通信。
- 使用 Python PubNub 客户端将消息发布到云。
- 与 Mosquitto 和 Eclipse Paho 一起使用 MQTT 协议。
- 使用 Python 客户端将消息发布到 Mosquitto 代理。

9.1 使用 dweepy 将数据发布到云

在第 8 章“显示信息和执行操作”中使用了数字温度和湿度传感器，并结合了显示屏以显示传感器收集到的信息，使用了伺服电机基于温度控制轴的角度。现在，我们想利用两个云服务来构建一个实时的、基于 Web 的交互式仪表板，该仪表板使我们能够在 Web 浏览器中查看包含以下信息的仪表：

- 环境温度，以华氏度（℉）为单位。
- 环境温度，以摄氏度（℃）为单位。
- 环境湿度水平，以百分比（%）表示。

9.1.1 关于 dweet.io

首先，我们将利用 dweet.io 发布从传感器检索到的数据，并将其提供给世界各地的不同计算机和设备。

dweet.io 数据共享实用程序使我们能够轻松地从物联网设备发布数据、消息或警报，然后使用其他设备来订阅此数据。dweet.io 数据共享实用程序将自己定义为类似于 Twitter

的社交机器。可以在其网页上了解有关 dweet.io 的更多信息：

http://dweet.io

提示：

本示例中，我们将利用 dweet.io 提供的免费服务。dweet 的某些高级功能可以为数据提供隐私保护，但也需要付费订阅。本书将不会使用这些高级功能，可以访问 dweet.io 网页的任何人都可以使用我们的数据，因为我们不使用锁定的 dweet。

dweet.io 数据共享实用程序提供了一个 Web API，允许从物联网设备发送数据。在 dweet.io 说明文档中，物联网设备被称为 thing（物件）。

首先，我们必须为自己的物联网设备选择一个唯一的名称。最简单的方式是使用一个包含全局唯一标识符（Global Unique IDentifier，GUID）的字符串。另一个选项是单击 dweet.io 主页上的 Try It Now（立即尝试）按钮，获取该网页为我们选择的名称。这样可以确保该名称是唯一的，没有其他人使用此名称来通过 dweet.io 发布数据。

一旦为物联网设备（thing）选择了唯一的名称，就可以开始发布数据，此过程称为 dweeting。我们可以在主体中使用所需的 JSON 数据组成一个 POST HTTP 动词，同时包含以下请求 URL：

https://dweet.io/dweet/for/my-thing-name

注意，这里必须用为物联网设备选择的名称替换掉 my-thing-name。在我们的示例中，将使用 iot_python_chapter_09_01_gaston_hillar 命名我们的物联网设备，该设备将发布温度和湿度值，也就是说，该物联网将要 dweet（发布）。因此，必须在主体中使用所需的 JSON 数据组成一个 POST HTTP 动词，同时包含以下请求 URL：

https://dweet.io/dweet/for/iot_python_chapter_09_01_gaston_hillar

可以看到，我们已经用具体的物联网设备名称替换了 my-thing-name。

9.1.2　安装 dweepy

dweepy 是 dweet.io 的简单 Python 客户端，它使我们能够使用 Python 轻松地将数据发布到 dweet.io。

在使用此模块提供的方法后，我们就不必通过 Python 手动构建 HTTP 请求并将其发送到特定 URL。以下是 dweepy 模块的网页：

https://pypi.python.org/pypi/dweepy/0.2.0

实际上，dweepy 使用了流行的 requests 模块提供的功能来构建和发送 HTTP 请求。

提示：

这也算是使用 Python 作为物联网主要编程语言的一项福利，总会有一个软件包使 Python 的工作变得简单。

在第 2 章“结合使用 Intel Galileo Gen 2 和 Python”中安装了 pip 软件包管理系统，以便在主板上运行的 Yocto Linux 系统中安装其他 Python 2.7.3 软件包。现在，我们将使用 pip 软件包管理系统来安装 dweepy 0.2.0。只需要在 SSH 终端运行以下命令即可安装该软件包：

```
pip install dweepy
```

在输出的最后几行将指示 dweepy 软件包已成功安装。至于与构建 wheel 包有关的错误消息和不安全的平台警告等，则可以选择无视：

```
Collecting dweepy
Downloading dweepy-0.2.0.tar.gz
Requirement already satisfied (use --upgrade to upgrade):
requests<3,>=2 in /usr/lib/python2.7/site-packages (from dweepy)
Installing collected packages: dweepy
  Running setup.py install for dweepy
Successfully installed dweepy-0.2.0
```

9.1.3 修改__main__方法

我们将采用在第 8 章中编写的代码，以从传感器读取温度和湿度值时，将此代码用作添加新功能的基础（该示例的代码文件是 iot_python_chapter_08_03.py）。

本示例将使用最近安装的 dweepy 模块将数据发布到 dweet.io，并将其用作另一个云服务的数据源，这将使我们能够构建基于 Web 的仪表板。

我们将在循环中添加必要的行，以每隔 10 s 发布一次测量值。

该示例的代码文件是 iot_python_chapter_09_01.py。

```
import pyupm_th02 as upmTh02
import pyupm_i2clcd as upmLcd
import pyupm_servo as upmServo
import dweepy
import time
```

```
if __name__ == "__main__":
    temperature_and_humidity_sensor = \
        TemperatureAndHumiditySensor(0)
    oled = TemperatureAndHumidityOled(0)
    temperature_servo = TemperatureServo(3)
    # 不要忘记使用你自己的物联网设备名称
    # 替换示例中的 thing_name 值
    thing_name = "iot_python_chapter_09_01_gaston_hillar"
    while True:
        temperature_and_humidity_sensor.\
            measure_temperature_and_humidity()
        oled.print_temperature(
            temperature_and_humidity_sensor.temperature_fahrenheit,
            temperature_and_humidity_sensor.temperature_celsius)
        oled.print_humidity(
            temperature_and_humidity_sensor.humidity)
        temperature_servo.print_temperature(
            temperature_and_humidity_sensor.temperature_fahrenheit)
        # 将数据推送到 dweet.io
        dweet = {"temperature_celsius": "{:5.2f}".format(temperature_
and_humidity_sensor.temperature_celsius),
                 "temperature_fahrenheit": "{:5.2f}".
format(temperature_and_humidity_sensor.temperature_fahrenheit),
                 "humidity_level_percentage": "{:5.2f}".
format(temperature_and_humidity_sensor.humidity)}
        dweepy.dweet_for(thing_name, dweet)
        print("Ambient temperature in degrees Celsius: {0}".
              format(temperature_and_humidity_sensor.temperature_
celsius))
        print("Ambient temperature in degrees Fahrenheit: {0}".
              format(temperature_and_humidity_sensor.temperature_
fahrenheit))
        print("Ambient humidity: {0}".
              format(temperature_and_humidity_sensor.humidity))
        # 睡眠 10 s（10000 ms）
        time.sleep(10)
```

在上面的代码中，以加粗方式显示了与先前版本相比对__main__方法所做的更改。加粗显示的第一行创建了一个名为 thing_name 的局部变量，该变量保存了一个字符串，该字符串就是为 dweet.io 使用的物联网设备（物件）选择的名称。请记住，在运行示例代码之前，必须用你自己为物联网设备选择的名称替换掉该字符串。

然后，代码将永远运行一个循环，在加粗显示的行中，将创建一个字典并将其保存在 dweet 局部变量中。该字典定义了我们想要以 JSON 数据形式发送给 dweet.io 的键-值对。以下是该代码将要发送的键：

- temperature_celsius
- temperature_fahrenheit
- humidity_level_percentage

上面枚举的键的值就是传感器检索到之后转换为字符串的值。

一旦构建了具有所需 JSON 数据的字典，代码便会以 thing_name（物联网设备名称）和 dweet（针对指定的物联网设备要发布的 JSON 数据）作为参数调用 dweepy.dweet_for 方法。实际上，dweepy.dweet_for 方法将使用 requests 模块，以 dweet 字典作为主体中所需的 JSON 数据，再加上以下请求 URL 组成 POST HTTP 动词：

https://dweet.io/dweet/for/thing_name 局部变量中指定的物联网设备名称

这样，代码将 dweet（发布）从传感器检索到的温度和湿度值。

9.1.4 测试

以下命令行将启动本示例：

```
python iot_python_chapter_09_01.py
```

运行本示例后，打开空调或供暖系统，以改变环境温度和湿度。这样，我们就可以看到发布的数据每 10 s 所发生的变化。

等待大约 20 s，然后在任何 Web 浏览器中打开以下 URL：

http://dweet.io/follow/iot_python_chapter_09_01_gaston_hillar

不要忘记将本示例中的 iot_python_chapter_09_01_gaston_hillar 替换为你为自己的物联网设备选择的名称。

在本示例中，可以在连接到 Internet 的任何设备中输入上面的 URL。不需要将联网浏览结果的设备与主板放在同一个局域网（LAN）中，因为这些值是通过 dweet.io 发布的，可以在任何地方使用。

Visual（可视）视图将显示一条线形图，其中包含湿度和温度值随时间变化的曲线。右侧将显示已发布的最新值。当 Python 代码修改新值时，视图将自动刷新。图 9-1 显示了带有 Visual（可视）视图的屏幕截图。

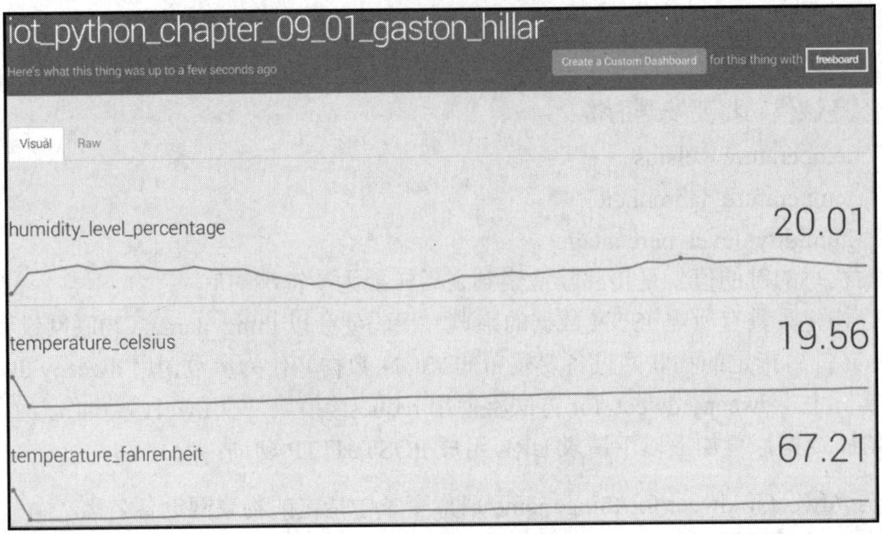

图 9-1

单击 Raw（原始值）视图，页面将显示最新的 JSON 数据，这是在主板上运行的 Python 代码通过 dweet.io 发布和接收到的物联网设备的数据。

以下显示了最新接收到的 JSON 数据示例，它和图 9-1 是对应的。

```
{
  "humidity_level_percentage": 20.01,
  "temperature_celsius": 19.56,
  "temperature_fahrenheit": 67.21
}
```

在第 4 章“使用 RESTful API 和脉宽调制”中安装了 HTTPie，这是一个用 Python 编写的命令行 HTTP 客户端，可以轻松地发送 HTTP 请求，并且使用的语法比 curl（也称为 cURL）更容易。开发人员可以在任何计算机或设备上运行以下 HTTPie 命令来检索自己的物联网设备所发布的最新数据。

```
http -b https://dweet.io:443/get/latest/dweet/for/
iot_python_chapter_09_01_gaston_hillar
```

上面的命令将组成并发送以下 HTTP 请求：

```
GET https://dweet.io:443/get/latest/dweet/for/
iot_python_chapter_09_01_gaston_hillar
```

dweet.io API 将返回指定物联网设备的最新 dweet。以下显示了来自 dweet.io 的响应示例。JSON 数据包含在 content 键的值中。


```
{
    "by": "getting",
    "the": "dweets",
    "this": "succeeded",
    "with": [
        {
            "content": {
                "humidity_level_percentage": 19.92,
                "temperature_celsius": 20.06,
                "temperature_fahrenheit": 68.11
            },
            "created": "2016-03-27T00:11:12.598Z",
            "thing": "iot_python_chapter_09_01_gaston_hillar"
        }
    ]
}
```


可以在任何计算机或设备上运行以下 HTTPie 命令来检索所有已保存的发布数据。

```
http -b https://dweet.io:443/get/dweets/for/
iot_python_chapter_09_01_gaston_hillar
```

上面的命令将组成并发送以下 HTTP 请求：

```
GET https://dweet.io:443/get/dweets/for/
iot_python_chapter_09_01_gaston_hillar
```

dweet.io API 将从长期存储中返回为指定物联网设备保存的已发布数据。以下显示了来自 dweet.io 的响应示例。


```
{
    "by": "getting",
    "the": "dweets",
    "this": "succeeded",
    "with": [
        {
            "content": {
                "humidity_level_percentage": 19.94,
                "temperature_celsius": 20.01,
                "temperature_fahrenheit": 68.02
            },
            "created": "2016-03-27T00:11:00.554Z",
```

```
            "thing": "iot_python_chapter_09_01_gaston_hillar"
        },
        {
            "content": {
                "humidity_level_percentage": 19.92,
                "temperature_celsius": 19.98,
                "temperature_fahrenheit": 67.96
            },
            "created": "2016-03-27T00:10:49.823Z",
            "thing": "iot_python_chapter_09_01_gaston_hillar"
        },
        {
            "content": {
                "humidity_level_percentage": 19.92,
                "temperature_celsius": 19.95,
                "temperature_fahrenheit": 67.91
            },
            "created": "2016-03-27T00:10:39.123Z",
            "thing": "iot_python_chapter_09_01_gaston_hillar"
        },
        {
            "content": {
                "humidity_level_percentage": 19.91,
                "temperature_celsius": 19.9,
                "temperature_fahrenheit": 67.82
            },
            "created": "2016-03-27T00:10:28.394Z",
            "thing": "iot_python_chapter_09_01_gaston_hillar"
        }
    ]
}
```

请注意，长期存储的数据和返回的已发布数据是有数量限制的。

9.2　使用 Freeboard 构建基于 Web 的仪表板

如前文所述，dweet.io 数据共享实用程序仅需几行代码就可以轻松地将数据发布到云中。现在，可以考虑使用 dweet.io 和物联网设备名称（thing_name）作为数据源来构建基于 Web 的实时仪表板。

可以利用 freeboard.io 来可视化传感器收集并发布到 dweet.io 的数据，使得世界各地的不同计算机和设备都可以访问这些测量设备的仪表板。

9.2.1 关于 freeboard.io

freeboard.io 允许通过选择数据源并拖放可自定义的小部件来构建仪表板。freeboard.io 将自身定义为基于云的服务，使用户能够可视化物联网。开发人员可以在以下网站上找到有关 freeboard.io 的更多信息：

http://freeboard.io

提示：

和 dweet.io 一样，freeboard.io 也提供了需要付费订阅的高级功能，可以为仪表板提供隐私保护。在本示例中，我们将利用 freeboard.io 提供的免费服务，仪表板将提供给具有唯一 URL 的任何人，因为我们不打算使用私有仪表板。

9.2.2 创建 Freeboard 账户

Freeboard 要求注册并使用有效的电子邮件和密码创建一个账户，然后才能构建基于 Web 的仪表板。在此过程中并不需要输入任何信用卡或付款信息。如果你已经在 Freeboard.io 上有一个账户，则可以跳过这一步。

在 Web 浏览器中转到 http://freeboard.io，然后单击 Start Now（立即开始）。也可以通过访问 https://freeboard.io/signup 实现相同的目标。在 Pick a Username（选择用户名）中输入一个用户名，在 Enter Your Email（输入你的电子邮箱）中输入你的电子邮件地址，在 Create a Password（创建密码）中输入所需的密码。在填写完所有字段后，单击 Create My Account（创建我的账户）。

在创建账户后，可以在 Web 浏览器中转到 http://freeboard.io，然后单击 Login（登录）。可以通过访问 https://freeboard.io/login 实现相同的目标。

输入你的用户名或电子邮件和密码，单击 Login（登录）。Freedboard 将显示你的 Freeboard 页面，也称为仪表板（Dashboard）。

9.2.3 创建仪表板

成功登录 Freeboard 账户后，在 Create New（创建新仪表板）按钮左侧的 enter a name（输入名称）文本框中输入 Ambient temperature and humidity（环境温度和湿度），然后单击 Create New（创建新仪表板）按钮。Freeboard.io 将显示一个空的仪表板，其中包含许多按钮，用户可以通过这些按钮添加窗格和数据源。图 9-2 显示了仪表盘为空的屏幕截图。

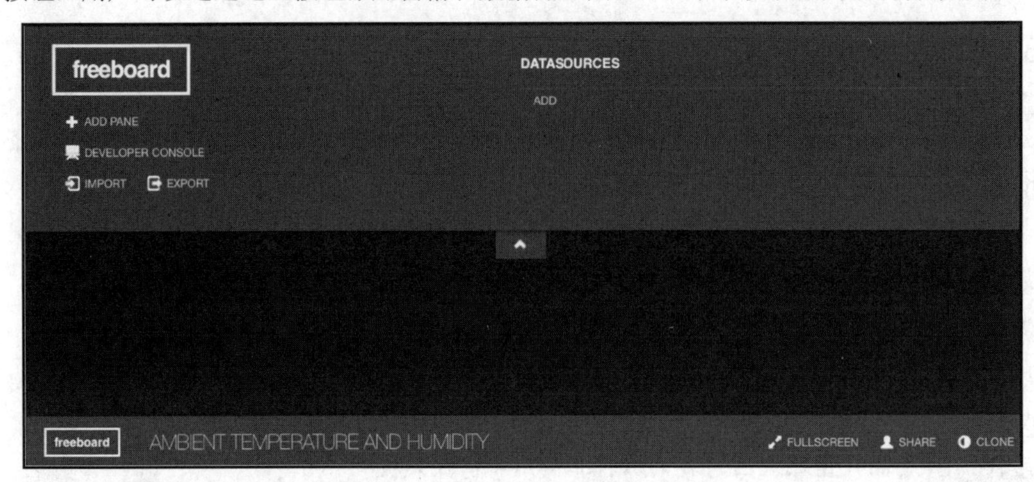

图 9-2

单击 DATA SOURCES（数据源）下面的 ADD（添加），网站将打开 DATA SOURCES（数据源）对话框。在 TYPE（类型）下拉列表中选择 Dweet.io，对话框将显示定义 dweet.io 数据源所需的字段。

在 NAME（名称）中输入 Ambient temperature and humidity（环境温度和湿度），在 THING NAME（物联网设备名称）中输入 dweet.io 使用的物联网设备名称。

在本示例中，我们使用了 iot_python_chapter_09_01_gaston_hillar 来命名物联网设备，但是你应该用自己的物联网设备名称替换该名称。如果你输入的名称与使用 dweet.io 时使用的名称不匹配，则数据源将无法获取适当的数据。图 9-3 显示了使用示例物联网设备名称的 dweet.io 数据源配置的屏幕截图。

单击 SAVE（保存），该数据源将显示在 DATA SOURCES（数据源）下方。由于主板正在运行 Python 代码，因此 Last Updated（上次更新）中显示的时间将每 10 s 更改一次。如果该时间没有每 10 s 更改一次，则意味着数据源配置错误，或者主板已经不再运行发布数据（dweeting）的 Python 代码。

单击 ADD PANE（添加窗格）以将新的空白窗格添加到仪表板。然后，单击新的空白窗格右上角的加号（+），Freeboard 将显示 Widget（小部件）对话框。

在 Type（类型）下拉列表中选择 Gauge（仪表），对话框将显示字段，这些字段是将仪表小部件添加到仪表板窗格中所需要的（其实就是让你选择在仪表小部件中显示的字段）。在 Title（标题）中输入 Temperature in degrees Fahrenheit（以华氏度为单位的温度）。

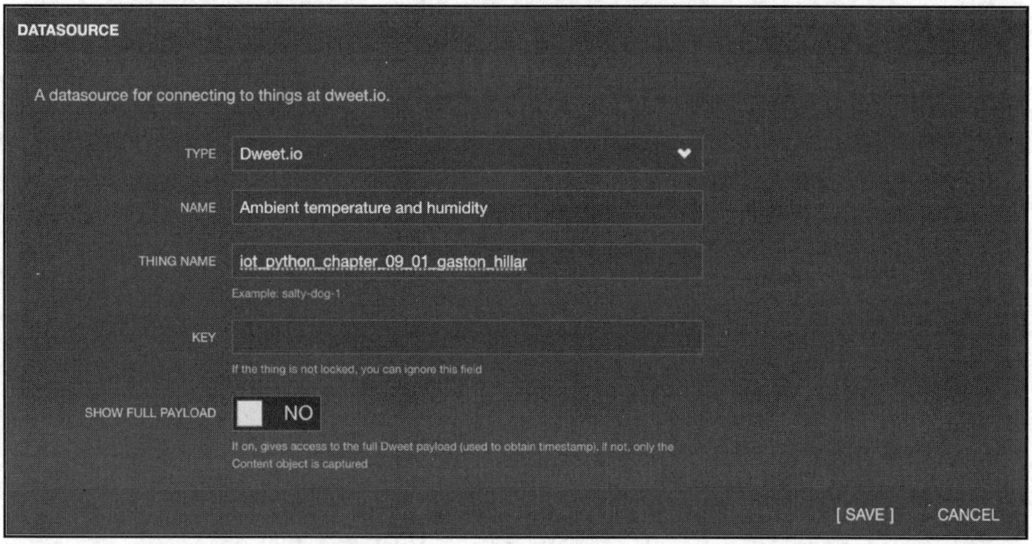

图 9-3

单击 Value（值）文本框右侧的 + Datasource（添加数据源），选择 Ambient temperature and humidity（环境温度和湿度），然后选择 temperature_fahrenheit。选择之后，Value（值）文本框中将出现以下文本：

```
datasources ["Ambient temperature and humidity"] ["temperature_ fahrenheit"]
```

在 Units（单位）中输入℉，输入 Minimum（最小值）为-30，Maximum（最大值）为 130。然后单击 Save（保存），Freeboard 将关闭此对话框，并将新的仪表添加到仪表板先前创建的窗格中。

该仪表将显示主板中运行的代码发布的以华氏度为单位的环境温度的最新值，即代码上次向 dweet.io 发布的 JSON 数据中的 temperature_fahrenheit 键的值。图 9-4 显示了 Ambient temperature and humidity（环境温度和湿度）数据源，其中显示了最近更新的时间，而仪表则显示了以华氏度为单位测量的环境温度的最新值。

单击 ADD PANE（添加窗格），将另一个新的空白窗格添加到仪表板。然后，单击新的空白窗格右上角的加号（+），Freeboard 将显示 Widget（小部件）对话框。

在 Type（类型）下拉列表中选择 Gauge（仪表），对话框将显示字段，这些字段是将仪表小部件添加到仪表板窗格中所需要的。在 Title（标题）中输入 Humidity level in percentage（百分比形式的湿度级别）。

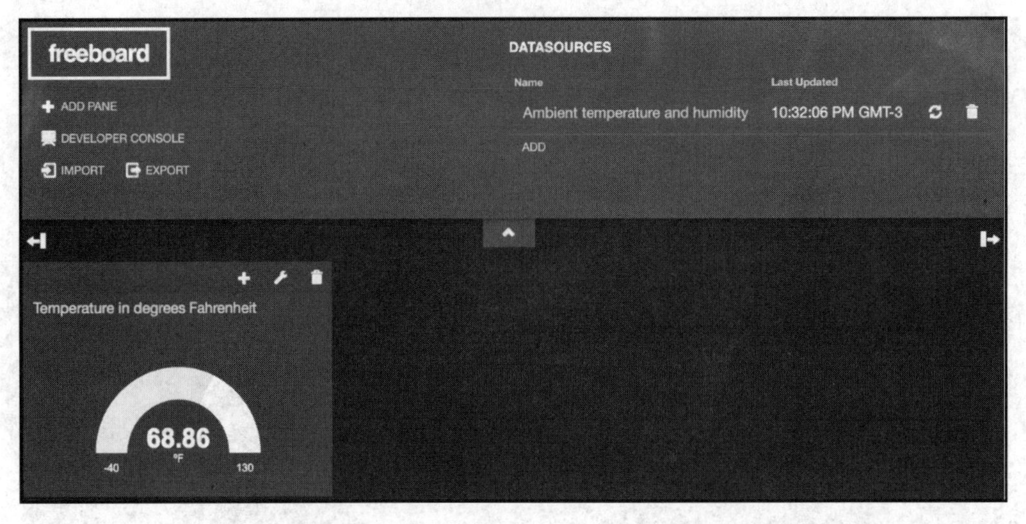

图 9-4

单击 Value（值）文本框右侧的 + Datasource（添加数据源），选择 Ambient temperature and humidity（环境温度和湿度），然后选择 humidity_level_percentage。选择之后，Value（值）文本框中将出现以下文本：

```
datasources ["Ambient temperature and humidity"] ["humidity_level_
percentage"]
```

在 Units（单位）中输入%，输入 Minimum（最小值）为 0，Maximum（最大值）为 100。然后单击 Save（保存），Freeboard 将关闭此对话框，并将新的仪表添加到仪表板先前创建的窗格中。

该仪表将显示主板中运行的代码发布的百分比形式的环境湿度水平的最新值，即代码上次向 dweet.io 发布的 JSON 数据中的 Humid_level_percentage 键的值。

现在，单击显示温度（以华氏度为单位）的窗格右上角的加号（+），Freeboard 将显示 Widget（小部件）对话框。

在 Type（类型）下拉列表中选择 Gauge（仪表），对话框将显示字段，这些字段是将仪表小部件添加到仪表板窗格中所需要的。在 Title（标题）中输入 Temperature in degrees Celsius（以摄氏度为单位的温度）。

单击 Value（值）文本框右侧的 + Datasource（添加数据源），选择 Ambient temperature and humidity（环境温度和湿度），然后选择 temperature_celsius。选择之后，Value（值）文本框中将出现以下文本：

```
datasources ["Ambient temperature and humidity"] ["temperature_celsius"]
```

在 Units（单位）中输入℃，输入 Minimum（最小值）为-40，Maximum（最大值）为 55。然后单击 Save（保存），Freeboard 将关闭此对话框，并将新的仪表添加到仪表板先前创建的窗格中。

通过这种方式，该窗格将显示两个仪表，其中包括以两个不同单位表示的温度。新的仪表将显示主板中运行的代码发布的以摄氏度为单位的环境温度的最新值，即代码上次向 dweet.io 发布的 JSON 数据中的 temperature_celsius 键的值。

现在，单击显示两个温度窗格中“+”按钮右侧的配置图标。Freeboard 将显示 Pane（窗格）对话框。在 Title（标题）中输入 Temperature（温度），然后单击 Save（保存）。

单击显示湿度级别窗格中“+”按钮右侧的配置图标。Freeboard 将显示 Pane（窗格）对话框。在 Title（标题）中输入 Humidity（湿度），然后单击 Save（保存）。

拖放窗格以将 Humidity（湿度）窗格定位在 Temperature（温度）窗格的左侧。图 9-5 显示了我们构建的仪表板，其中有两个窗格和 3 个仪表，它们将在 Intel Galileo Gen 2 主板上运行的代码发布新数据时自动刷新数据。

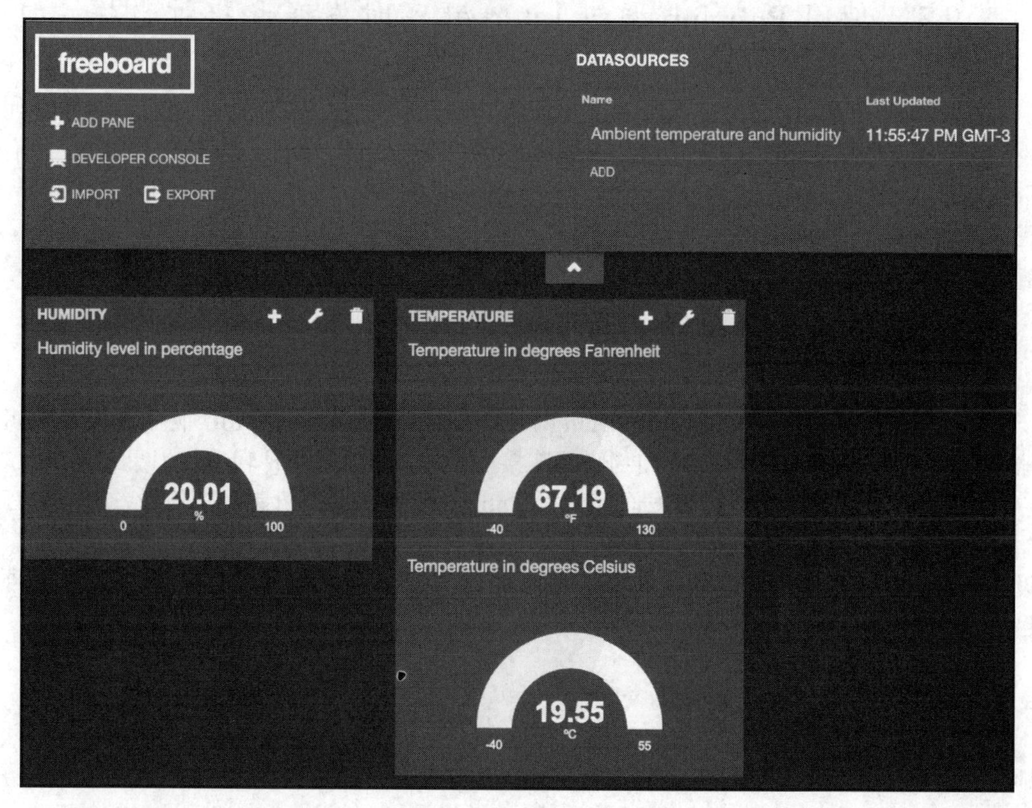

图 9-5

提示：

通过输入在使用仪表板时 Web 浏览器显示的 URL，可以在任何设备中访问最近构建的仪表板。该 URL 由 https://freeboard.io/board/前缀加上字母和数字组成。

例如，如果该 URL 是 https://freeboard.io/board/EXAMPLE，则只要在任何连接到 Internet 的设备或计算机上的 Web 浏览器中输入该地址，即可观察到仪表。当 Intel Galileo Gen 2 主板向 dweet.io 发布新数据时，仪表数据也会自动刷新。

以 dweet.io 作为数据源，以 freeboard.io 作为基于 Web 的仪表板，这种结合使我们可以轻松监控连接到 Intel Galileo Gen 2 主板的传感器检索的数据，并且在任何可以上网浏览的设备和计算机上都可以进行这种监控。

这种物联网设备和云服务的结合只是组合不同服务的示例之一。在我们的解决方案中，还可以使用更多基于物联网和云的服务。

9.3　使用 PubNub 通过 Internet 实时发送和接收数据

在第 4 章“使用 RESTful API 和脉宽调制”中开发并使用了 RETful API，该 API 使我们能够通过 HTTP 请求控制连接到 Intel Galileo Gen 2 主板的电子元器件。现在，我们希望通过 Internet 实时发送和接收数据，但 RESTful API 并不是实现此目的的最合适选择。我们可以考虑一种比 HTTP 更轻巧的协议，使用其发布/订阅模型。具体来说，就是基于 MQTT 协议的服务。

9.3.1　关于 MQTT 和 PubNub

消息队列遥测传输（Message Queuing Telemetry Transport，MQTT）协议是机器对机器（Machine-to-Machine，M2M）和物联网连接协议。MQTT 是一种轻量级消息传递协议，它运行在 TCP/IP 之上，并使用发布-订阅（Publish-Subscribe）机制。任何设备都可以订阅特定的频道（也称为主题），订阅之后，它将接收发布到该频道的所有消息。另外，设备也可以将消息发布到该频道或其他频道。该协议在物联网和机器对机器（M2M）项目中已经变得非常流行。你可以在以下网页了解有关 MQTT 协议的更多信息：

http://mqtt.org

PubNub 提供了许多基于云的服务，其中一项使开发人员能够使用 MQTT 协议轻松地流传输（Streaming）数据并实时向任何设备发送信号。本示例将利用此 PubNub 服务通过 Internet 实时发送和接收数据，并通过 Internet 轻松控制 Intel Galileo Gen 2 主板。

由于 PubNub 为 Python API 提供了高质量的说明文档和示例，因此在 Python 中使用该服务非常容易。

PubNub 将自己定义为物联网、移动和 Web 应用程序的全球数据流传输网络。你可以在以下网页了解有关 PubNub 的更多信息：

http://www.pubnub.com

提示：

和 dweet.io 一样，PubNub 也提供了需要付费订阅的高级功能，可以为物联网项目提供增强连接服务。在本示例中，我们将利用 PubNub 提供的免费服务。

9.3.2　创建 PubNub 账户并生成发布和订阅密钥

PubNub 要求用户注册并使用有效的电子邮件和密码创建账户，然后才能在 PubNub 中创建允许使用其免费服务的应用程序。用户不需要输入任何信用卡或付款信息。如果你已经在 PubNub 拥有账户，则可以跳过这一步。

在创建账户后，PubNub 会将你重定向到列出你的 PubNub 应用程序的 Admin Portal（管理门户）。为了在网络中发送和接收消息，必须生成你的 PubNub 发布和订阅密钥。此时有一个新的窗格将代表管理门户中的应用程序。图 9-6 显示了 PubNub Admin Portal（管理门户）中的 Temperature Control（温度控制）应用程序窗口。

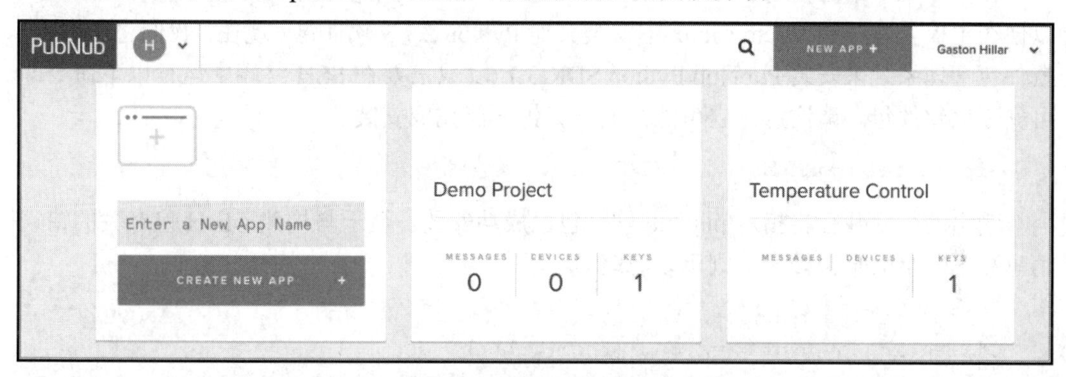

图 9-6

单击 Temperature Control（温度控制）窗格，PubNub 将显示为该应用程序自动生成的 Demo Keyset（演示密钥集）窗格。单击此窗格，PubNub 将显示 Publish Key（发布密钥）、Subscribe Key（订阅密钥）和 Secret Key（秘密密钥）。用户必须复制并粘贴每个密钥，以便在自己的代码中使用它们来发布和订阅消息。图 9-7 显示了这些密钥的前缀，其余字符则已做了隐藏处理。

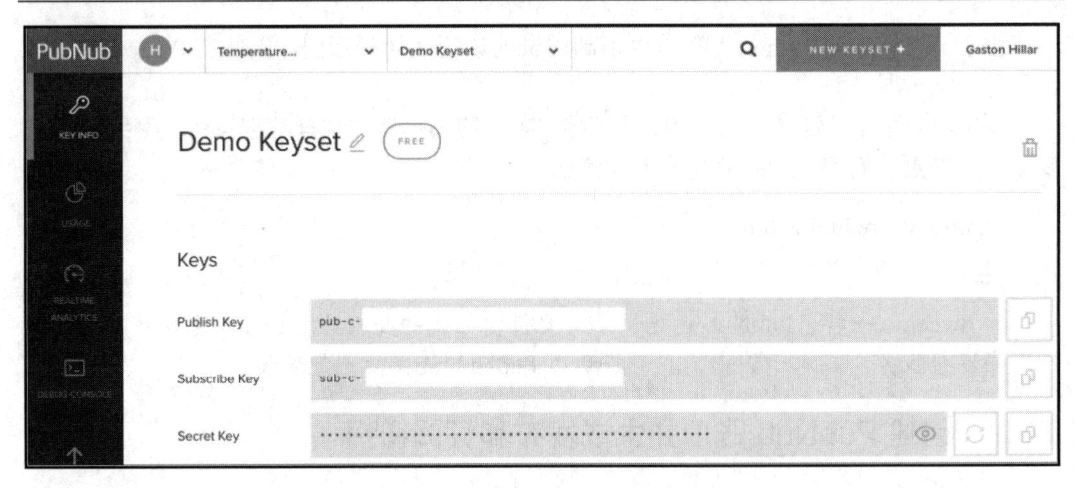

图 9-7

要复制 Secret Key（秘密密钥），则必须单击该密钥右侧的眼睛图标，这样，PubNub 将使所有字符可见。

9.3.3 安装 PubNub Python SDK

在第 2 章“结合使用 Intel Galileo Gen 2 和 Python”中安装了 pip 软件包管理系统，以便在主板上运行的 Yocto Linux 中安装其他 Python 2.7.3 软件包。现在，我们将使用 pip 软件包管理系统来安装 PubNub Python SDK 3.7.6。只需要在 SSH 终端中运行以下命令即可安装该软件包。请注意，它可能需要几分钟才能完成安装。

```
pip install pubnub
```

输出的最后几行将指示 pubnub 软件包已成功安装。至于与构建 wheel 包有关的错误消息和不安全的平台警告等则可以忽略。

```
  Downloading pubnub-3.7.6.tar.gz
Collecting pycrypto>=2.6.1 (from pubnub)
  Downloading pycrypto-2.6.1.tar.gz (446kB)
    100% |################################| 446kB 25kB/s
Requirement already satisfied (use --upgrade to upgrade):
requests>=2.4.0 in /usr/lib/python2.7/site-packages (from pubnub)
Installing collected packages: pycrypto, pubnub
  Running setup.py install for pycrypto
Installing collected packages: pycrypto, pubnub
  Running setup.py install for pycrypto
```

```
Running setup.py install for pubnub
Successfully installed pubnub-3.7.6 pycrypto-2.6.1
```

9.3.4　创建 MessageChannel 类

当需要从传感器读取温度和湿度值时，我们将采用在第 8 章中编写的代码，该示例的代码文件是 iot_python_chapter_08_03.py，其功能是将温度和湿度值输出到 OLED 点阵屏中，并旋转伺服电机的轴，使用该轴显示以华氏度表示的温度值。我们将使用此代码作为基础来添加新功能。将 PubNub 消息发送到特定频道时，任何可以使用 Web 浏览器访问 Internet 的设备都可以订阅该频道。新功能将允许执行以下操作：

- 旋转伺服电机的轴，显示作为消息的一部分接收到的以华氏度为单位的温度值。
- 在 OLED 点阵屏底部显示一行作为消息的一部分接收到的文本。

当我们在频道中接收消息时，将使用最近安装的 pubnub 模块来订阅特定频道并运行代码。我们将创建一个 MessageChannel 类来表示通信频道、配置 PubNub 订阅，并声明回调代码（当某些事件触发时，将执行该回调）。

该示例的代码文件是 iot_python_chapter_09_02.py。

请记住，我们使用了代码文件 iot_python_ Chapter_08_03.py 作为基础，因此，我们会将 MessageChannel 类添加到该文件的现有代码中，并创建一个新的 Python 文件。

不要忘记将__init__方法中分配给 publish_key 和 subscribe_key 局部变量的字符串替换为你自己从先前介绍的 PubNub 密钥生成过程（见图 9-7）中检索到的值。

```
import time
from pubnub import Pubnub

class MessageChannel:
    command_key = "command"

    def __init__(self, channel, temperature_servo, oled):
        self.temperature_servo = temperature_servo
        self.oled = oled
        self.channel = channel
        # 发布密钥通常是以 "pub-c-" 为前缀的密钥
        # 不要忘记用你自己的发布密钥替换此密钥
        publish_key = "pub-c-xxxxxxxx-xxxx-xxxx-xxxx-xxxxxxxxxxxx"
        # 订阅密钥通常是以 "sub-c" 为前缀的密钥
        # 不要忘记用你自己的订阅密钥替换此密钥
        subscribe_key = "sub-c-xxxxxxxx-xxxx-xxxx-xxxx-xxxxxxxxxxxx"
        self.pubnub = Pubnub(publish_key=publish_key, subscribe_
```

```
key=subscribe_key)
        self.pubnub.subscribe(channels=self.channel,
                              callback=self.callback,
                              error=self.callback,
                              connect=self.connect,
                              reconnect=self.reconnect,
                              disconnect=self.disconnect)

    def callback(self, message, channel):
        if channel == self.channel:
            if self.__class__.command_key in message:
                if message[self.__class__.command_key] == "print_
temperature_fahrenheit":
                    self.temperature_servo.print_temperature(message["
temperature_fahrenheit"])
                elif message[self.__class__.command_key] == "print_
information_message":
                    self.oled.print_line(11, message["text"])
            print("I've received the following message: {0}".
format(message))

    def error(self, message):
        print("Error: " + str(message))

    def connect(self, message):
        print("Connected to the {0} channel".
              format(self.channel))
        print(self.pubnub.publish(
            channel=self.channel,
            message="Listening to messages in the Intel Galileo Gen 2
board"))

    def reconnect(self, message):
        print("Reconnected to the {0} channel".
              format(self.channel))

    def disconnect(self, message):
        print("Disconnected from the {0} channel".
              Format(self.channel))
```

在上面的代码中，MessageChannel 类首先声明了一个 command_key 类属性，该属性定义了一个键字符串，该键字符串定义了消息中被代码理解为命令的内容。每当接收到包含指定键字符串的消息时，我们就会知道，字典中与此键关联的值表示的是命令，即该消息要求主板中运行的代码对其进行处理。每个命令都需要其他键/值对，它们提供了执行命令所需的信息。

在创建 MessageChannel 实例时，必须在 channel 参数中指定 PubNub 频道名称，在 temperature_servo 参数中指定 TemperatureServo 实例，在 oled 参数中指定 Oled 实例，它们都是必需的参数。

构造函数（即__init__方法）将接收到的参数保存在具有相同名称的 3 个属性中。channel 参数指定要订阅的 PubNub 频道，以侦听其他设备发送到该频道的消息。我们还将向该频道发布消息，因此，我们将同时是该频道的订阅者（Subscriber）和发布者（Publisher）。

提示：

在本示例中，我们将只订阅一个频道。但是，非常重要的是，开发人员要知道，我们并不限于订阅一个频道，而是可以订阅许多频道。

然后，构造函数声明了两个局部变量：publish_key 和 subscribe_key。这些局部变量将保存我们使用 PubNub 管理门户生成的发布密钥和订阅密钥。

代码使用 publish_key 和 subscribe_key 作为参数创建一个新的 Pubnub 实例，并将新实例的引用保存在 pubnub 属性中。

最后，代码为新实例调用 subscribe 方法，以订阅 channel 属性中保存的频道上的数据。实际上，subscribe 方法是使客户端创建一个开放 TCP 套接字到 PubNub 网络，该套接字（Socket）包含一个 MQTT 代理，并开始侦听指定频道上的消息。

对该方法的调用为以下命名参数指定了在 MessageChannel 类中声明的许多方法。

- callback：指定从频道收到新消息时将调用的函数。
- error：指定出现错误事件时调用的函数。
- connect：指定与 PubNub 云建立成功连接后将调用的函数。
- reconnect：指定与 PubNub 云成功完成重新连接后将调用的函数。
- disconnect：指定客户端从 PubNub 云断开连接时将调用的函数。

这样，只要发生上面枚举的事件之一，就会执行指定的方法。

接下来，代码分别定义了上面列表中的 5 个方法。

callback 方法接收两个参数：message 和 channel。首先，该方法将检查接收到的 channel 是否与 channel 属性中的值匹配。在本示例中，无论何时执行 callback 方法，channel 参数中的值将始终与 channel 属性中的值匹配，因为我们只订阅了一个频道。但是，如果订阅了多个频道，则始终有必要检查发送消息和接收消息的频道。

然后，代码检查消息字典中是否包含 command_key 类属性。如果表达式的计算结果为 True，则表示消息中包含必须要处理的命令。但是，在处理命令之前，我们还必须检查究竟是哪个命令，因此，有必要检索与 command_key 类属性等效的键相关联的值。当值是以下两个命令中的任何一个时，该代码即可运行。

- print_temperature_fahrenheit：该命令必须在 temperature_fahrenheit 键的值中指定以华氏度（℉）表示的温度值。该代码使用从字典中检索到的温度值作为参数来调用 self.temperature_servo.print_temperature 方法。这样，代码将根据包含命令的消息中的指定温度值来移动伺服电机的轴。
- print_information_message：该命令必须在 print_information_message 键的值中指定需要在 OLED 矩阵屏底部显示的文本行。该代码使用数字 11 作为参数调用 self.oled.print_line 方法，并将从字典中检索到的文本值作为参数。这样，代码将在消息中显示接收到的文本，其中包括 OLED 矩阵屏底部的命令。

无论消息是否包含有效命令，该方法都会打印在控制台输出中接收到的原始消息。

connect 方法将输出一条消息，指示已与频道建立连接。然后，该方法打印调用 self.pubnub.publish 方法的结果，它会将消息发布到 self.channel 保存的频道名称中，并显示以下消息：Listening to messages in the Intel Galileo Gen 2 board（正在侦听 Intel Galileo Gen 2 主板中的消息）。

在本示例中，对 self.pubnub.publish 方法的调用以同步执行的方式运行。在下一个示例中，我们将讨论对该方法的异步执行。

现在，我们已经订阅了该频道，因此，将会接收到先前发布的消息，并且将以该消息为参数执行回调方法。但是，由于消息不包含标识命令的键，因此回调方法中的代码将仅显示接收到的消息，并且不会处理任何先前分析过的命令。

在 MessageChannel 类中声明的其他方法仅向控制台输出显示有关已发生事件的信息。兹不赘述。

9.3.5 修改__main__方法

接下来，我们将使用上面介绍的 MessageChannel 类来创建__main__方法的新版本，该方法将使用 PubNub 云接收和处理命令。当环境温度变化时，新版本不再是旋转伺服电机的轴，而是当它从连接到 PubNub 云的任何设备接收到适当的命令时，才执行此操作。

__main__方法的新版本的代码如下所示。

该示例的代码文件是 iot_python_chapter_09_02.py。

```
if __name__ == "__main__":
    temperature_and_humidity_sensor = \
        TemperatureAndHumiditySensor(0)
```

```
    oled = TemperatureAndHumidityOled(0)
    temperature_servo = TemperatureServo(3)
    message_channel = MessageChannel("temperature", temperature_servo,
oled)
    while True:
        temperature_and_humidity_sensor.\
            measure_temperature_and_humidity()
        oled.print_temperature(
            temperature_and_humidity_sensor.temperature_fahrenheit,
            temperature_and_humidity_sensor.temperature_celsius)
        oled.print_humidity(
            temperature_and_humidity_sensor.humidity)
        print("Ambient temperature in degrees Celsius: {0}".
              format(temperature_and_humidity_sensor.temperature_
celsius))
        print("Ambient temperature in degrees Fahrenheit: {0}".
              format(temperature_and_humidity_sensor.temperature_
fahrenheit))
        print("Ambient humidity: {0}".
              format(temperature_and_humidity_sensor.humidity))
        # 睡眠 10 s（10000 ms）
        time.sleep(10)
```

在上面的代码中，加粗显示的行创建了先前介绍过的 MessageChannel 类的实例，并使用 temperature、temperature_servo 和 oled 作为参数。

构造函数将订阅 PubNub 云中的 temperature 频道，因此，我们必须将消息发送到此频道，以便发送命令（代码将以异步执行方式处理）。

循环代码和以前版本是一样的，从传感器读取值并将其输出到控制台，因此，我们将在循环中运行代码，并且还将侦听 PubNub 云 temperature 频道中的消息。

在这里不要着急启动示例，因为在主板运行代码之前，我们还需要在 PubNub 调试控制台中订阅频道。

9.3.6　通过 PubNub 云发布带有命令的消息

现在，我们将利用 PubNub 控制台将包含命令的消息发送到 temperature 频道，并使主板上运行的 Python 代码处理这些命令。

如果你已退出 PubNub，则请再次登录并单击 Admin Portal（管理门户）中的 Temperature Control（温度控制）窗格。PubNub 将显示 Demo Keyset（演示密钥集）窗格。

单击 Demo Keyset（演示密钥集）窗格，PubNub 将显示 Publish Key（发布密钥）、

Subscribe Key（订阅密钥）和 Secret Key（秘密密钥）。这样，我们就可以选择将要用于 PubNub 应用程序的密钥集。

单击位于屏幕左侧的侧边栏上的 Debug Console（调试控制台）。PubNub 将为默认频道创建一个客户端，并使用我们在上一步中选择的密钥来订阅该频道。我们要订阅 temperature 频道，因此，在底部包含 Add client（添加客户端）按钮的窗格的 Default Channel（默认频道）文本框中输入 temperature。然后，单击 Add client（添加客户端），PubNub 将添加一个新客户端，其客户端名称是随机的，作为标题出现在第一行，第二行则是 temperature。PubNub 使客户端订阅该频道，我们将能够接收发布到该频道的消息并将消息发送到该频道。

图 9-8 显示的窗格已经订阅了 temperature 频道，并且已生成名为 Client-ot7pi 的客户端。请注意，当你按照上面说明的步骤进行操作时，客户端名称将有所不同，因为它是随机生成的。

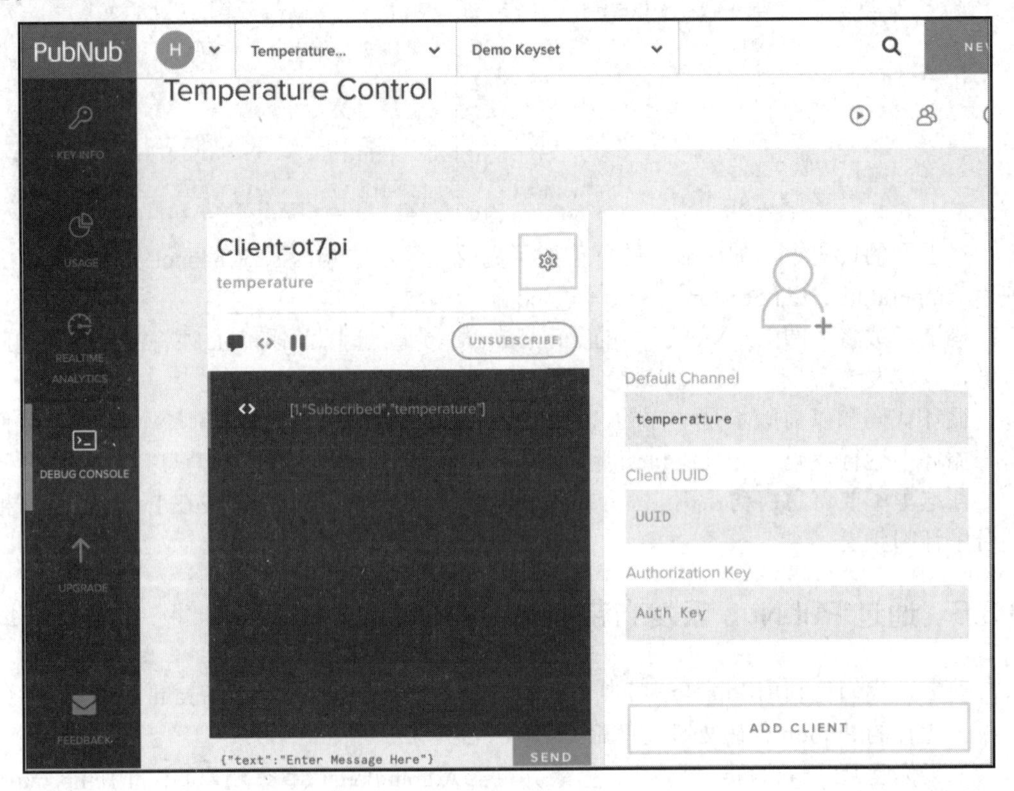

图 9-8

当 PubNub 成功为客户端订阅频道时，客户端窗格将显示生成的输出。PubNub 会为每个命令返回格式化的响应。在本示例中，它指示状态等于 Subscribed（已订阅），并且频道名称为 temperature（温度）。

```
[1,"Subscribed","temperature"]
```

一切准备就绪，现在可以在 Intel Galileo Gen 2 主板上运行本示例了。以下命令行将在 SSH 控制台中启动本示例：

```
python iot_python_chapter_09_02.py
```

运行该示例后，转到使用 PubNub 调试控制台的 Web 浏览器。此时将在先前创建的客户端中看到以下消息：

```
"Listening to messages in the Intel Galileo Gen 2 board"
```

主板中运行的 Python 代码发布了此消息，具体来说，就是在应用程序与 PubNub 云建立连接之后，MessageChannel 类中的 connect 方法发送了此消息。图 9-9 显示了先前创建的客户端中列出的消息。可以看到，文本左侧的图标表示它是一条消息。第一条消息的图标有所不同，它是一条调试消息，其中包含订阅该频道的结果。

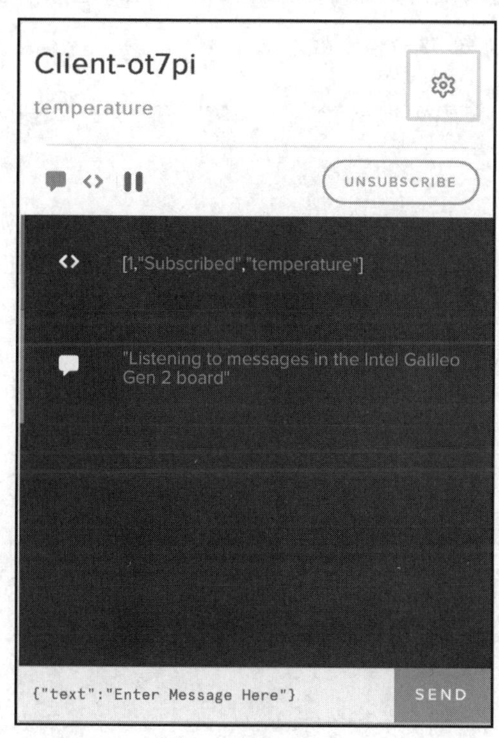

图 9-9

在该客户端窗格的底部，你将看到以下文本和右侧的 SEND（发送）按钮：

```
{"text":"Enter Message Here"}
```

现在，我们可以用一条具体的消息替换掉上面显示的文本。输入以下 JSON 代码，然后单击 SEND（发送）按钮：

```
{"command":"print_temperature_fahrenheit", "temperature_fahrenheit": 50 }
```

提示：

在某些浏览器中，输入消息的文本编辑器也许会存在一些问题或者不甚方便。因此，你可以使用自己喜欢的文本编辑器来输入 JSON 代码，然后将其复制并粘贴到此框中，以替换要发送的消息。

单击 SEND（发送）按钮后，以下行将出现在客户端日志中。第一行是一条调试消息，其中包含发布该消息的结果，并指示该消息已发送。格式化的响应包括数字 1（指 1 条消息），状态（Sent，表示已发送）和时间令牌。第二行是由于订阅了 temperature 频道而到达频道的消息，也就是说，我们也接收到了自己发送的消息。

```
[1,"Sent","14594756860875537"]
{
  "command": "print_temperature_fahrenheit",
  "temperature_fahrenheit": 50
}
```

图 9-10 显示了单击 SEND（发送）按钮后 PubNub 客户端的消息和调试消息日志。

在发布上一条消息之后，你将在 SSH 控制台中看到 Intel Galileo Gen 2 主板的输出结果，如下所示。另外还可以看到，伺服电机的轴旋转了 50°。

```
I've received the following message: {u'command': u'print_temperature_
fahrenheit', u'temperature_fahrenheit': 50}
```

现在，输入以下 JSON 代码，然后单击 SEND（发送）按钮：

```
{"command":"print_information_message", "text": "Client ready"}
```

单击 SEND（发送）按钮后，以下行将出现在客户端日志中。第一行是一条调试消息，带有前面介绍过的格式化响应以及发布该消息的结果，指示该消息已发送。第二行是由于订阅了 temperature 频道而到达频道的消息，也就是说，我们同样收到了自己发送的消息。

```
[1,"Sent","14594794434885921"]
{
```

```
    "command": "print_information_message",
    "text": "Client ready"
}
```

图 9-11 显示了单击 SEND（发送）按钮后 PubNub 客户端的消息和调试消息日志。

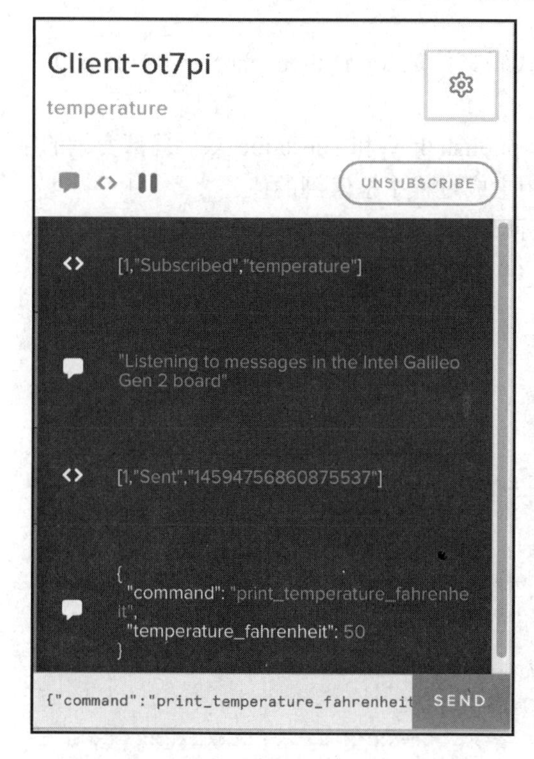

图 9-10

图 9-11

发布上一条消息后，你将在 SSH 控制台中看到 Intel Galileo Gen 2 主板的输出如下所示。此外，在 OLED 点阵屏的底部还将看到以下文本：Client ready（客户端已就绪）。

```
I've received the following message: {u'text': u'Client ready', u'command':
u'print_information_message'}
```

在使用上述命令发布了两条消息之后，你肯定会发现一个问题：我们并不知道该命令是否已在物联网设备（即 Intel Galileo Gen 2 主板）上运行的代码中得到处理。我们知道主板已经开始侦听 temperature 频道的消息，但是在处理完命令之后，我们并没有从物联网设备收到任何形式的响应。也就是说，我们还应该解决双向通信的问题。

9.3.7 修改 MessageChannel 类

继续 9.3.6 节的话题，其实只要轻松添加几行代码，就可以将消息发布到我们接收消息的同一频道，以指示命令已被成功处理。

在此我们将使用之前的示例作为基础（代码文件是 iot_python_chapter_09_02.py），并创建新版本的 MessageChannel 类。

同样，不要忘记将__init__方法中分配给 publish_key 和 subscribe_key 局部变量的字符串替换为你自己从先前说明的 PubNub 密钥生成过程中检索到的值。

MessageChannel 类的新版本代码如下所示。

该示例的代码文件是 iot_python_chapter_09_03.py。

```
import time
from pubnub import Pubnub

class MessageChannel:
    command_key = "command"
    successfully_processed_command_key = "successfully_processed_command"

    def __init__(self, channel, temperature_servo, oled):
        self.temperature_servo = temperature_servo
        self.oled = oled
        self.channel = channel
        # 发布密钥通常是以 "pub-c-" 为前缀的密钥
        # 不要忘记用你自己的发布密钥替换此密钥
        publish_key = "pub-c-xxxxxxxx-xxxx-xxxx-xxxx-xxxxxxxxxxxx"
        # 订阅密钥通常是以 "sub-c" 为前缀的密钥
        # 不要忘记用你自己的订阅密钥替换此密钥
        subscribe_key = "sub-c-xxxxxxxx-xxxx-xxxx-xxxx-xxxxxxxxxxxx"
        self.pubnub = Pubnub(publish_key=publish_key, subscribe_
key=subscribe_key)
        self.pubnub.subscribe(channels=self.channel,
                              callback=self.callback,
                              error=self.callback,
                              connect=self.connect,
                              reconnect=self.reconnect,
                              disconnect=self.disconnect)

    def callback_response_message(self, message):
        print("I've received the following response from PubNub cloud:
```

```
{0}".format(message))

    def error_response_message(self, message):
        print("There was an error when working with the PubNub cloud:
{0}".format(message))

    def publish_response_message(self, message):
        response_message = {
            self.__class__.successfully_processed_command_key:
                message[self.__class__.command_key]}
        self.pubnub.publish(
            channel=self.channel,
            message=response_message,
            callback=self.callback_response_message,
            error=self.error_response_message)

    def callback(self, message, channel):
        if channel == self.channel:
            print("I've received the following message: {0}".
format(message))
            if self.__class__.command_key in message:
                if message[self.__class__.command_key] == "print_
temperature_fahrenheit":
                    self.temperature_servo.print_temperature(message["
temperature_fahrenheit"])
                    self.publish_response_message(message)
                elif message[self.__class__.command_key] == "print_
information_message":
                    self.oled.print_line(11, message["text"])
                    self.publish_response_message(message)

    def error(self, message):
        print("Error: " + str(message))

    def connect(self, message):
        print("Connected to the {0} channel".
              format(self.channel))
        print(self.pubnub.publish(
            channel=self.channel,
            message="Listening to messages in the Intel Galileo Gen 2
board"))
```

```
    def reconnect(self, message):
        print("Reconnected to the {0} channel".
              format(self.channel))

    def disconnect(self, message):
        print("Disconnected from the {0} channel".
              format(self.channel))
```

上面的代码以加粗方式显示了新版本的 MessageChannel 类的修改。

首先，该代码声明了一个 successfully_processed_command_key 类属性，该属性定义了一个键字符串，该键字符串定义了代码在成功处理之后将发布到频道的响应消息中用作命令键的内容。每当我们发布包含该指定键字符串的消息时，即可知道字典中与此键关联的值将指示主板已成功处理的命令。

该代码还声明了以下 3 个新方法。

- callback_response_message：此方法将用作成功处理的命令响应消息发布到频道后将执行的回调。该方法仅输出在频道中成功发布消息后 PubNub 返回的格式化响应。在本示例中，message 参数不保存已发布的原始消息，而是保存格式化的响应。我们使用 message 作为参数名称，以保持与 PubNub API 的一致性。
- error_response_message：此方法将用作尝试将已成功处理的命令响应消息发布到频道却发生错误时执行的回调。该方法仅输出在频道中未成功发布消息时 PubNub 返回的错误消息。
- publish_response_message：此方法将接收 message 参数中命令已经成功处理的消息。该代码创建一个 response_message 字典，该字典以 successfully_processed_command_key 类属性为键，以在 command_key 类属性中为消息字典指定的键值作为值。然后，代码调用 self.pubnub.publish 方法，将 response_message 字典发布到保存在 channel 属性中的频道。

  对该方法的调用将 self.callback_response_message 指定为成功发布消息时要执行的回调，而将 self.error_response_message 指定为在发布过程中发生错误时要执行的回调。当我们指定一个回调时，publish 方法可用于异步执行，因此，该执行是非阻塞的。消息的发布和指定的回调将在不同的线程中运行。

现在，在 MessageChannel 类中定义的 callback 方法添加了一个对 publish_response_message 方法的调用，并使用包含已成功处理命令的消息（message）作为参数。如前文所述，publish_response_message 方法是非阻塞的，当成功处理的消息发布到另一个线程中时，它将立即返回。

9.3.8 测试

现在可以在 Intel Galileo Gen 2 主板上运行该示例了。以下命令行将在 SSH 控制台中启动该示例：

```
python iot_python_chapter_09_03.py
```

运行本示例后，转到使用 PubNub 调试控制台的 Web 浏览器。此时将在先前创建的客户端中看到以下消息：

```
"Listening to messages in the Intel Galileo Gen 2 board"
```

输入以下 JSON 代码，然后单击 SEND（发送）按钮：

```
{"command":"print_temperature_fahrenheit", "temperature_fahrenheit": 90 }
```

单击 SEND（发送）按钮后，以下行将出现在客户端日志中。主板已将最后一条消息发布到频道，并指示已成功处理 print_temperature_fahrenheit 命令。

```
[1,"Sent","14595406989121047"]
{
  "command": "print_temperature_fahrenheit",
  "temperature_fahrenheit": 90
}
{
  "successfully_processed_command": "print_temperature_fahrenheit"
}
```

图 9-12 显示了单击 SEND（发送）按钮后 PubNub 客户端的消息和调试消息日志。

发布上面的消息后，在 SSH 控制台中看到 Intel Galileo Gen 2 主板的输出如下所示。你会注意到伺服电机的轴旋转了 90°。主板也会收到已成功处理的命令消息，因为它同样订阅了发布该消息的频道。

```
I've received the following message: {u'command': u'print_temperature_
fahrenheit', u'temperature_fahrenheit': 90}
I've received the following response from PubNub cloud: [1, u'Sent',
u'14595422426124592']
I've received the following message: {u'successfully_processed_
command': u'print_temperature_fahrenheit'}
```

现在输入以下 JSON 代码，然后单击 SEND（发送）按钮：

```
{"command":"print_information_message", "text": "2nd message"}
```

单击 SEND（发送）按钮后，出现在客户端日志中的消息如下所示。主板已将最后一条消息发布到频道，并指示已成功处理 print_information_message 命令。

```
[1,"Sent","14595434708640961"]
{
  "command": "print_information_message",
  "text": "2nd message"
}
{
  "successfully_processed_command": "print_information_message"
}
```

图 9-13 显示了单击 SEND（发送）按钮后 PubNub 客户端的消息和调试消息日志。

图 9-12

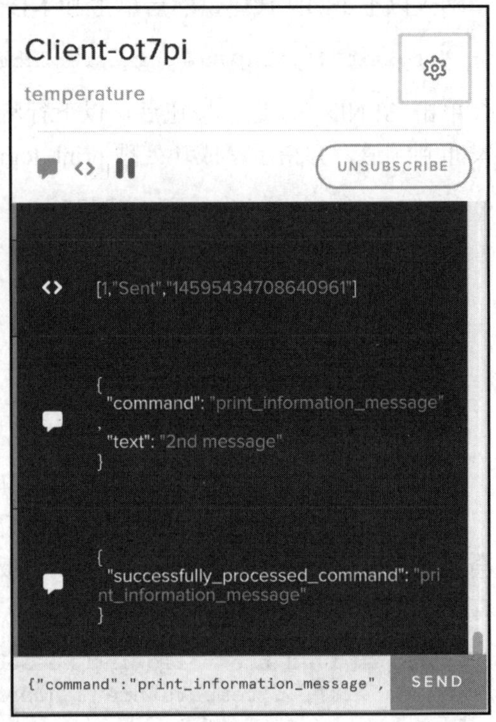

图 9-13

在发布上一条消息后，你将在 SSH 控制台中看到 Intel Galileo Gen 2 主板的输出如下所示。在 OLED 点阵屏的底部将显示文本：2nd message（第二条消息）。主板也会收到已成功处理命令的消息，因为它也订阅了发布该消息的频道。

```
I've received the following message: {u'text': u'2nd message',
u'command': u'print_information_message'}
2nd message
I've received the following response from PubNub cloud: [1, u'Sent',
u'14595434710438777']
I've received the following message: {u'successfully_processed_command':
u'print_information_message'}
```

我们可以使用 PubNub 提供的不同 SDK 进行订阅和发布。还可以通过将消息发布到频道并对其进行处理，使不同的物联网设备彼此对话。

在本示例中，我们仅创建了一些命令，而没有添加有关必须处理该命令的设备或已生成特定消息的设备的详细信息。更复杂的 API 需要包含更多信息和安全性的命令。

9.4 使用 Python PubNub 客户端将消息发布到云

到目前为止，我们一直在使用 PubNub 调试控制台将消息发布到 temperature 频道，并使用在 Intel Galileo Gen 2 主板上运行的 Python 代码对其进行处理。

现在，我们将编写一个专门的 Python 客户端，由该客户端将消息发布到 temperature 频道。这样，我们就能够设计一款可以在发布者和订阅者设备中使用 Python 代码与物联网设备通信的应用程序。

我们可以在另一块 Intel Galileo Gen 2 主板上或任何安装了 Python 2.7.x 的设备上运行 Python 客户端。此外，该代码还可以使用 Python 3.x 运行。例如，可以在计算机上运行该 Python 客户端。我们只需要确保以前用 pip 安装的 pubnub 模块是安装在主板运行的 Yocto Linux 中即可。

9.4.1 创建 Client 类

我们将创建一个 Client 类来表示 PubNub 客户端，通过它配置 PubNub 订阅，使发布包含命令的消息以及该命令的必需值变得更容易，并且可以声明当某些事件触发时将要执行的回调代码。

该示例的代码文件是 iot_python_chapter_09_04.py。

不要忘记将__init__方法中分配给 publish_key 和 subscribe_key 局部变量的字符串替换为你从 PubNub 密钥生成过程中检索到的值。

Client 类的代码如下所示：

```
import time
from pubnub import Pubnub


class Client:
    command_key = "command"

    def __init__(self, channel):
        self.channel = channel
        # 发布密钥通常是以 "pub-c-" 为前缀的密钥
        # 不要忘记用你自己的发布密钥替换此密钥
        publish_key = "pub-c-xxxxxxxx-xxxx-xxxx-xxxx-xxxxxxxxxxxx"
        # 订阅密钥通常是以 "sub-c" 为前缀的密钥
        # 不要忘记用你自己的订阅密钥替换此密钥
        subscribe_key = "sub-c-xxxxxxxx-xxxx-xxxx-xxxx-xxxxxxxxxxxx"
        self.pubnub = Pubnub(publish_key=publish_key, subscribe_
key=subscribe_key)
        self.pubnub.subscribe(channels=self.channel,
                              callback=self.callback,
                              error=self.callback,
                              connect=self.connect,
                              reconnect=self.reconnect,
                              disconnect=self.disconnect)

    def callback_command_message(self, message):
        print("I've received the following response from PubNub cloud:
{0}".format(message))

    def error_command_message(self, message):
        print("There was an error when working with the PubNub cloud:
{0}".format(message))

    def publish_command(self, command_name, key, value):
        command_message = {
            self.__class__.command_key: command_name,
            key: value}
        self.pubnub.publish(
            channel=self.channel,
            message=command_message,
            callback=self.callback_command_message,
            error=self.error_command_message)
```

```
    def callback(self, message, channel):
        if channel == self.channel:
            print("I've received the following message: {0}".
format(message))

    def error(self, message):
        print("Error: " + str(message))

    def connect(self, message):
        print("Connected to the {0} channel".
              format(self.channel))
        print(self.pubnub.publish(
            channel=self.channel,
            message="Listening to messages in the PubNub Python
Client"))

    def reconnect(self, message):
        print("Reconnected to the {0} channel".
              format(self.channel))

    def disconnect(self, message):
        print("Disconnected from the {0} channel".
              format(self.channel))
```

在上面的代码中，Client 类首先声明了一个 command_key 类属性，该属性定义了一个键字符串，该键字符串定义了消息中被代码理解为命令的内容。我们的主要目标是建立命令消息并将其发布到指定的频道。

我们必须在 channel 参数中指定 PubNub 频道的名称。构造函数（即__init__方法）会将接收到的参数保存在具有相同名称的属性（self.channel）中。我们将同时是该频道的订阅者和发布者。

构造函数声明了两个局部变量：publish_key 和 subscribe_key。这些局部变量相应保存使用 PubNub Admin Portal（管理门户）生成的发布密钥和订阅密钥。

然后，代码使用 publish_key 和 subscribe_key 作为参数创建一个新的 Pubnub 实例，并将新实例的引用保存在 pubnub 属性中。

最后，代码为新实例调用 subscribe 方法，以订阅 channel 属性中保存的频道上的数据。对该方法的调用指定了在 Client 类中声明的许多方法，这和前面的示例是一样的，故不赘述。

接下来，加粗显示的 publish_command 方法将接收在 command_name、key 和 value 必需参数中指定的命令名称、键和值，它们提供了执行命令所需的信息。

在本示例中，我们不会将命令定向到特定的物联网设备，在上一示例中订阅该频道并运行代码的所有设备都将处理我们发布的命令。

我们可以使用上述代码作为基础来处理更复杂的示例，在复杂示例中，我们必须生成针对特定物联网设备的命令。当然，也有必要提高其安全性。

publish_command 方法将创建一个字典并将其保存在 command_message 局部变量中。command_key 类属性是字典的第一个键，而 command_ name 则作为参数接收，它是组成第一个键值对的值。

然后，代码调用 self.pubnub.publish 方法将 command_message 词典发布到保存在 channel 属性中的频道。对该方法的调用将 self.callback_command_message 指定为成功发布消息时要执行的回调，而 self.error_command_message 则被指定为在发布过程中发生错误时要执行的回调。和前面的示例一样，当我们指定一个回调时，publish 方法可以异步执行。

9.4.2　创建__main__方法

现在，我们将使用上面的 Client 类编写一个__main__方法，该方法将使用 PubNub 云发布两个将由主板处理的命令。

__main__方法的代码如下所示。

该示例的代码文件是 iot_python_chapter_09_04.py。

```
if __name__ == "__main__":
    client = Client("temperature")
    client.publish_command(
        "print_temperature_fahrenheit",
        "temperature_fahrenheit",
        45)
    client.publish_command(
        "print_information_message",
        "text",
        "Python IoT"
    )
    # 睡眠 60 s（60000 ms）
    time.sleep(60)
```

__main__方法中的代码非常容易理解。该代码将创建一个 Client 类实例，该实例的参数是 temperature，这样，它将同时成为 PubNub 云中此频道的订阅者和发布者。代码将新实例保存在 client 局部变量中。

该代码调用 publish_command 方法，以构建和发布 print_temperature_fahrenheit 命令，使用的必要参数包括 temperature_fahrenheit 以及温度值 45。该方法将以异步执行的方式发布该命令。

然后，该代码再次调用 publish_command 方法，以构建和发布 print_information_message 命令。这次使用的必要参数包括 text 和文本值 Python IoT，该方法将以异步执行的方式发布第二个命令。

最后，代码将睡眠 1 min（60 s），以给异步执行并成功发布命令留下足够的时间。当不同事件触发时，将执行 Client 类中定义的不同回调。由于我们还订阅了该频道，因此还将收到我们自己在 temperature 频道中发布的消息。

9.4.3 测试客户端

让上一个示例所执行的 Python 代码在主板上继续运行，因为我们希望主板处理我们的命令。此外，请继续打开访问 PubNub 调试控制台的 Web 浏览器，因为我们还希望查看日志中的所有消息。

以下命令行将在你要用作客户端的任何计算机或设备上启动 Python 客户端示例。如果要使用相同主板作为客户端，则可以在另一个 SSH 终端中运行此代码。

```
python iot_python_chapter_09_04.py
```

运行本示例之后，你将在运行 Python 客户端（即 iot_python_chapter_09_04.py 脚本）的 Python 控制台中看到以下输出：

```
Connected to the temperature channel
I've received the following response from PubNub cloud: [1, u'Sent',
u'14596508980494876']
I've received the following response from PubNub cloud: [1, u'Sent',
u'14596508980505581']
[1, u'Sent', u'14596508982165140']
I've received the following message: {u'text': u'Python IoT',
u'command': u'print_information_message'}
I've received the following message: {u'command': u'print_temperature_
fahrenheit', u'temperature_fahrenheit': 45}
I've received the following message: Listening to messages in the
PubNub Python Client
I've received the following message: {u'successfully_processed_command':
u'print_information_message'}
I've received the following message: {u'successfully_processed_command':
u'print_temperature_fahrenheit'}
```

该代码使用 PubNub Python SDK 在 temperature 频道中生成和发布以下两个命令消息：

```
{"command":"print_temperature_fahrenheit", "temperature_fahrenheit":
"45"}
{"command":"print_information_message", "text": "Python IoT"}
```

由于我们还订阅了 temperature 频道，因此我们自己也会收到异步执行发送的消息。然后，我们将收到两条命令已经成功处理的消息。这表明主板已成功处理命令，并将消息发布到 temperature 频道。

在运行本示例后，转到使用 PubNub 调试控制台的 Web 浏览器。你将在先前创建的客户端中看到以下消息：

```
[1,"Subscribed","temperature"]
"Listening to messages in the Intel Galileo Gen 2 board"
{
  "text": "Python IoT",
  "command": "print_information_message"
}
{
  "command": "print_temperature_fahrenheit",
  "temperature_fahrenheit": 45
}
"Listening to messages in the PubNub Python Client"
{
  "successfully_processed_command": "print_information_message"
}
{
  "successfully_processed_command": "print_temperature_fahrenheit"
}
```

图 9-14 显示了运行上一个示例后，在 PubNub 客户端的日志中显示的最近一些消息。

此时，你将在 OLED 点阵屏的底部看到以下文本：Python IoT。另外，伺服电机的轴也将被旋转 45°。

提示：

可以使用以不同编程语言提供的 PubNub SDK 来创建应用程序和移动 App，以在 PubNub 云中发布和接收消息并与物联网设备进行交互。

在本示例中，我们使用 Python SDK 创建了一个发布命令的客户端，其实也可以创建一个发布命令的移动 App，并轻松构建可以与物联网设备交互的应用程序。

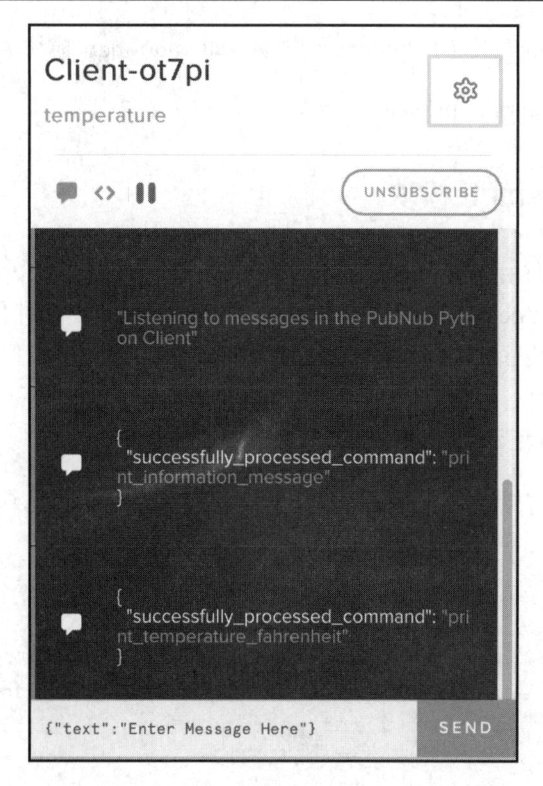

图 9-14

9.5 使用 Mosquitto 和 Eclipse Paho

Mosquitto 是一个开放源代码的消息代理（Message Broker），它实现了 MQTT 协议的 3.1 和 3.1.1 版本，因此能够使用发布/订阅模型来处理消息。

Mosquitto 是一个 iot.eclipse.org 项目，并提供了 Eclipse 公共项目（Eclipse Public Project，EPL）/EDL 许可。以下是 Mosquitto 的网页：

http://mosquitto.org

Eclipse Paho 项目提供了 MQTT 的开源客户端实现。该项目包括一个 Python 客户端，也称为 Paho Python 客户端或 Eclipse Paho MQTT Python 客户端库。该 Python 客户端来自 Mosquitto 项目，最初是 Mosquitto Python 客户端。以下是 Eclipse Paho 项目的网页：

http://www.eclipse.org/paho

以下是 Eclipse Paho MQTT Python 客户端（即 paho-mqtt 模块）库的网页：

https://pypi.python.org/pypi/paho-mqtt/1.1

9.5.1　安装 paho-mqtt 模块

在第 2 章“结合使用 Intel Galileo Gen 2 和 Python”中安装了 pip 软件包管理系统，以便在主板上运行的 Yocto Linux 中安装其他的 Python 2.7.3 软件包。现在可以使用 pip 软件包管理系统来安装 paho-mqtt 1.1。只需要在 SSH 终端中运行以下命令即可安装该软件包：

```
pip install paho-mqtt
```

输出的最后几行将指示 paho-mqtt 软件包已成功安装。至于与构建 wheel 包有关的错误消息和不安全的平台警告等，则可以选择无视：

```
Collecting paho-mqtt
  Downloading paho-mqtt-1.1.tar.gz (41kB)
    100% |################################| 45kB 147kB/s
Installing collected packages: paho-mqtt
  Running setup.py install for paho-mqtt
Successfully installed paho-mqtt-1.1
```

提示：

Eclipse 允许通过 iot.eclipse.org（端口 1883）在 Eclipse 物联网项目上使用可公开访问的沙箱服务器。在以下示例中，我们将使用此沙箱服务器作为 Mosquitto 消息代理。这样，我们就不必设置 Mosquitto 消息代理来测试示例并学习如何使用 Paho Python 客户端。但是，在实际应用程序中，开发人员仍应该设置一个 Mosquitto 消息代理并将其应用于自己的项目。

9.5.2　创建 MessageTopic 类

当需要从传感器读取温度和湿度值时，我们将采用在第 8 章中编写的代码，该示例的代码文件是 iot_python_chapter_08_03.py，其功能是将温度和湿度值输出到 OLED 点阵屏中，并旋转伺服电机的轴，使用该轴显示以华氏度表示的温度值。我们将使用此代码作为基础来添加新功能。这些和前面使用 PubNub 云的示例是一样的。但是，在本示例中，我们将使用 Paho Python 客户端和可为我们提供 Mosquitto 消息代理的可公开访问的沙箱服务器（Sandbox Server）。MQTT 消息可以从任意设备发送到特定主题，并且可以使用 MQTT 消息执行以下操作：

- 旋转伺服电机的轴，显示作为消息的一部分接收到的以华氏度为单位的温度值。
- 在 OLED 点阵屏底部显示一行作为消息的一部分接收到的文本。

提示：

Paho Python 客户端使用主题（Topic）名称而不是频道。当然，你也可以将主题理解为频道。

我们将使用刚刚安装的 paho-mqtt 模块订阅特定主题并在接收到主题中的消息时运行代码。我们将创建一个 MessageTopic 类来表示通信主题、配置 MQTT 客户端、订阅客户端，并声明在触发某些事件时将要执行的回调代码。

记住，我们使用代码文件 iot_python_chapter_08_03.py 作为基础，因此，我们会将 MessageTopic 类添加到该文件中的现有代码中，并创建一个新的 Python 文件。不要忘记用你自己的唯一主题名称替换掉分配给 topic 类属性的字符串。

由于我们正在使用的 Mosquitto 代理是公开的，因此你应该使用唯一主题来确保仅收到你自己发布的消息。

该示例的代码文件是 iot_python_chapter_09_05.py。

```
import time
import paho.mqtt.client as mqtt
import json


class MessageTopic:
    command_key = "command"
    successfully_processed_command_key = "successfully_processed_
command"
    # 不要忘记用你自己的唯一主题名称替换掉该字符串
    topic = "iot-python-gaston-hillar/temperature"
    active_instance = None

    def __init__(self, temperature_servo, oled):
        self.temperature_servo = temperature_servo
        self.oled = oled
        self.client = mqtt.Client()
        self.client.on_connect = MessageTopic.on_connect
        self.client.on_message = MessageTopic.on_message
        self.client.connect(host="iot.eclipse.org",
```

```
                          port=1883,
                          keepalive=60)
        MessageTopic.active_instance = self

    def loop(self):
        self.client.loop()

    @staticmethod
    def on_connect(client, userdata, flags, rc):
        print("Connected to the {0} topic".
              format(MessageTopic.topic))
        subscribe_result = client.subscribe(MessageTopic.topic)
        publish_result_1 = client.publish(
            topic=MessageTopic.topic,
            payload="Listening to messages in the Intel Galileo Gen 2
board")

    @staticmethod
    def on_message(client, userdata, msg):
        if msg.topic == MessageTopic.topic:
            print("I've received the following message: {0}".
format(str(msg.payload)))
            try:
                message_dictionary = json.loads(msg.payload)
                if MessageTopic.command_key in message_dictionary:
                    if message_dictionary[MessageTopic.command_key] ==
"print_temperature_fahrenheit":
                        MessageTopic.active_instance.temperature_
servo.print_temperature(
                            message_dictionary["temperature_
fahrenheit"])
                        MessageTopic.active_instance.publish_response_
message(
                            message_dictionary)
                    elif message_dictionary[MessageTopic.command_key]
== "print_information_message":
                        MessageTopic.active_instance.oled.print_line(
                            11, message_dictionary["text"])
                        MessageTopic.active_instance.publish_response_
message(message_dictionary)
            except ValueError:
                # msg 不是一个字典
```

```
            # 没有可以解码的 JSON 对象
            pass

    def publish_response_message(self, message):
        response_message = json.dumps({
            self.__class__.successfully_processed_command_key:
                message[self.__class__.command_key]})
        result = self.client.publish(topic=self.__class__.topic,
                                     payload=response_message)
        return result
```

在上面的代码中，MessageTopic 类首先声明了一个 command_key 类属性，该属性定义了一个键字符串，该键字符串定义代码将理解为命令的消息内容。每当接收到包含指定键字符串的消息时，我们就会知道字典中与此键关联的值将指示命令，即该消息需要由主板中运行的代码将它作为命令进行处理。

需要注意的是，在本示例中，我们不会以字典的形式接收消息，因此，当它们不仅仅是字符串时，有必要将它们从字符串转换为字典。

该代码声明了 successfully_processed_command_key 类属性，该属性定义了键字符串，该键字符串定义了在成功处理命令键后，代码发布到主题的响应消息中的内容。每当发布包含指定键字符串的消息时，我们都应该知道，字典中与此键关联的值意味着主板已经成功处理了命令。

我们必须在 temperature_servo 和 oled 参数中指定 TemperatureServo 实例和 Oled 实例。构造函数（即__init__方法）会将接收到的参数保存在两个具有相同名称的属性中。

topic 类属性参数指定了我们要订阅的 Mosquitto 主题，以侦听其他设备发送给该主题的消息。由于我们还将发布有关该主题的消息，因此，我们将同时是该频道的订阅者和发布者。

然后，构造函数将创建代表 MQTT 客户端的 mqtt.Client 类的实例，我们将使用该实例与 MQTT 代理进行通信。在使用默认参数创建实例时，将创建一个 paho.mqtt.client.MQTTv31 实例，并且使用的也是 MQTT 3.1 版。

代码会将对该实例的引用保存在 active_instance 类属性中，因为我们必须以静态方法访问该实例，这些静态方法将被指定为 MQTT 客户端触发的不同事件的回调。

然后，代码将 self.client.on_connect 属性分配给 on_connect 静态方法，将 self.client.on_message 属性分配给 on_message 静态方法。静态方法不会接收 self 或 cls 作为第一个参数，因此，可以将它们用作包含必需数量的参数的回调。

构造函数将调用 self.client.connect 方法，并在参数中指定主机为 iot.eclipse.org，端口为 1883，为 Eclipse 物联网项目指定可公开访问的沙箱服务器。这样，代码将要求 MQTT 客户端建立与指定 MQTT 代理的连接。

如果你决定使用自己的 Mosquitto 代理，则只需要根据 Mosquitto 代理的配置更改上面的主机（host）和端口（port）参数的值即可。由于 connect 方法以异步执行方式运行，因此，这是一个非阻塞调用。

与 MQTT 代理成功建立连接后，将执行 self.client.on_connect 属性中的指定回调，即 on_connect 静态方法（注意，它使用了@staticmethod 装饰器）。该静态方法接收在 client 参数中与 MQTT 代理建立连接的 mqtt.Client 实例。

该静态方法以 MessageTopic.topic 作为参数调用 client.subscribe 方法，以订阅 topic 类属性中指定的主题。

提示：

在本示例中，我们将仅订阅一个主题。当然，订阅主题的数量其实是没有限制的，可以通过一次调用 subscribe 方法来订阅许多主题。

代码将调用 client.publish 方法发布消息，发布的主题在 topic 参数中指定（其值是 MessageTopic.topic），发布的消息则在 payload 参数中指定。这样，我们就能以 topic 类属性中指定的主题发布一条字符串消息，内容为 "Listening to messages in the Intel Galileo Gen 2 board"（正在侦听 Intel Galileo Gen 2 主板中的消息）。

每当订阅的主题收到新消息时，都会执行 self.client.on_messsage 属性中的指定回调，即 on_message 静态方法（同样使用了@staticmethod 装饰器）。此静态方法将接收与 MQTT 代理建立连接的 mqtt.Client 实例（这是在 client 参数中指定的），另外还有 mqtt.MQTTMessage 实例（这是在 msg 参数中指定的）。

mqtt.MQTTMessage 类描述了传入的消息。on_message 静态方法将首先检查指示接收消息主题的 msg.topic 属性是否与 topic 类属性中的值匹配。

在本示例中，无论何时执行 on_message 方法，msg.topic 属性中的值将始终与 topic 类属性中的值匹配，因为我们只订阅了一个主题。但是，如果订阅了多个主题，则始终有必要检查发送消息和接收消息的主题。

检测到主题匹配后，该代码将显示已收到的消息，即 msg.payload 属性。然后，代码使用 json.loads 函数将 msg.payload 字符串转换为字典，这个从字符串中提取数据结构的反向操作，称为反序列化（Deserialization）。

转换为字典后的结果将分配给 message_dictionary 局部变量。如果 msg.payload 的内容不是 JSON，则将捕获 ValueError 异常，并且该方法中将不再执行任何代码。如果

msg.payload 的内容是 JSON，则 message_dictionary 局部变量中将有一个字典。

然后，代码将检查在 message_dictionary 词典中是否包含 command_key 类属性。如果表达式的计算结果为 True，则表示转换为字典后的 JSON 消息包含必须处理的命令。但是，在处理命令之前，我们还必须检查究竟是哪个命令，因此，有必要检索与 command_key 类属性等效的键相关联的值。当其值是我们在上一个示例使用 PubNub 云时使用的两个命令中的任何一个时，该代码便能够运行特定的命令处理代码。

该代码使用了 active_instance 类属性，这是对活动 MessageTopic 实例的引用，根据必须处理的命令，代码使用了 active_instance 类属性调用了 temperature_servo 或 oled 属性的方法。由于必须将回调声明为静态方法，因此使用了类属性来访问活动实例。

成功处理命令后，代码将为保存在 active_instance 类属性中的 MessageTopic 实例调用 publish_response_message 方法。

publish_response_message 方法将接收 message 参数中包括命令一起接收的消息字典。该方法调用 json.dumps 函数，以将字典序列化为包含响应消息的 JSON 格式的字符串，该消息指示命令已成功处理。

可以看到，json.dumps 函数和 json.loads 函数是一对，它们的作用刚好相反，前者可以将字典序列化为字符串，后者则可以将字符串反序列化为字典。

最后，代码将调用 client.publish 方法发布消息。它使用了 topic 类属性作为 topic 参数，其 payload 参数则使用了 JSON 格式的字符串（response_message）。

提示：

在本示例中，我们不会评估来自 publish 方法的响应。另外，我们将使用 qos 参数的默认值来指定所需的服务质量。但是，在更高级的应用场景中，其实应该添加代码以检查 publish 方法的结果，并且可能需要在成功发布消息时触发的 on_publish 回调上添加代码。

9.5.3　修改__main__方法

现在，我们将使用 MessageTopic 类创建__main__方法的新版本，该方法将使用 Mosquitto 代理和 MQTT 客户端来接收和处理命令。

新版本不再是在环境温度变化时旋转伺服电机的轴，而是当它从连接到 Mosquitto 代理的任何设备接收到适当的命令时，才执行此操作。

__main__方法的新版本如下所示。

该示例的代码文件是 iot_python_chapter_09_05.py。

```
if __name__ == "__main__":
    temperature_and_humidity_sensor = \
```

```
        TemperatureAndHumiditySensor(0)
    oled = TemperatureAndHumidityOled(0)
    temperature_servo = TemperatureServo(3)
    message_topic = MessageTopic(temperature_servo, oled)
    while True:
        temperature_and_humidity_sensor.\
            measure_temperature_and_humidity()
        oled.print_temperature(
            temperature_and_humidity_sensor.temperature_fahrenheit,
            temperature_and_humidity_sensor.temperature_celsius)
        oled.print_humidity(
            temperature_and_humidity_sensor.humidity)
        print("Ambient temperature in degrees Celsius: {0}".
              format(temperature_and_humidity_sensor.temperature_
celsius))
        print("Ambient temperature in degrees Fahrenheit: {0}".
              format(temperature_and_humidity_sensor.temperature_
fahrenheit))
        print("Ambient humidity: {0}".
              format(temperature_and_humidity_sensor.humidity))
        # 睡眠 10 s（10000 ms），但消息处理则是每秒 1 次
        for i in range(0, 10):
            message_channel.loop()
            time.sleep(1)
```

在上面的代码中，加粗显示的行创建了一个 MessageTopic 类的实例，该实例有两个参数：temperature_servo 和 oled。

构造函数将在 Mosquitto 代理中订阅 iot-python-gaston-hillar/temperature 主题，因此，为了发送需要代码处理的命令，必须向该主题发布消息。

循环将从传感器读取值并将其输出到控制台，这和先前版本的代码是一样的，因此，我们将在循环中运行代码，并且还将侦听 Mosquitto 代理中 iot-python-gaston-hillar/temperature 主题的消息。

循环的最后几行调用 message_channel.loop 方法 10 次，两次调用之间每次睡眠 1 s。loop 方法将为 MQTT 客户端调用循环方法，并确保与代理进行通信。

在这里，对循环方法的调用可视为同步邮箱。发送到发件箱中的所有待发布邮件都将被发送，而任何传入邮件都将到达收件箱。

提示：

其实还有一个线程接口，我们可以通过为 MQTT 客户端调用 loop_start 方法来运行，这样可以避免多次调用 loop 方法。

9.5.4 启动代码运行

以下命令行将启动示例。

```
python iot_python_chapter_09_05.py
```

请保持该代码在主板中运行，但是不要着急开始接收消息，因为我们还必须编写将消息发布到该主题并发送要处理的命令的代码。

9.6 使用 Python 客户端将消息发布到 Mosquitto 代理

现在我们已经有了在 Intel Galileo Gen 2 主板上运行的代码，可以处理从 Mosquitto 消息代理接收到的命令消息。接下来，我们将编写一个 Python 客户端代码，该客户端可以将消息发布到 iot-python-gaston-hillar/temperature 频道。这样，我们就能够设计可以通过 MQTT 消息与物联网设备通信的应用程序。具体而言，就是应用程序将能够通过 Mosquitto 消息代理与发布者和订阅者设备中的 Python 代码进行通信。

我们可以在另一块 Intel Galileo Gen 2 主板上或任何安装了 Python 2.7.x 的设备上运行 Python 客户端。此外，该代码还可以使用 Python 3.x 运行。例如，可以在计算机上运行该 Python 客户端。

9.6.1 创建 MQTT 客户端中事件的回调函数

我们将创建许多函数，这些函数将指定为 MQTT 客户端中事件的回调函数。另外，我们还将声明变量和辅助函数，以使发布包含命令和命令所需值的消息变得更容易。

该示例的代码文件是 iot_python_chapter_09_06.py。

不要忘记用你在上一个示例中指定的主题名称替换分配给 topic 变量的字符串。定义变量和函数的代码如下所示：

```
command_key = "command"
topic = "iot-python-gaston-hillar/temperature"


def on_connect(client, userdata, flags, rc):
    print("Connected to the {0} topic".
          format(topic))
    subscribe_result = client.subscribe(topic)
```

```
    publish_result_1 = client.publish(
        topic=topic,
        payload="Listening to messages in the Paho Python Client")
    publish_result_2 = publish_command(
        client,
        topic,
        "print_temperature_fahrenheit",
        "temperature_fahrenheit",
        45)
    publish_result_3 = publish_command(
        client,
        topic,
        "print_information_message",
        "text",
        "Python IoT")


def on_message(client, userdata, msg):
    if msg.topic == topic:
        print("I've received the following message: {0}".
format(str(msg.payload)))


def publish_command(client, topic, command_name, key, value):
    command_message = json.dumps({
        command_key: command_name,
        key: value})
    result = client.publish(topic=topic,
                            payload=command_message)
    return result
```

在上面的代码中，首先声明了 command_key 变量，该变量定义了键字符串，该键字符串指示了消息中需要代码将其理解为命令的内容。

我们的主要目标是针对 topic 变量中指定的主题构建和发布命令消息。我们将同时是该主题的订阅者和发布者。

on_connect 函数是与 Mosquitto MQTT 代理建立成功连接后将执行的回调。该代码将调用在 client 参数中接收到的 MQTT 客户端的 subscribe 方法，然后调用 publish 方法将以下字符串消息发送到主题：Listening to messages in the Paho Python Client。

该代码还将使用其他必需的参数（其中包括以华氏度为单位表示的温度值 45）调用 publish_command 函数，以构建和发布 print_temperature_fahrenheit 命令。

最后，该代码再次使用必需参数（其中包括文本值 "Python IoT"）调用 publish_command 函数，以构建和发布 print_information_message 命令。

publish_command 函数接收的必需参数包括 client、topic、command_name、key 和 value。它们对应的是 MQTT 客户端、主题、命令名称、键和值，这些值提供了在客户端中执行命令所需的信息。

在本示例中，我们不会将命令定向到特定的物联网设备，在上一示例中订阅该频道并运行代码的所有设备都将处理我们发布的命令。

当然，你也可以使用该代码作为基础来处理更复杂的示例，在复杂示例中，必须生成针对特定物联网设备的命令。而且如前文所述，还必须提高安全性。

publish_command 函数将创建一个字典，并将由 json.dumps 函数序列化字典的结果保存到 command_message 局部变量中（它是 JSON 格式的字符串）。

command_key 变量是字典的第一个键，而 command_name 则作为参数接收，它是组成第一个键-值对的值。

然后，代码调用 client.publish 方法，以将 command_message 中 JSON 格式的字符串发布到通过 topic 参数接收的主题。

每当有新消息到达我们订阅的主题时，就会执行 on_message 函数。该函数仅输出原始字符串以及接收到的消息的 payload 字符串。

9.6.2 创建__main__方法

现在，我们将使用上面编写的函数编写__main__方法，该方法将发布两个需要由主板处理的命令（它们都包括在 MQTT 消息中）。

__main__方法的代码如下所示。

该示例的代码文件是 iot_python_chapter_09_06.py。

```
if __name__ == "__main__":
    client = mqtt.Client()
    client.on_connect = on_connect
    client.on_message = on_message
    client.connect(host="iot.eclipse.org",
                   port=1883,
                   keepalive=60)
    client.loop_forever()
```

这个__main__方法中的代码非常容易理解。它首先创建了代表 MQTT 客户端的 mqtt.Client 类的实例，我们将使用它与 MQTT 代理进行通信。在使用默认参数创建实例时，将创建的是 paho.mqtt.client.MQTTv31 实例，使用的也是 MQTT 3.1 版。

然后，代码将 client.on_connect 属性指定为前面编写的 on_connect 函数，并且将 client.on_message 属性指定为 on_message 函数。

该代码将调用 client.connect 方法，指定 host 参数为 iot.eclipse.org，port 参数为 1883，这实际上是 Eclipse 物联网项目可公开访问的沙箱服务器。通过这种方式，代码将要求 MQTT 客户端建立与指定 MQTT 代理的连接。

如果你决定使用自己的 Mosquitto 代理，则只需要根据 Mosquitto 代理的配置更改 host 和 port 参数的值即可。请记住，这里的 client.connect 方法是按异步执行方式运行的，因此它是一个非阻塞调用。

成功与 MQTT 代理建立连接后，将执行 client.on_connect 属性中指定的回调，即 on_connect 函数。该函数将在 client 参数中接收与 MQTT 代理建立连接的 mqtt.Client 实例。如前文所述，该函数将订阅一个主题并计划向其发布 3 个消息。

最后，代码调用了 client.loop_forever 方法，该方法将调用无限循环方法。在此阶段，我们只想在程序中运行 MQTT 客户端循环，也就是：计划安排的消息将被发布，并且在主板处理命令后，我们将收到消息，其中包含成功执行的命令的详细信息。

9.6.3　测试客户端

现在保持上一个示例中的 Python 代码继续在主板上运行，然后由主板处理本示例的命令。以下命令行可以在任何计算机或设备上启动本示例。如果要与客户端使用同一块主板，则可以在另一个 SSH 终端中运行代码。

```
python iot_python_chapter_09_06.py
```

运行本示例后，你将在运行 Python 客户端（即 iot_python_chapter_09_06.py 脚本）的 Python 控制台中看到以下输出。

```
Connected to the iot-python-gaston-hillar/temperature topic
I've received the following message: Listening to messages in the Paho
Python Client
I've received the following message: {"command": "print_temperature_
fahrenheit", "temperature_fahrenheit": 45}
I've received the following message: {"text": "Python IoT", "command":
"print_information_message"}
I've received the following message: {"successfully_processed_
command": "print_temperature_fahrenheit"}
I've received the following message: {"successfully_processed_
command": "print_information_message"}
```

该代码使用 Eclipse Paho MQTT Python 客户端库在 Mosquitto 代理的 iot-python-gaston-hillar/temperature 主题中构建和发布了以下两个命令消息：

```
{"command":"print_temperature_fahrenheit", "temperature_fahrenheit": "45"}
{"command":"print_information_message", "text": "Python IoT"}
```

由于我们也订阅了 iot-python-gaston-hillar/temperature 主题，因此我们自己也会收到发送的消息。然后，我们将收到两条命令成功处理的消息。主板已经处理了命令，并将消息发布到 iot-python-gaston-hillar/temperature 主题。

在主板运行处理命令代码（即 iot_ python_chapter_09_05.py 脚本）的 SSH 终端的输出中将可以看到以下消息：

```
I've received the following message: Listening to messages in the
Intel Galileo Gen 2 board
I've received the following message: Listening to messages in the Paho
Python Client
I've received the following message: {"command": "print_temperature_
fahrenheit", "temperature_fahrenheit": 45}
I've received the following message: {"text": "Python IoT", "command":
"print_information_message"}
I've received the following message: {"successfully_processed_
command": "print_temperature_fahrenheit"}
I've received the following message: {"successfully_processed_
command": "print_information_message"}
```

此外，你还将在 OLED 点阵屏的底部看到以下文本：Python IoT。而伺服电机的轴也将被旋转 45°。

9.7 牛刀小试

1．MQTT 是（　　）。

　A．一种重量级消息传递协议，它运行在 TCP/IP 之上，并使用发布-订阅机制

　B．一种轻量级消息传递协议，它运行在 TCP/IP 之上，并使用发布-订阅机制

　C．等效于 HTTP

2．Mosquitto 是（　　）。

　A．一个开放源代码消息代理，它实现 MQTT 协议的 3.1 和 3.1.1 版本

　B．一个封闭源代码消息代理，它实现 MQTT 协议的 3.1 和 3.1.1 版本

　C．实现 RESTful API 的开放源代码消息代理

3．Eclipse Paho 项目提供（　　）。

A．HTTP 的开源客户端实现

B．dweet.io 的开源客户端实现

C．MQTT 的开源客户端实现

4．以下哪个 Python 模块是 Paho Python 客户端？（　　）

A．paho-client-pip

B．paho-mqtt

C．paho-http

5．dweepy 是（　　）。

A．dweet.io 的简单 Python 客户端，它使开发人员能够使用 Python 轻松地将数据发布到 dweet.io

B．一个简单的 Mosquitto Python 客户端，它使开发人员可以轻松地将消息发布到 Mosquitto 消息代理

C．一个适用于 PubNub 云的简单 Python 客户端，它使开发人员可以轻松地将消息发布到 PubNub 云

9.8　小　　结

本章结合了许多基于云的服务，这些服务使开发人员能够轻松地发布从传感器收集的数据，并在基于 Web 的仪表板中将其可视化。如前文所述，使用 Python 作为物联网主要编程语言的一项福利，就是总会有一个 Python API，能够让开发人员编写与流行的基于云的服务进行交互的 Python 代码时更加轻松。

我们使用 MQTT 协议及其发布/订阅模型来处理主板上的命令，并通过消息指示何时成功处理了命令。我们先介绍了使用 MQTT 协议的 PubNub 云，然后使用 Mosquitto 和 Eclipse Paho 开发了相同的示例。

通过本章示例，开发人员应该掌握如何编写可与物联网设备建立双向通信的应用程序。此外，我们还演示了如何使物联网设备与其他物联网设备通信。

现在我们已经能够利用云服务和 MQTT 协议收集数据，接下来将学习如何分析物联网设备采集的大数据，这是第 10 章的主题。

第 10 章　使用基于云的 IoT Analytics 服务分析海量数据

本章将使用基于云的 IoT Analytics 服务来分析物联网大数据。IoT Analytics 是英特尔公司提供的物联网分析服务平台。

本章包含以下主题：

- 理解物联网与大数据之间的关系。
- 了解 Intel IoT Analytics 的结构。
- 在 Intel IoT Analytics 中设置设备。
- 在 Intel IoT Analytics 中配置组件。
- 通过 Intel IoT Analytics 收集传感器数据。
- 使用 Intel IoT Analytics 分析传感器数据。
- 使用 Intel IoT Analytics 中的规则触发警报。

10.1　理解物联网与大数据之间的关系

大数据正注视着我们。我们所做的任何事情，都会不知不觉地生成有价值的数据。每次我们在移动 App 上点击、在计算机网页上单击、刷朋友圈、发微博、遇到红灯信号时停止、跳上公交车或因为做出任何动作而被全球各个城市的数百万个实时传感器捕获时，我们其实都在生成有价值的数据。

普罗大众每天都在与包括传感器在内的物联网设备进行交互，它们收集数据并将其发布到云中。为了分析和处理大数据，从项目经理、架构师、开发人员到系统管理员，不同的职位需要许多不同的技能，但这些技能对于使用较小数据集的应用程序来说则不是必需的。

本书前面的章节一直都在制作一些示例，这些示例可以通过传感器从现实世界中收集数据并将其发布到云端。我们还发布了消息，其中包括来自传感器的数据和必须由在物联网设备上运行的代码处理的命令。有些示例每隔 1 s 就会从传感器中检索数据，你很快就会意识到，我们的示例也会生成大量数据，因此，学习与大数据分析相关的许多技巧非常重要。物联网的巨大价值正是蕴含在大数据中。

想象一下，我们编写了在 Intel Galileo Gen 2 主板上运行的 Python 代码，并且以每秒一次的频率执行以下操作：

- 从温度和湿度传感器读取测得的环境温度。
- 从温度和湿度传感器读取测得的环境湿度水平。
- 从 10 个土壤湿度传感器读取测量的土壤容积含水量，这些传感器测量的是不同位置的值。
- 发布有关环境温度、环境湿度和 10 个土壤容积含水量的消息。

我们首先想到的是必须连接到主板上的传感器数量。假设所有传感器都是数字传感器，则必须将它们连接到 I^2C 总线。我们可以将数字温度和湿度传感器以及 10 个土壤湿度传感器都连接到 I^2C 总线，只要所有传感器具有不同的 I^2C 总线地址即可。事实上，我们只需要确保可以为土壤湿度传感器配置 I^2C 总线地址，并且为每个传感器分配一个不同的 I^2C 地址即可。

Catnip Electronics 设计了一种数字土壤湿度传感器，该传感器提供 I^2C 接口，其功能之一是允许更改 I^2C 地址。该传感器的默认 I^2C 地址为 0x20（十六进制 20），但我们可以轻松更改它。我们只需要将每个传感器连接到 I^2C 总线，然后写入新地址以注册一个传感器，新地址将在重置传感器后生效。只需向传感器的 I^2C 地址写入 6 即可重置传感器。开发人员可以对所有传感器执行相同的步骤，并为它们分配不同的 I^2C 地址。有关该数字土壤湿度传感器的更多信息，请访问：

http://www.tindie.com/products/miceuz/i2c-soil-moisture-sensor

我们要分析每小时、每天、每月、每季度和每年的数据。但是，我们确实需要每秒而不是每天进行一次测量，因为分析每秒数据的变化非常重要。我们将收集以下内容：

- 每分钟所有变量进行 60 次测量。
- 每小时进行 3600（60×60）次测量。
- 每天进行 86400（3600×24）次测量。
- 每年进行 31536000（86400×365）次测量（这里暂且不考虑平年和闰年的差异）。

我们不会只有一个物联网设备来收集数据并发布它。假设有 3000 个运行相同代码的物联网设备，那么它们将产生 94608000000（31356300×3000），即每年 946 亿 8 千 8 百万次测量。此外，我们还需要分析其他数据源：与传感器捕获数据的位置（例如，山东省）相关的和气象问题有关的所有微博。因此，我们将拥有大量的结构化和非结构化数据，希望通过计算进行分析，以揭示其中的模式和关联。显然，这里谈论的就是大数据实践。

样本编号对于理解大数据与物联网之间的关系很有用。在下一个示例中，我们将不会部署 3000 个主板，也不会讨论与物联网分析和大数据有关的所有主题，因为这不在本书的讨论范围之内。但是，我们将使用基于云的分析系统，该系统可与 Intel IoT Development Kit（英特尔物联网开发工具包）镜像中包含的组件一起使用。本书第 2.1 节“设置主板以使用 Python 作为编程语言”已经详细介绍了 Yocto Linux meta distribution 启动镜像。

10.2　了解 Intel IoT Analytics 结构

想象一下，如果必须收集和分析 3000 个物联网设备的传感器数据，即 3000 个运行与传感器交互的 Python 代码的 Intel Galileo Gen 2 主板，那么必须在存储和处理能力上加大投资，才能使用如此大量的数据执行物联网分析。

每当有类似的要求时，都可以利用基于云的解决方案。Intel IoT Analytics 就是其中之一，它与 Intel Galileo Gen 2 主板和 Python 配合得很好。

Intel IoT Analytics 要求用户注册，使用有效电子邮件和密码创建账户，然后单击确认电子邮件的激活链接，才能使用它免费服务发布传感器数据。在此过程中不需要输入任何信用卡或付款信息。如果你已经拥有 Intel IoT Analytics 的账户，则可以跳过此步骤，也可以使用现有的 Facebook、Google+ 或 GitHub 账户登录。

以下是 Intel IoT Analytics 网站的主页。

https://dashboard.us.enableiot.com

需要注意的是，在将此基于云的服务用于处理敏感数据之前，请确保查看条款。

创建账户并首次登录 Intel IoT Analytics 后，该站点将显示 Create new Account（创建新账户）页面。在 Account Name（账户名称）中输入所需的名称以标识账户，这其实可以使用要分析的项目命名。在我们的示例中，输入的就是 Temperature and humidity，并保留 Sensor health report（传感器运行状况报告）的默认选项。

然后，单击 Create（创建），该站点将显示最近创建的账户的 My Dashboard（我的仪表板）页面。每个账户代表一个独立的工作空间，并有自己的一组传感器和相关数据。该站点允许创建多个账户，并可以在它们之间轻松切换。图 10-1 显示了创建新账户后 My Dashboard（我的仪表板）页面的初始视图。

该 My Dashboard（我的仪表板）页面指示目前 No devices registered yet（尚未注册设备），因此，既没有传输设备也没有观察。

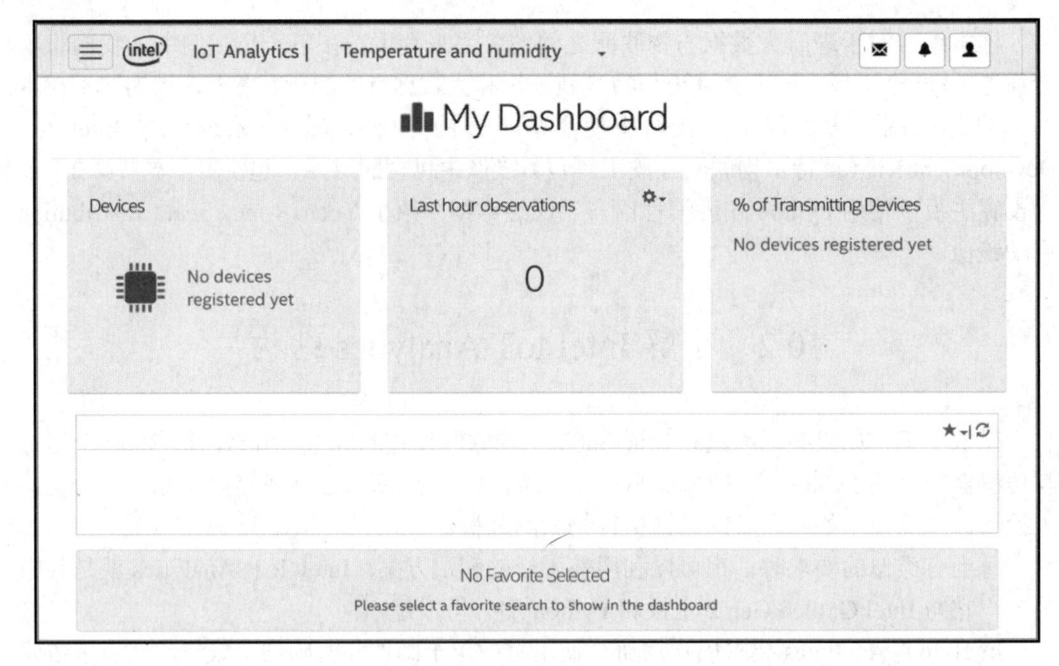

图 10-1

每次从注册的设备向 Intel IoT Analytics 发布数据时，都会为该设备创建一项观察（Observation）。因此，My Dashboard（我的仪表板）页面提供了特定时间段内的最近观察次数。默认情况下，该页面将显示所有已注册设备的最近一小时观察值的总和。

在 Web 浏览器中保持该网站的打开状态，因为稍后我们将继续使用它。

作为用户，我们可以使用许多账户。每个账户可以包含许多设备，但只有一个名称和一个称为 accountId 的标识符。每个设备都有一个称为 deviceId 的全局唯一标识符。因此，每个包含传感器的 Intel Galileo Gen 2 主板都将成为我们已创建账户的一个设备。

就我们的示例而言，只使用了一个 Intel Galileo Gen 2 主板。但是，请记住，我们的目标是演示如何使用单个账户处理 3000 个物联网设备。

可以将每个设备视为包含一个或多个组件的端点，这些组件可以在 Intel IoT Analytics 中提供以下功能之一。

- 执行器（Actuator）：可以在设备上修改的设置。例如，旋转伺服电机的轴的角度或点亮 LED 等。
- 时间序列（Time Series）：从传感器捕获的一系列值，即观察值的集合。例如，使用温度和湿度传感器检索到的包含环境温度值的观察值的集合，以华氏度表示，并包括时间戳。

在本示例中，我们需要一种设备来使用以下组件，这些组件将从连接到主板上的数字温度和湿度传感器中检索值：

- 包含环境温度观察值的时间序列，以华氏度（℉）表示。
- 包含环境温度观察值的时间序列，以摄氏度（℃）表示。
- 包含环境湿度水平观察值的时间序列，以百分比表示。

首先，我们将结合使用 Intel IoT Analytics 网站提供的用户界面（UI）和 iotkit-admin 功能来设置设备、激活设备并注册上述列表中包含的 3 个组件。通过这种方式，我们将了解到使用 Intel IoT Analytics 所需的结构。

然后，我们将编写使用 REST API 的 Python 代码，以对最近创建的账户中包含的已激活设备的已定义组件创建观察。

事实上，我们也可以通过编写 Python 代码来使用 REST API 执行上述设置工作。如果必须使用十几个设备，那么我们肯定不希望通过使用 Intel IoT Analytics 网站提供的 UI 来执行设置任务，因为那样做的话效率太低，只有编写代码来自动执行设置任务才是高效的。

10.3　在 Intel IoT Analytics 中设置设备

如前文所述，用来引导 Intel Galileo Gen 2 主板的镜像包括一个预安装的 Intel IoT Analytics 本地代理。除非对 Yocto Linux meta 发行版进行了特定更改以禁用特定组件，否则我们将使该代理作为守护程序（Daemon）在设备上运行。该代理包括 iotkit-admin 命令行实用程序，该实用程序使我们能够与 Intel IoT Analytics 进行特定的交互。我们将使用此命令行实用程序执行以下任务：

- 测试与 Intel IoT Analytics 的正确通信。
- 获取设备 ID。
- 激活设备。
- 为设备注册 3 个时间序列组件。
- 发送测试观察。

10.3.1　使用 iotkit-admin 命令行

首先，我们将检查 iotkit-admin 命令行是否可以与 Intel IoT Analytics 建立正确的通信。只需要在 SSH 终端中运行以下命令：

```
iotkit-admin test
```

如果该连接成功，那么我们将看到与以下行类似的输出。最后一行提供了有关 Build（即版本）的信息。

```
2016-04-05T02:17:49.573Z - info: Trying to connect to host ...
2016-04-05T02:17:56.780Z - info: Connected to dashboard.us.enableiot.com
2016-04-05T02:17:56.799Z - info: Environment: prod
2016-04-05T02:17:56.807Z - info: Build: 0.14.5
```

现在，在 SSH 终端上运行以下命令以获取设备 ID，也称为 deviceId：

```
iotkit-admin device-id
```

上面的命令将生成一个输出行，就像下面这一行一样，包含设备 ID。默认情况下，该设备 ID 等于网络接口卡的 MAC 地址。

```
2016-04-05T02:23:23.170Z - info: Device ID: 98-4F-EE-01-75-72
```

可以使用以下命令更改设备 ID：

```
iotkit-admin set-device-id new-device-id
```

在上面的示例中，别忘记用你自己为设备设置的新设备 ID 替换掉 new-device-id。同时，请记住，新设备 ID 必须是全局唯一标识符。

在本示例中，将使用 kansas-temperature-humidity-01 作为所有示例的设备 ID。必须在所有命令中替换它，然后将此名称包含在检索到的设备名称或分配给该设备的新设备 ID 中。

在 SSH 终端中，以下命令将重命名该设备：

```
iotkit-admin set-device-id kansas-temperature-humidity-01
```

以下行显示了上述命令的输出：

```
2016-04-08T17:56:15.355Z - info: Device ID set to: kansas-temperature-
humidity
```

10.3.2　刷新激活码

转到正在使用 Intel IoT Analytics 仪表板的 Web 浏览器，单击菜单图标（左上角有 3 条水平线的按钮），选择 Account（账户），站点将显示 My Account（我的账户）页面，其中包含有关我们先前创建的账户的详细信息。

初始视图将显示 Details（详细信息）选项卡。如果 Activation Code（激活码）包含代码已过期（Code Expired）字样，则意味着激活码不再有效，必须单击 Activation Code

（激活码）文本框右侧的刷新图标（第二个图标，带有两个箭头）。

必须确保激活码尚未过期，否则无法成功激活设备。图 10-2 给出了 My Account（我的账户）页面的初始视图，可以看到，该账户的名称是 Temperature and humidity，并且其激活码已经过期。

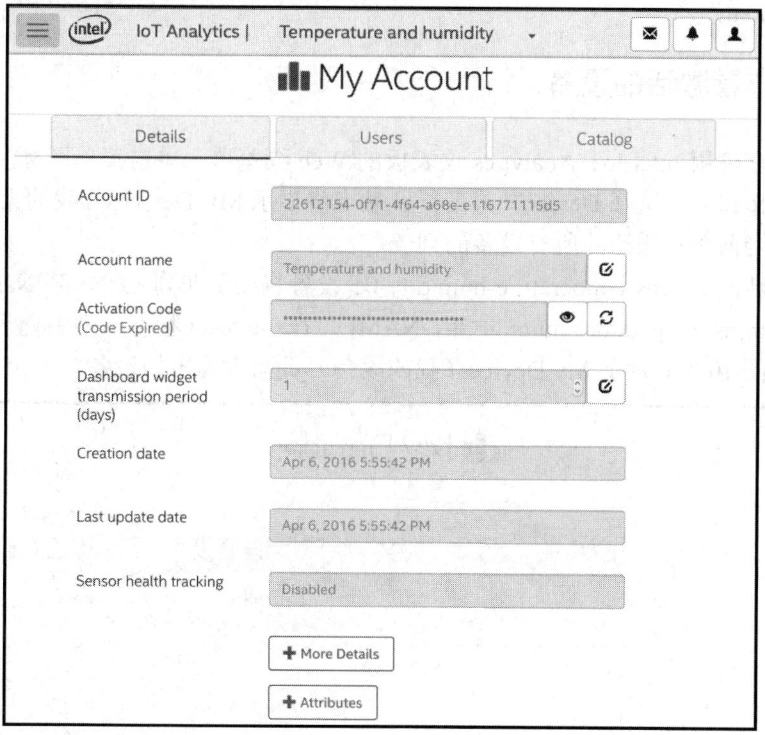

图 10-2

单击刷新按钮刷新激活码后，倒计时秒表将显示激活码剩余的剩余时间。单击刷新按钮将有一个小时。单击眼睛图标以查看隐藏的激活码并复制它。我们将使用 01aCti0e 作为示例激活码，在操作中，别忘记用你自己的激活码替换它。

现在，在 SSH 终端中运行以下命令以使用先前生成的激活码激活设备。注意将 01aCti0e 替换为你自己的激活码。

```
iotkit-admin activate 01aCti0e
```

上面的命令将生成类似于以下行的输出：

```
2016-04-05T02:24:46.449Z - info: Activating ...
2016-04-05T02:24:49.817Z - info: Saving device token...
```

```
2016-04-05T02:24:50.646Z - info: Updating metadata...
2016-04-05T02:24:50.691Z - info: Metadata updated.
```

现在，我们的 Intel Galileo Gen 2 主板（即设备）已与 Temperature and humidity 账户相关联，该账户为我们提供了激活代码，并且命令生成了必要的安全凭证，即设备令牌（Device Token）。

10.3.3　查看激活的设备

转到正在使用 Intel IoT Analytics 仪表板的 Web 浏览器，单击菜单图标（左上角有 3 条水平线的按钮），选择 Device（设备），站点将显示 My Devices（我的设备）页面，其中包含为当前账户激活的所有设备的列表。

先前激活的 kansas-temperature-humidity-01 设备将显示在列表中，其 Name（名称）列显示为 kansas-temperature-humidity-01-NAME，在 Status（状态）列中处于 active（活动）状态。图 10-3 显示了 My Device（我的设备）页面中列出的设备。

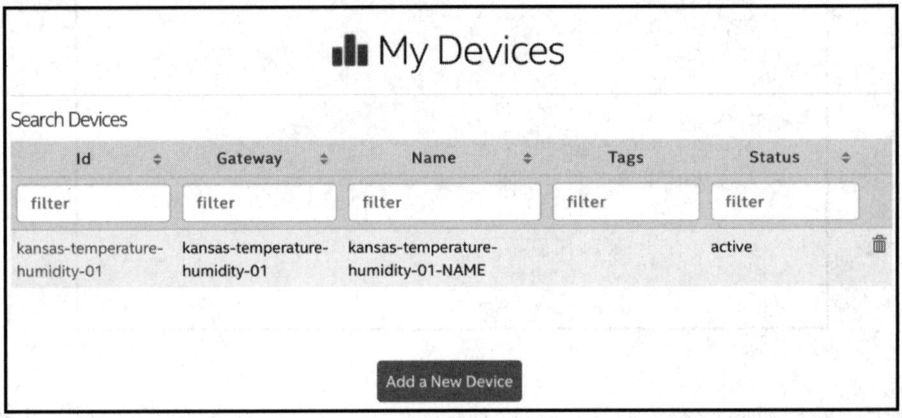

My Devices

Search Devices

Id	Gateway	Name	Tags	Status
filter	filter	filter	filter	filter
kansas-temperature-humidity-01	kansas-temperature-humidity-01	kansas-temperature-humidity-01-NAME		active

Add a New Device

图 10-3

单击列表中的设备 Id（kansas-temperature-humidity-01），即可查看和编辑设备详细信息。你可以添加 Tags（标签）和属性，以更轻松地过滤列表中的设备。当必须使用十几个设备时，这些可能非常有用，因为它们可以轻松过滤列表中的设备。

10.4　在 Intel IoT Analytics 中设置组件

转到正在使用 Intel IoT Analytics 仪表板的 Web 浏览器，单击菜单图标，选择 Account

（账户），该站点将显示 My Account（我的账户）页面。然后，单击 Catalog（目录）选项卡，该站点将显示在目录中注册的组件，分为以下 3 个类别：

- Humidity
- Powerswitch
- Temperature

10.4.1　查看组件定义

确保 Humidity（湿度）组件面板已展开，然后单击 humidity.v1.0。该站点将显示 humidity.v1.0 的 Component Definition（组件定义）对话框。humidity.v1.0 是版本为 1.0 的名为 humidity 的组件。图 10-4 显示了组件定义中不同字段的值。

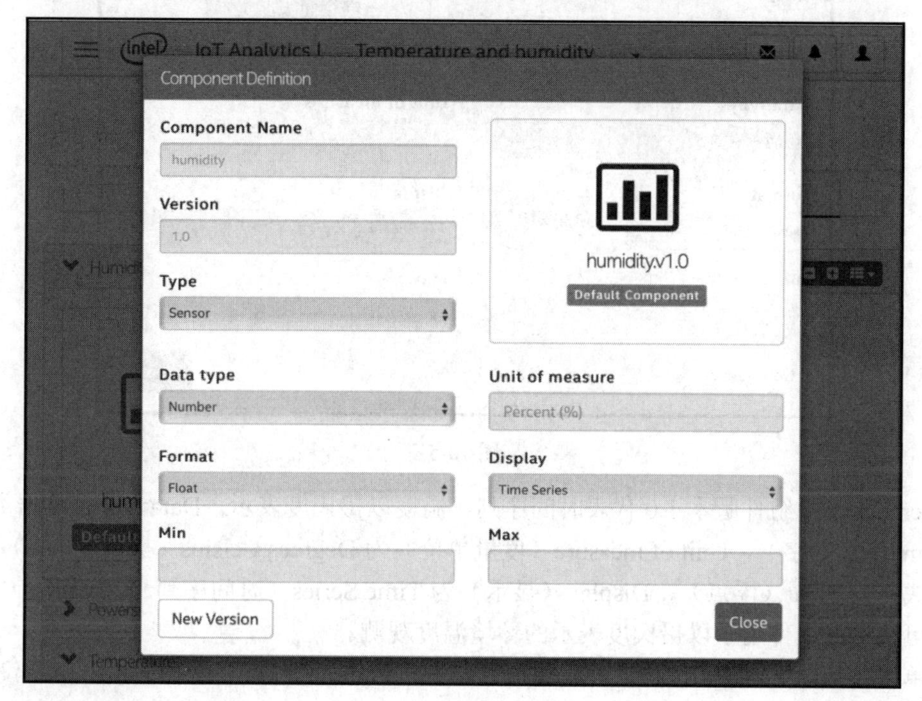

图 10-4

humidity 组件版本 1.0 代表一个时间序列，其中环境湿度水平以百分比表示。Data type（数据类型）为 Number（数字），Unit of measure（度量单位）为 Percent（%），Format（格式）为 Float（浮点），Display（显示）为 Time Series（时间序列）。

可以将此组件用于环境湿度水平观察。

单击 Close（关闭）按钮，确保 Temperature（温度）组件面板已展开，然后单击 temperature.v1.0。该站点将显示 temperature.v1.0 组件的 Component Definition（组件定义）对话框，即版本为 1.0 的名为 temperature 的组件。图 10-5 显示了组件定义中不同字段的值。

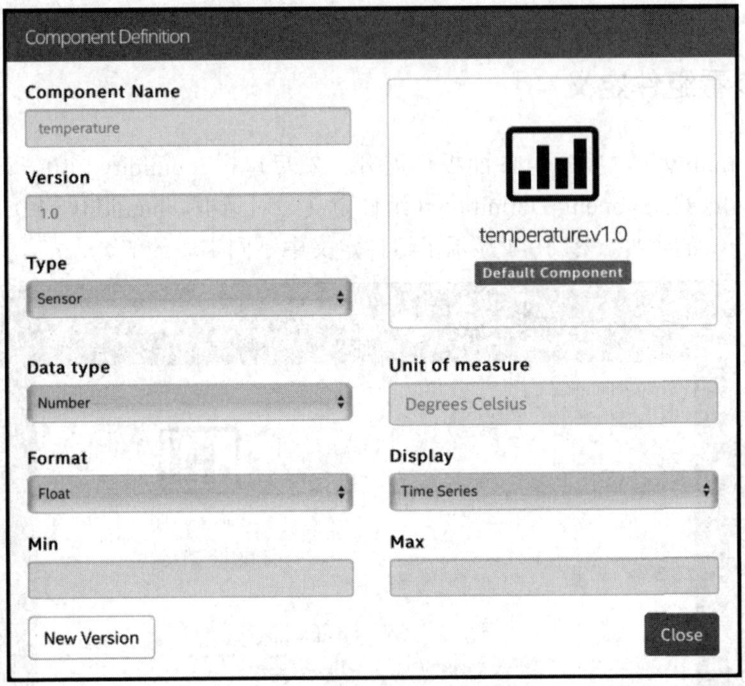

图 10-5

temperature 组件版本 1.0 代表时间序列，温度以摄氏度表示。Data type（数据类型）为 Number（数字），Unit of measure（度量单位）为 Degrees Celsius（摄氏度），Format（格式）为 Float（浮点），Display（显示）为 Time Series（时间序列）。

可以将此组件用于以摄氏度表示的环境温度观测。

单击 Close（关闭）按钮，并确保展开 Temperature（温度）组件面板。由于没有其他温度组件，因此，我们将为以华氏度表示的环境温度观察值创建一个新的组件。

10.4.2 创建新组件

单击页面底部的 Add new Catalog Item（添加新目录项），站点将显示 Component Definition（组件定义）对话框，所有字段均为空，只有 Version（版本）中有一个 1.0 的值。我们将创建新目录项目的第一个版本。输入或选择以下值：

- 在 Component Name（组件名称）中输入 temperaturef。
- 选择 Type（类型）为 Sensor（传感器）。
- 选择 Data type（数据类型）为 Number（数字）。
- 在 Unit of measure（度量单位）中输入 Degrees Fahrenheit（华氏度）。
- 选择 Format（格式）为 Float（浮点）。
- 选择 Display（显示）为 Time Series（时间序列）。

最后，单击 Save（保存）按钮，站点将在列表底部添加新组件定义，其名称为 temperaturef.v1.0。

10.4.3 注册组件的设备

现在，我们已经确认目录中包含所有必需的组件定义，接下来必须注册组件的设备，以用于创建观察值。必须为注册的每个组件提供名称或别名，并且必须指定组件的类型和版本。表 10-1 总结了将为设备注册的组件。

表 10-1　要注册设备的组件

组件名称或别名	组 件 类 型	描　　述
temperaturec	temperature.v1.0	包含环境温度观察值的时间序列，以摄氏度（℃）表示
temperaturef	temperaturef.v1.0	包含环境温度观察值的时间序列，以华氏度（℉）表示
humidity	humidity.v1.0	以百分比表示的具有环境湿度水平观察值的时间序列

可以使用以下命令来注册每个组件：

```
iotkit-admin register component-name component-type
```

注意，需要用标识组件的名称替换掉上面命令中的 component-name，用标识目录中组件类型的名称（包括版本号）替换掉上面命令中的 component-type。

在 SSH 终端中，可以使用以下命令注册表 10-1 中的 temperaturec 组件：

```
iotkit-admin register temperaturec temperature.v1.0
```

以下各行显示了上述命令的输出。

```
2016-04-08T22:40:04.581Z - info: Starting registration ...
2016-04-08T22:40:04.711Z - info: Device has already been activated.
Updating ...
2016-04-08T22:40:04.739Z - info: Updating metadata...
2016-04-08T22:40:04.920Z - info: Metadata updated.
```

```
Attributes sent
2016-04-08T22:40:10.167Z - info: Component registered
name=temperaturec, type=temperature.v1.0, cid=c37cb57d-002c-4a66-866e-
ce66bc3b2340, d_id=kansas-temperature-humidity-01
```

在上面的输出结果中，加粗显示的行提供了组件 ID，即 cid = 之后的值。在上面的输出中，可见组件 ID 为 c37cb57d- 002c-4a66-866e-ce66bc3b2340。每个组件的 ID 都有必要保存起来，因为稍后将需要它来编写使用 REST API 创建观察的代码。

在 SSH 终端中，可以使用以下命令注册表 10-1 中的 temperaturef 组件：

```
iotkit-admin register temperaturef temperaturef.v1.0
```

上述命令的输出如下所示：

```
2016-04-08T22:40:20.510Z - info: Starting registration ...
2016-04-08T22:40:20.641Z - info: Device has already been activated.
Updating ...
2016-04-08T22:40:20.669Z - info: Updating metadata...
2016-04-08T22:40:20.849Z - info: Metadata updated.
Attributes sent
2016-04-08T22:40:26.156Z - info: Component registered
name=temperaturef, type=temperaturef.v1.0, cid=0f3b3aae-ce40-4fb4-
a939-e7c705915f0c, d_id=kansas-temperature-humidity-01
```

与前一个命令一样，此命令的输出结果也在加粗显示的行提供了组件 ID，即 cid =之后的值。在该示例中，组件 id 为 0f3b3aae-ce40-4fb4-a939-e7c705915f0c。

同样，此组件 id 也需要保存起来，因为后面有用。

在 SSH 终端中，使用以下命令可以注册表 10-1 中的 humidity 分量：

```
iotkit-admin register humidity humidity.v1.0
```

上述命令的输出如下所示。记得保存加粗显示的组件 ID，即 cid=71aba984-c485-4ced-bf19-c0f32649bcee。

```
2016-04-08T22:40:36.512Z - info: Starting registration ...
2016-04-08T22:40:36.643Z - info: Device has already been activated.
Updating ...
2016-04-08T22:40:36.670Z - info: Updating metadata...
2016-04-08T22:40:36.849Z - info: Metadata updated.
Attributes sent
2016-04-08T22:40:43.003Z - info: Component registered name=humidity,
type=humidity.v1.0, cid=71aba984-c485-4ced-bf19-c0f32649bcee,
d_id=kansas-temperature-humidity-01
```

提示：

各组件的 ID 都是不同的，开发人员必须记下使用上述命令生成的每个组件的 ID。

转到正在使用 Intel IoT Analytics 仪表板的 Web 浏览器，单击菜单图标。选择 Devices（设备），站点将显示 My Devices（我的设备）页面。

单击上一个列表中的设备 ID（kansas-temperature-humidity-01）以查看和编辑设备详细信息。单击 +Components（组件）展开为该设备注册的组件，此时你将看到包含以下 3 个组件的列表：

- temperaturec
- temperaturef
- humidity

图 10-6 显示了为所选设备注册的 3 个组件。

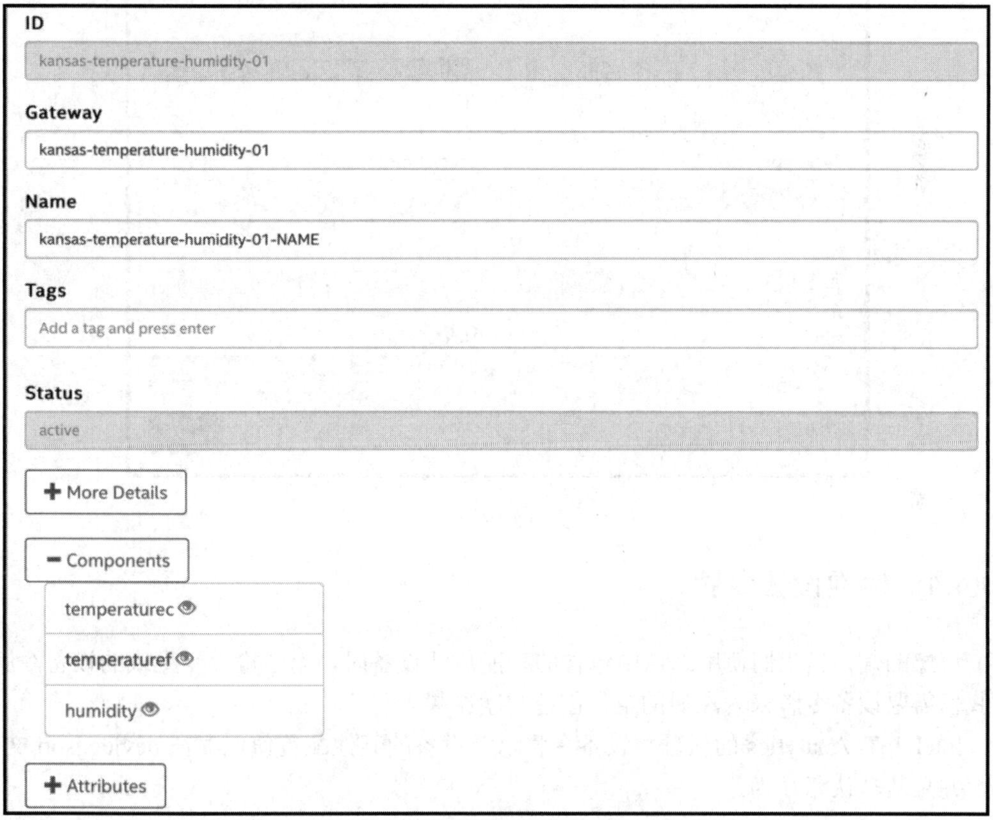

图 10-6

可以单击这 3 个组件中的任何一个，以检查已注册组件的详细信息。万一丢失了组件 ID，也可以通过单击组件来检索它，Component Definition（组件定义）对话框将在组件类型描述的下方显示组件 ID。

图 10-7 显示了 temperaturef 组件的 Component Definition（组件定义）对话框。可以看到，组件 ID 0f3b3aae-ce40-4fb4-a939-e7c705915f0c 出现在右侧 Custom Component（自定义组件）标签的下方。

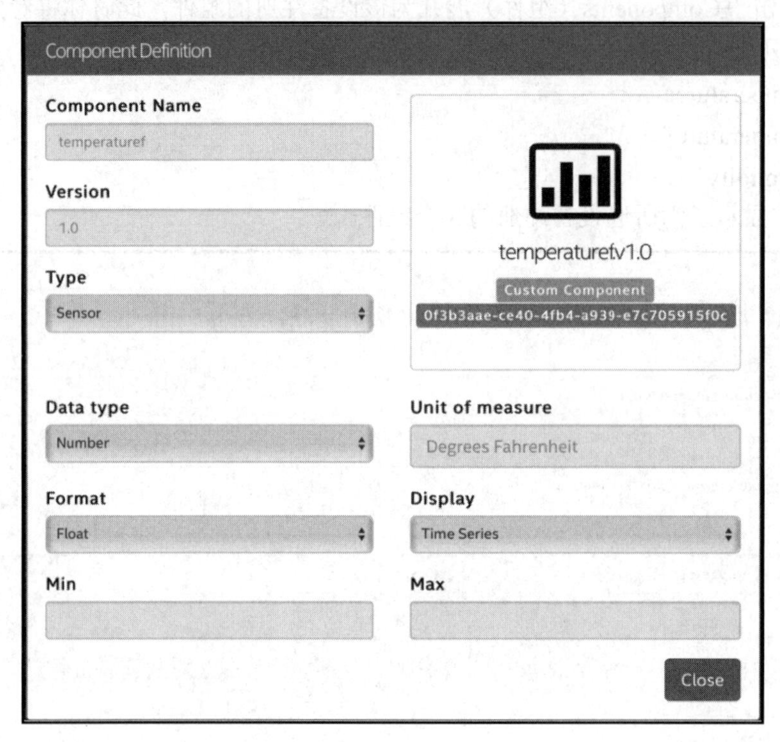

图 10-7

10.4.4　检索设备令牌

遗憾的是，当我们使用站点中包含的功能激活设备时，无法检索到生成的设备令牌，而我们需要设备令牌来为注册的组件创建观察结果。

Intel IoT Analytics 的代理将设备令牌以及设备的其他配置值保存在 device.json 文件中，并且其默认路径为：

```
/usr/lib/node_modules/iotkit-agent/data/device.json
```

顾名思义，该文件包含 JSON 代码。我们只需要在 SSH 终端中运行以下命令即可显示上述文件的文本内容，这样可以检索到设备令牌：

```
cat /usr/lib/node_modules/iotkit-agent/data/device.json
```

上述命令的输出如下所示。该文件的内容包括到目前为止我们对设备所做的所有配置。定义设备令牌值的行已经加粗显示。

```
{
    "activation_retries": 10,
    "activation_code": null,
    "device_id": "kansas-temperature-humidity-01",
    "device_name": false,
    "device_loc": [
        88.34,
        64.22047,
        0
    ],
    "gateway_id": false,
    "device_token": "eyJ0eXAiOiJKV1QiLCJhbGciOiJSUzI1NiJ9.eyJqdGkiOi
JjOTNmMTJhMy05MWZlLTQ3MWYtODM4OS02OGM1NDYxNDIxMDUiLCJpc3
MiOiJodHRwOi8vZW5hYmxlaW90LmNvbSIsInN1YiI6ImthbnNhcy10ZW1wZXJhdHVyZ
S1odW1pZGl0eS0wMSIsImV4cCI6IjIwMjYtMDQtMDZUMTk6MDA6MTkuNzA0WiJ9.PH5y
Qas2FiQvUSR9V2pa3n3kIYZvmSe_xXY7QkFjlXUVUcyy9Sk_eVF4AL6qpZlBC9vjtd0L-
VMZiULC9YXxAVl9s5Cl8ZqpQs36E1ssv_1H9CBFXKiiPArplzaWXVzvIRBVVzwfQrGr
MoD_l4DcHlH2zgn5UGxhZ3RMPUvqgeneG3P-hSbPScPQL1pW85VT2IHT3seWyW1c637I_
MDpHbJJCbkytPVpJpwKBxrCiKlGhvsh5pl4eLUXYUPlQAzB9QzC_ohujG23b-ApfHZug
YD7zJa-05u0lkt93EEnuCk39o5SmPmIiuBup-k_mLn_VMde5fUvbxDt_SMI0XY3_Q",
    "account_id": "22612154-0f71-4f64-a68e-e116771115d5",
    "sensor_list": [
        {
            "name": "temperaturec",
            "type": "temperature.v1.0",
            "cid": "c37cb57d-002c-4a66-866e-ce66bc3b2340",
            "d_id": "kansas-temperature-humidity-01"
        },
        {
            "name": "temperaturef",
            "type": "temperaturef.v1.0",
            "cid": "0f3b3aae-ce40-4fb4-a939-e7c705915f0c",
            "d_id": "kansas-temperature-humidity-01"
        },
        {
```

```
            "name": "humidity",
            "type": "humidity.v1.0",
            "cid": "71aba984-c485-4ced-bf19-c0f32649bcee",
            "d_id": "kansas-temperature-humidity-01"
        }
    ]
}
```

在上面的输出结果中，有几行还显示了我们已注册的每个组件的组件 ID。因此，在这一个地方就可以检索到所有在代码中需要用到的配置值。在本示例中，设备令牌如下所示，即 device_token 键的字符串值。当然，你检索到的值将有所不同。


```
"eyJ0eXAiOiJKV1QiLCJhbGciOiJSUzI1NiJ9.eyJqdGkiOiJjOTNmMTJhMy05MWZlLT
Q3MWYtODM4OS02OGM1NDYxNDIxMDUiLCJpc3MiOiJodHRwOi8vZW5hYmxlaW90LmNvb
SIsInN1YiI6ImthbnNhcy10ZW1wZXJhdHVyZS1odW1pZGl0eS0wMSIsImV4cCI6IjIw
MjYtMDQtMDZUMTk6MDA6MTkuNzA0WiJ9.PH5yQas2FiQvUSR9V2pa3n3kIYZvmSe_xXY
7QkFjlXUVUcyy9Sk_eVF4AL6qpZlBC9vjtd0L-VMZiULC9YXxAVl9s5Cl8ZqpQs36
E1ssv_1H9CBFXKiiPArplzaWXVzvIRBVVzwfQrGrMoD_l4DcHlH2zgn5UGxhZ3RMP
UvqgeneG3P-hSbPScPQL1pW85VT2IHT3seWyW1c637I_MDpHbJJCbkytPVpJpwKBxr
CiKlGhvsh5pl4eLUXYUPlQAzB9QzC_ohujG23b-ApfHZugYD7zJa-05u0lkt93EEnu
Ck39o5SmPmIiuBup-k_mLn_VMde5fUvbxDt_SMI0XY3_Q"
```


10.5　使用 Intel IoT Analytics 收集传感器数据

接下来，我们将采用在第 8 章“显示信息和执行操作”中编写的代码，从传感器读取温度和湿度值，将这些值输出到 OLED 点阵屏中，并旋转伺服电机的轴以显示以华氏度（°F）表示的测得温度。

该示例的代码文件是 iot_python_chapter_08_03.py。我们将使用此代码作为基础来添加新功能，这些新功能将使我们能够为注册到激活设备的 3 个组件创建观察结果。

10.5.1　安装 requests 软件包

在第 2 章“结合使用 Intel Galileo Gen 2 和 Python”中介绍了使用 pip 软件包管理系统在主板上运行的 Yocto Linux 中安装其他 Python 2.7.3 软件包。现在，我们将使用 pip 软件包管理系统来确保安装 requests 包。该软件包是一个非常流行的 Python HTTP 库，它使我们能够使用极其易于理解的语法轻松构建和发送 HTTP 请求。

如果你已制作过第 9 章中的示例，则已经安装过此软件包。但是，如果你是跳到本章的，则可能需要安装它。在 SSH 终端中运行以下命令即可安装该软件包。请注意，它可能需要一点时间才能完成安装。

```
pip install requests
```

如果看到以下输出，则意味着 requests 包已经安装，可以继续下一步。

```
Requirement already satisfied (use --upgrade to upgrade): requests in
/usr/lib/python2.7/site-packages
```

10.5.2 创建 IntelIotAnalytics 类

我们将创建一个 IntelIotAnalytics 类来表示与 Intel IoT Analytics 的接口，以便能够轻松发布 3 个组件的观察结果。但是，在编写该类的代码之前，我们必须确保可以替换许多类属性的内容，这些属性定义了与账户、组件和设备相关的重要值。必须使用适当的值替换以下类属性指定的字符串。

- account_name：这是 My Account（我的账户）页面中 Account Name（账户名称）字段的值。在本示例中，使用 Temperature and humidity 作为账户名。
- account_id：这是 My Account（我的账户）页面中 Account ID（账户 ID）字段的值。在本示例中，使用 22612154-0f71-4f64-a68e-e116771115d5 作为账户 ID。如前文所述，也可以通过读取 device.json 文件中为 account_id 键指定的字符串值来检索账户 ID 值。
- device_id：当在 My Devices（我的设备）页面上显示的列表中单击设备名称时，站点在 Add/Edit a Device（添加/编辑设备）页面中显示 ID 字段的值。在本示例中，使用 kansas-temperature-humidity-01 作为设备 ID。还可以通过在 SSH 终端上运行以下命令来检索 device_id：

  ```
  iotkit-admin device-id
  ```

  也可以读取 device.json 文件中为 device_id 键指定的字符串值。
- device_token：激活设备时生成的设备令牌的值。如前文所述，可以通过读取在 device.json 文件中为 device_token 键指定的字符串值来检索设备令牌。
- component_id_temperature_fahrenheit：注册 temperaturef 组件时生成的组件 ID 的值。组件 ID 在 Component Definition（组件定义）对话框的组件类型下方显示。在本示例中，使用 0f3b3aae-ce40-4fb4-a939-e7c705915f0c 作为该值。还可以通过读取在 device.json 文件中声明 "name": "temperaturef" 键值对的同一块中为 cid 键指定的字符串值来检索组件 ID 值。

- ☐ component_id_temperature_celsius：注册 temperaturec 组件时生成的组件 ID 的值。在本示例中，使用 c37cb57d-002c-4a66-866e-ce66bc3b2340 作为该值。
- ☐ component_id_humidity_level_percentage：注册 humidity 组件时生成的组件 ID 的值。在本示例中，使用 71aba984-c485-4ced-bf19-c0f32649bcee 作为该值。

该示例的代码文件是 iot_python_chapter_10_01.py。

请记住，我们使用了代码文件 iot_python_chapter_08_03.py 作为基础，因此，可以将 IntelIotAnalytics 类添加到该文件的现有代码中，并创建一个新的 Python 文件。

IntelIotAnalytics 类的代码如下所示。该类将使我们能够通过 REST API 发布有关 temperaturef、temperaturec 和 humidity 组件的观察值。

```
import time
import json
import requests

class IntelIotAnalytics:
    base_url = "https://dashboard.us.enableiot.com/v1/api"
    # 可以从 My Account（我的账户）页面检索以下信息
    account_name = "Temperature and humidity"
    account_id = "22612154-0f71-4f64-a68e-e116771115d5"
    # 可以使用以下命令检索设备令牌
    # cat /usr/lib/node_modules/iotkit-agent/data/device.json
    device_token = "eyJ0eXAiOiJKV1QiLCJhbGciOiJSUzI1NiJ9.eyJqdGkiOi
JjOTNmMTJhMy05MWZlLTQ3MWYtODM4OS02OGM1NDYxNDIxMDUiLCJpc3MiOiJodHRwO
i8vZW5hYmxlaW90LmNvbSIsInN1YiI6ImthbnNhcy10ZW1wZXJhdHVyZS1odW1pZGl0e
S0wMSIsImV4cCI6IjIwMjYtMDQtMDZUMTk6MDA6MTkuNzA0WiJ9.PH5yQas2FiQvUSR
9V2pa3n3kIYZvmSe_xXY7QkFjlXUVUcyy9Sk_eVF4AL6qpZlBC9vjtd0L-VMZiULC9Y
XxAVl9s5Cl8ZqpQs36E1ssv_1H9CBFXKiiPArplzaWXVzvIRBVVzwfQrGrMoD_l4DcHl
H2zgn5UGxhZ3RMPUvqgeneG3P-hSbPScPQL1pW85VT2IHT3seWyW1c637I_MDpHbJJC
bkytPVpJpwKBxrCiKlGhvsh5pl4eLUXYUPlQAzB9QzC_ohujG23b-ApfHZugYD7zJa-05
u0lkt93EEnuCk39o5SmPmIiuBup-k_mLn_VMde5fUvbxDt_SMI0XY3_Q"
    device_id = "kansas-temperature-humidity-01"
    component_id_temperature_fahrenheit = "0f3b3aae-ce40-4fb4-a939-
e7c705915f0c"
    component_id_temperature_celsius = "c37cb57d-002c-4a66-866e-
ce66bc3b2340"
    component_id_humidity_level_percentage = "71aba984-c485-4ced-bf19-
c0f32649bcee"

    def publish_observation(self,
                            temperature_fahrenheit,
```

```
                           temperature_celsius,
                           humidity_level):
        url = "{0}/data/{1}".\
            format(self.__class__.base_url, self.__class__.device_id)
        now = int(time.time()) * 1000
        body = {
            "on": now,
            "accountId": self.__class__.account_id,
            "data": []
        }
        temperature_celsius_data = {
            "componentId": self.__class__.component_id_temperature_
celsius,
            "on": now,
            "value": str(temperature_celsius)
        }
        temperature_fahrenheit_data = {
            "componentId": self.__class__.component_id_temperature_
fahrenheit,
            "on": now,
            "value": str(temperature_fahrenheit)
        }
        humidity_level_percentage_data = {
            "componentId": self.__class__.component_id_humidity_level_
percentage,
            "on": now,
            "value": str(humidity_level)
        }
        body["data"].append(temperature_celsius_data)
        body["data"].append(temperature_fahrenheit_data)
        body["data"].append(humidity_level_percentage_data)
        data = json.dumps(body)
        headers = {
            'Authorization': 'Bearer ' + self.__class__.device_token,
            'content-type': 'application/json'
        }
        response = requests.post(url, data=data, headers=headers,
proxies={}, verify=True)
        if response.status_code != 201:
            print "The request failed. Status code: {0}. Response
text: {1}.".\
                format(response.status_code, response.text)
```

可以看到，IntelIotAnalytics 类声明了许多我们之前解释过的类属性，你需要用自己的字符串值替换这些属性：

- account_name
- account_id
- device_token
- device_id
- component_id_temperature_fahrenheit
- component_id_temperature_celsius
- component_id_humidity_level_percentage

base_url 类属性定义了访问 REST API 的基本 URL：

https://dashboard.us.enableiot.com/v1/api

可以结合使用此值和 data 路径以及 device_id 类属性来构建 URL，我们将向其发送 HTTP 请求以发布观察结果。

该类声明了一个 publish_observation 方法，该方法将分别在 temperature_fahrenheit、temperature_celsius、humidity_level 参数中接收以华氏度表示的温度、以摄氏度表示的温度以及湿度百分比值。

该方法构建了一个 URL，我们将向其发送 HTTP 请求，以创建对设备和 3 个组件的观察。该 URL 由 base_url 类属性、/data/ 和 device_id 类属性组成。

与许多 REST API 一样，base_url 类属性指定 API 的版本号。这样，我们可以确保始终使用特定版本，并且我们的请求与此版本兼容。该代码将构建 URL 的值保存在 url 局部变量中。

然后，该代码调用了 time.time()方法，获取主板的当前时间（该方法返回的是自格林威治时间 1970 年 01 月 01 日 00 时 00 分 00 秒起，到现在经过的浮点秒数），将 time.time()方法返回值乘以 1000，得到的是毫秒值，然后再保存到 now 局部变量中。

该代码创建一个 body 字典，使用以下键值对表示请求的主体。

- on：存储在局部变量 now 中的值，即主板的当前时间。这也是观察的时间。
- accountId：存储在 accountId 类属性中的值，即我们将向其发布观察结果的 Intel IoT Analytics 账户。
- data：一个空数组，稍后将使用每个组件的一个观察值进行填充。

然后，代码使用以下键值对创建 3 个字典，这些键值对表示特定组件的观察值。

- componentId：存储在类属性中的值，该值指定我们要向其发布观察结果的组件 ID。

- on：存储在 now 局部变量中的值，即主板的当前时间。也是进行观察的时间。我们对所有观察值都使用相同的变量，因此，它们是在同一时间注册的。
- value：方法中作为参数接收的值的字符串表示。

然后，代码调用 append 方法将 3 个字典添加到 body 字典中的 data 键中。这样，data 键将具有一个包含 3 个字典作为其值的数组。

该代码调用 json.dumps 函数以将 body 字典序列化为 JSON 格式的字符串，并将其保存在 data 局部变量中。

然后创建了一个 headers 字典来表示 HTTP 请求的标头，它包含以下键/值对。

- Authorization：授权字符串，由 Bearer 和保存在 device_token 类属性中的设备令牌组成。
- content-type：将内容类型声明为 JSON: 'application/json'。

至此，代码已为 HTTP 请求构建了标头和主体，该请求可以将观察结果发布到 Intel IoT Analytics。

下一行调用 requests.post 函数将 HTTP POST 请求发送到 url 局部变量指定的 URL，其中，data 字典作为 JSON 主体数据，headers 字典作为标头。

requests.post 方法将返回保存在 response 局部变量中的响应，并且代码将评估响应的代码属性是否不等于 201。如果该代码不等于 201，则表示观察未成功发布，也就是说，出了点问题。在这种情况下，代码将输出 status_code 和 text 属性的值，以响应控制台输出，从而使我们能够了解出了什么问题。如果为账户、设备或组件使用了错误的设备令牌或错误的 ID 等，都将收到错误消息。

10.5.3　修改__main__方法

现在，我们将使用 IntelIoTAnalytics 类来创建__main__方法的新版本，该方法每隔 5 s 将观测结果发布到 Intel IoT Analytics。

__main__方法的新版本代码如下所示。

该示例的代码文件是 iot_python_chapter_10_01.py。

```
if __name__ == "__main__":
    temperature_and_humidity_sensor = \
        TemperatureAndHumiditySensor(0)
    oled = TemperatureAndHumidityOled(0)
    intel_iot_analytics = IntelIotAnalytics()
    while True:
        temperature_and_humidity_sensor.\
```

```
            measure_temperature_and_humidity()
        oled.print_temperature(
            temperature_and_humidity_sensor.temperature_fahrenheit,
            temperature_and_humidity_sensor.temperature_celsius)
        oled.print_humidity(
            temperature_and_humidity_sensor.humidity)
        print("Ambient temperature in degrees Celsius: {0}".
              format(temperature_and_humidity_sensor.temperature_
celsius))
        print("Ambient temperature in degrees Fahrenheit: {0}".
              format(temperature_and_humidity_sensor.temperature_
fahrenheit))
        print("Ambient humidity: {0}".
              format(temperature_and_humidity_sensor.humidity))
        intel_iot_analytics.publish_observation(
            temperature_and_humidity_sensor.temperature_fahrenheit,
            temperature_and_humidity_sensor.temperature_celsius,
            temperature_and_humidity_sensor.humidity
        )
        # 睡眠 5 s（5000 ms）
        time.sleep(5)
```

在上面的代码中，以加粗方式显示的行创建了 IntelIoTAnalytics 类的一个实例，并将其引用保存在 intel_iot_analytics 局部变量中。

然后，在循环中加粗显示的代码则调用了 publish_observation 方法，并且使用了从温度和湿度传感器检索到的温度和湿度值作为参数。

最后，循环设置为每 5 s 运行一次。

10.5.4　运行并查看结果

以下命令行将启动本示例：

```
python iot_python_chapter_10_01.py
```

运行示例之后，打开空调或供暖系统，以改变环境温度和湿度。这样，我们将注意到每 5 s 发布的数据发生变化。在探究 Intel IoT Analytics 中包含的不同功能时，请保持代码运行。

现在转到正在使用 Intel IoT Analytics 仪表板的 Web 浏览器，单击菜单图标并选择 Dashboard（仪表板）。

该站点将显示 My Dashboard（我的仪表板）页面，该页面指示你拥有一个活动设备，并且它将在接收到来自仪表板的观察结果时更新最近一小时发布的观察结果数量。图 10-8 显示了带有活动设备的仪表板和包含最近一小时发布的 945 个观察值的计数器。

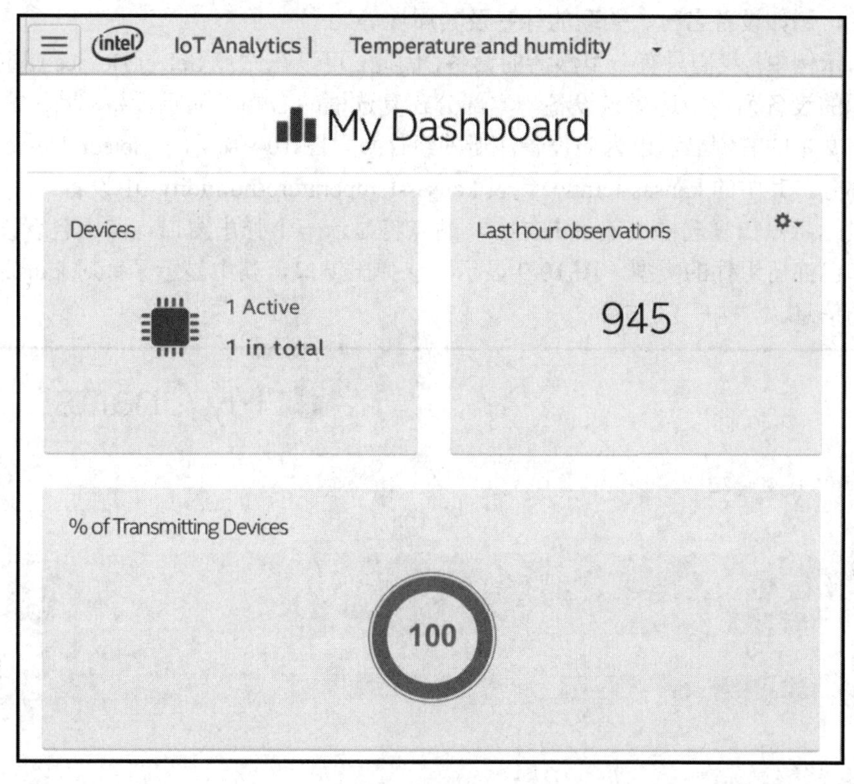

图 10-8

保持浏览器在仪表盘视图下的打开状态，随着代码继续在主板上运行，你会注意到最近一小时的观察值在增加。可以单击显示观察值数量的面板右上角的配置图标（显示为齿轮），其选项菜单将允许配置要在此面板中看到的观察期。例如，可以从 Last hour（最近一小时）更改为 Last Week（最近一周），以显示设备在最近一周的观察次数。

10.6　使用 Intel IoT Analytics 分析传感器数据

Intel IoT Analytics 允许使用包含特定设备观察结果的每个组件生成的数据来生成图表。首先，必须选择设备，然后必须选择一个或多个组件以生成包含历史时间序列的图表或使用主板上运行的代码生成的时间序列，即该组件的实时数据。

转到正在使用 Intel IoT Analytics 仪表板的 Web 浏览器，单击菜单图标并选择 Charts（图表）。该站点将显示 My Charts（我的图表）页面，该页面允许使用多个搜索条件来搜索设备，例如设备名称、关联的标签及其属性等。

在本示例中，我们只有一个激活的设备，因此，可以在站点 Select Device（选择设备）部分显示的设备列表中选择该设备。本部分在复选框的右侧将显示设备名称的前几个字符，并在文本的右侧显示已为此设备注册的组件数。图 10-9 显示了 Select Device（选择设备）部分，其中的 kansas-temp…代表 kansas-temperature-humidity-01 设备。

将鼠标悬停在复选框上或单击文本，站点将显示一个弹出窗口，其中包含设备的完整名称和已注册组件的类型。图 10-9 显示了该弹出窗口，其中显示了针对 kansas-temp...复选框的信息。

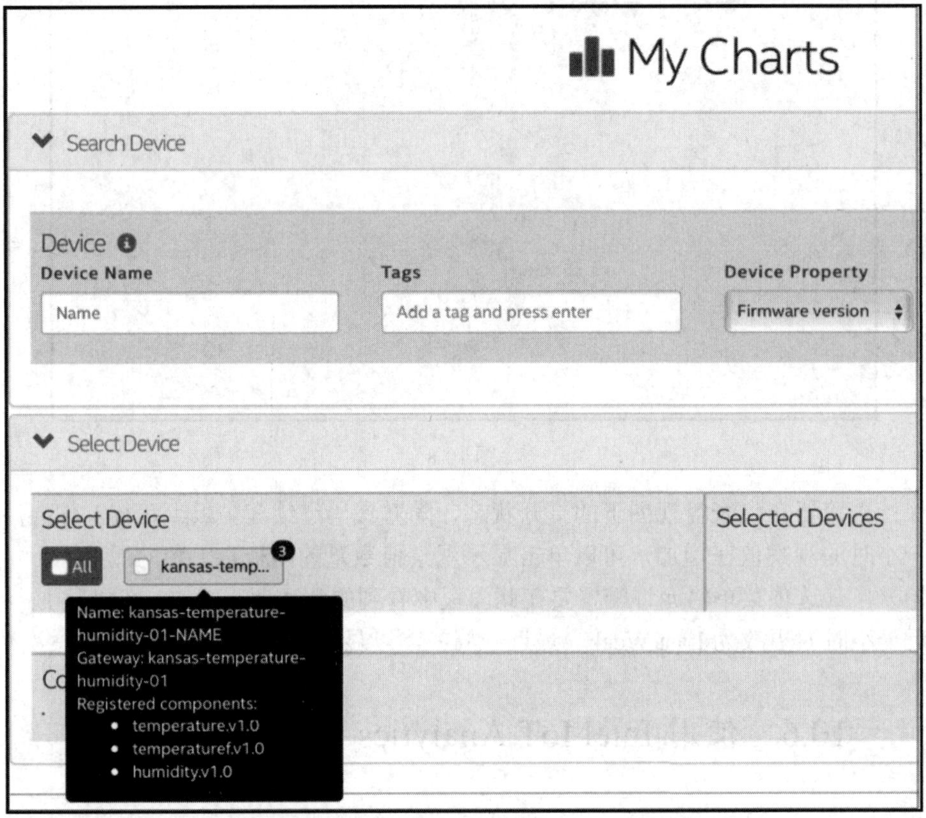

图 10-9

选中 kansas-temp...复选框，站点将显示所选设备的 3 个已注册组件。在这种情况下，站点显示的是组件名称（temperaturec、temperaturef 和 humidity），而在前面介绍过的弹出窗口中，站点显示的是组件类型（temperature.v1.0、temperaturef.v1.0 和 humidity.v1.0）。

选中 temperaturef 复选框，站点将显示一个图表，其中包含过去一个小时内以华氏度为单位的环境温度。默认情况下，图表使用一条线并生成一个图形，该图形包含在过去一小时内注册的时间序列值。默认情况下，该图的刷新率设置为 30 s，因此，该图表将每 30 s 更新一次，并显示此期间主板通过 REST API 发布的所有新观察结果，如图 10-10 所示。

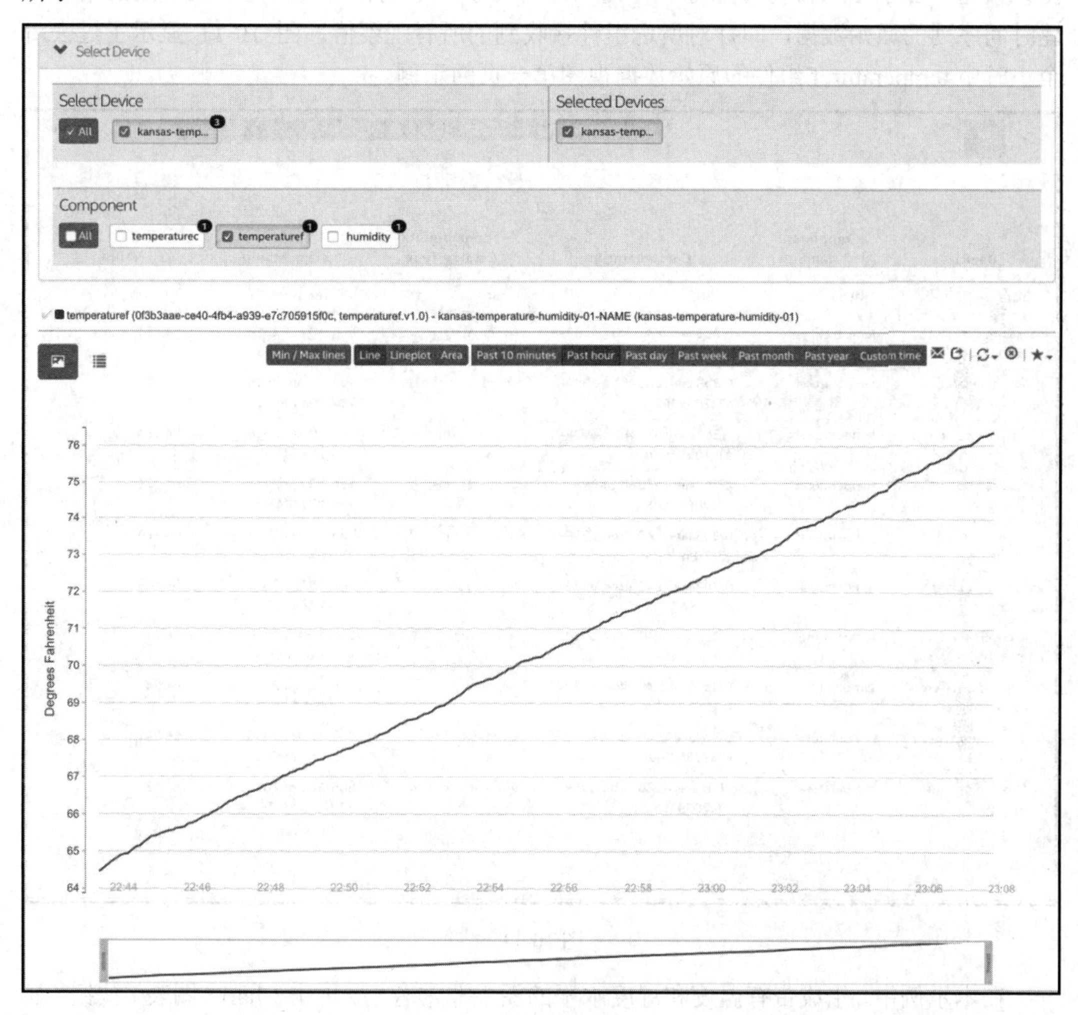

图 10-10

可以使用图表顶部的不同按钮来更改图表类型并选择要查看的时间范围。还可以将刷新率更改为低至 5 s 或高至 60 s。如果将该图形保存到收藏夹中（注意，不是保存到浏览器的收藏夹，而是 Intel IoT Analytics 站点的收藏夹，其操作按钮在图表顶部最右侧，显示为一个五角星形），则站点将在 My Dashboard（我的仪表板）中将其显示为仪表板的一部分。

单击 Chart（图表）按钮（显示为包含太阳和山脉的图标）右侧的 Raw Data（原始数据）按钮（显示为项目符号图标），该站点将显示一个列表，其中包含已发送的用于构建时间序列的原始数据，即针对所选组件接收到的所有观察值。图 10-11 显示了过去 1 个小时中 temperaturef 组件的原始数据视图第一页的示例。

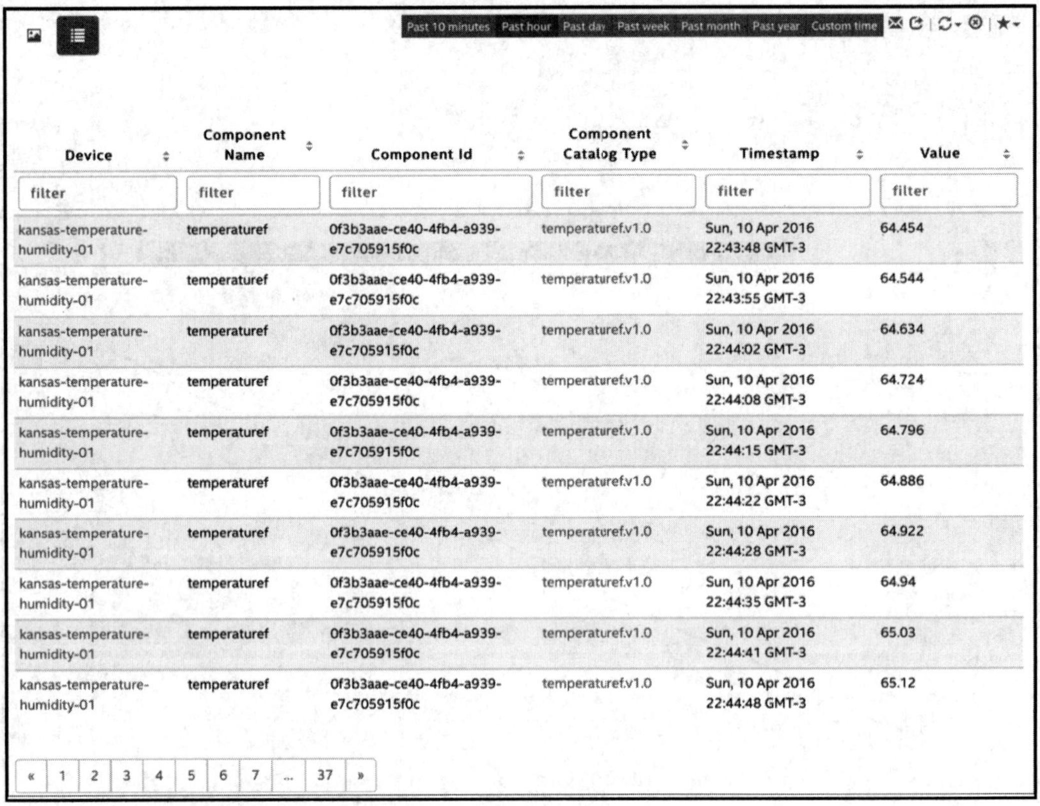

Past 10 minutes　Past hour　Past day　Past week　Past month　Past year　Custom time

Device	Component Name	Component Id	Component Catalog Type	Timestamp	Value
filter	filter	filter	filter	filter	filter
kansas-temperature-humidity-01	temperaturef	0f3b3aae-ce40-4fb4-a939-e7c705915f0c	temperaturef.v1.0	Sun, 10 Apr 2016 22:43:48 GMT-3	64.454
kansas-temperature-humidity-01	temperaturef	0f3b3aae-ce40-4fb4-a939-e7c705915f0c	temperaturef.v1.0	Sun, 10 Apr 2016 22:43:55 GMT-3	64.544
kansas-temperature-humidity-01	temperaturef	0f3b3aae-ce40-4fb4-a939-e7c705915f0c	temperaturef.v1.0	Sun, 10 Apr 2016 22:44:02 GMT-3	64.634
kansas-temperature-humidity-01	temperaturef	0f3b3aae-ce40-4fb4-a939-e7c705915f0c	temperaturef.v1.0	Sun, 10 Apr 2016 22:44:08 GMT-3	64.724
kansas-temperature-humidity-01	temperaturef	0f3b3aae-ce40-4fb4-a939-e7c705915f0c	temperaturef.v1.0	Sun, 10 Apr 2016 22:44:15 GMT-3	64.796
kansas-temperature-humidity-01	temperaturef	0f3b3aae-ce40-4fb4-a939-e7c705915f0c	temperaturef.v1.0	Sun, 10 Apr 2016 22:44:22 GMT-3	64.886
kansas-temperature-humidity-01	temperaturef	0f3b3aae-ce40-4fb4-a939-e7c705915f0c	temperaturef.v1.0	Sun, 10 Apr 2016 22:44:28 GMT-3	64.922
kansas-temperature-humidity-01	temperaturef	0f3b3aae-ce40-4fb4-a939-e7c705915f0c	temperaturef.v1.0	Sun, 10 Apr 2016 22:44:35 GMT-3	64.94
kansas-temperature-humidity-01	temperaturef	0f3b3aae-ce40-4fb4-a939-e7c705915f0c	temperaturef.v1.0	Sun, 10 Apr 2016 22:44:41 GMT-3	65.03
kansas-temperature-humidity-01	temperaturef	0f3b3aae-ce40-4fb4-a939-e7c705915f0c	temperaturef.v1.0	Sun, 10 Apr 2016 22:44:48 GMT-3	65.12

« 1 2 3 4 5 6 7 ... 37 »

图 10-11

在本示例中，生成带有温度和湿度水平的图表非常有用。单击 Chart（图表）按钮（显示为包含太阳和山脉的图标）返回到 Chart（图表）视图，然后选中 humidity（湿度）复选框。这样，该站点将生成一个图表，其中包含以华氏度表示的温度和以百分比表示的湿度水平。图 10-12 显示了同时选中 temperaturef 和 humidity 复选框时生成的图表。

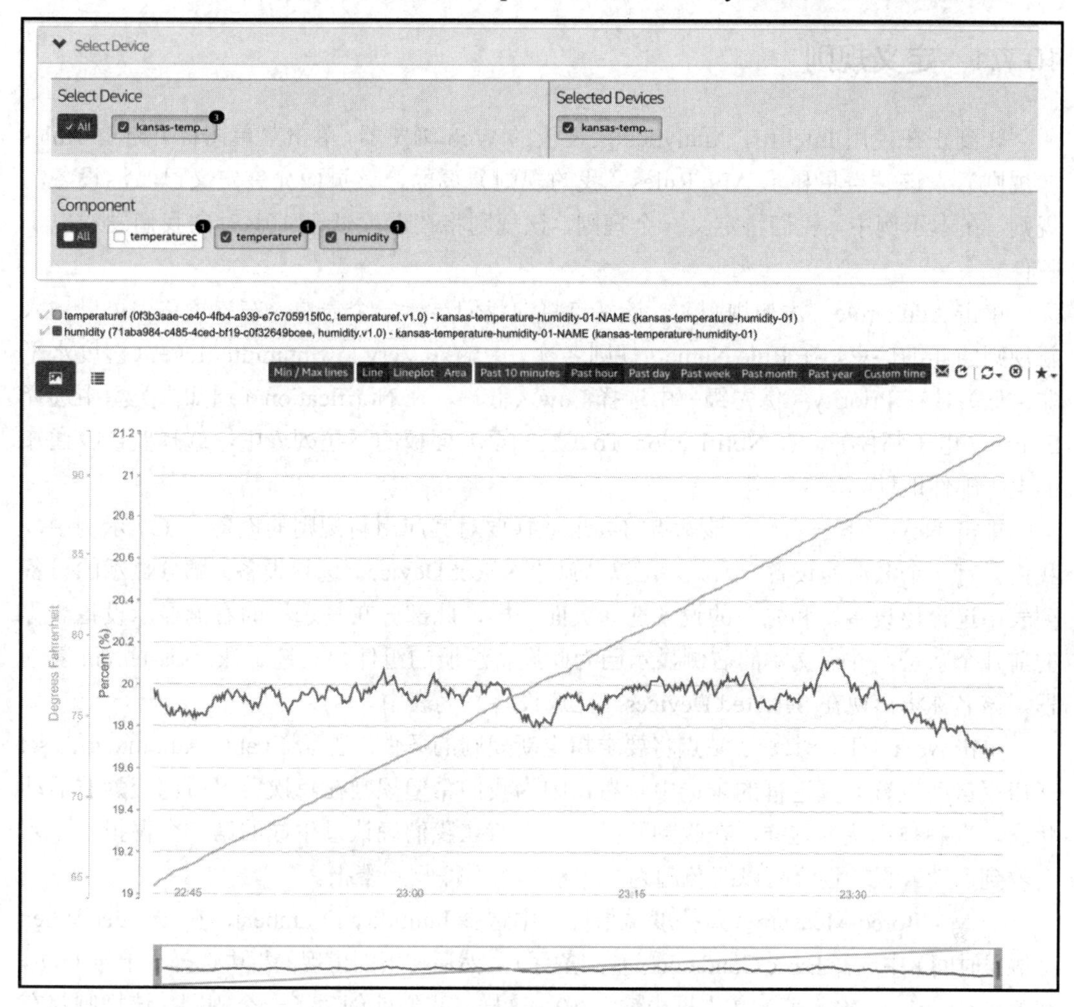

图 10-12

10.7 使用 Intel IoT Analytics 中的规则触发警报

Intel IoT Analytics 允许定义可以触发以下任何通知类型的规则：

- ❑ E-mail（电子邮件）。

- ❑ HTTP Endpoint（HTTP 端点）。
- ❑ Actuation（执行）。

10.7.1 定义规则

转到正在使用 Intel IoT Analytics 仪表板的 Web 浏览器，单击菜单图标并选择 Rules（规则）。该站点将显示 My Rules（我的规则）页面，该页面允许定义已激活设备的规则。在本示例中，我们将定义一个规则，该规则将在湿度低于 10%时向我们发送电子邮件。

单击 Add a rule（添加规则），该站点将向我们显示一个表单，在该表单中可以输入新规则的详细信息。在 Rule Name（规则名称）中输入 Very low humidity level（湿度水平非常低），在 Priority（优先级）中选择 Low（低），在 Notification（通知）类型中选择 E-mail（电子邮件）。在 Notification To（通知至）面板的下拉列表中，选择要接收通知的电子邮件地址。

单击 Next（下一步），该站点将要求选择要对其应用新规则的设备。在本示例中，我们只有一个激活的设备，因此，可以从站点 Select Device（选择设备）部分显示的设备列表中选择该设备。和先前的设备选择页面一样，此部分在复选框的右侧显示设备名称的前几个字符，并在文本的右侧显示已为此设备注册的组件数。选中 kansas-temp...复选框，该名称将出现在 Selected Devices（已选设备）列表中。

单击 Next（下一步），站点将要求指定新规则的条件。保留 Enable Automatic Reset（启用自动重置）复选框的未选中状态，因为我们希望规则在每次警报后都变为非活动状态，直到被确认。这样，在收到警报后，只有在我们确认过生成的第一个警报时，才会收到后续警报，这样可以避免因为同一事件而不停收到警报。

在 Monitored Measure（监控度量指标）中选择 humidity (Number)，在 Trigger When（触发时间）中选择 Basic Condition（基础条件），然后在下面出现的框中选择小于号（<），在 Enter a value（输入值）文本框中输入 10。这样，我们就创建了一个规则，该规则将在湿度观察值小于 10（humidity < 10）时被触发。图 10-13 显示了定义的条件。

单击 Done（完成）按钮，该规则将被添加到 My Rules（我的规则）列表中。

10.7.2 查看规则触发的警报

图 10-14 显示了定义之后此列表中包含的规则定义。

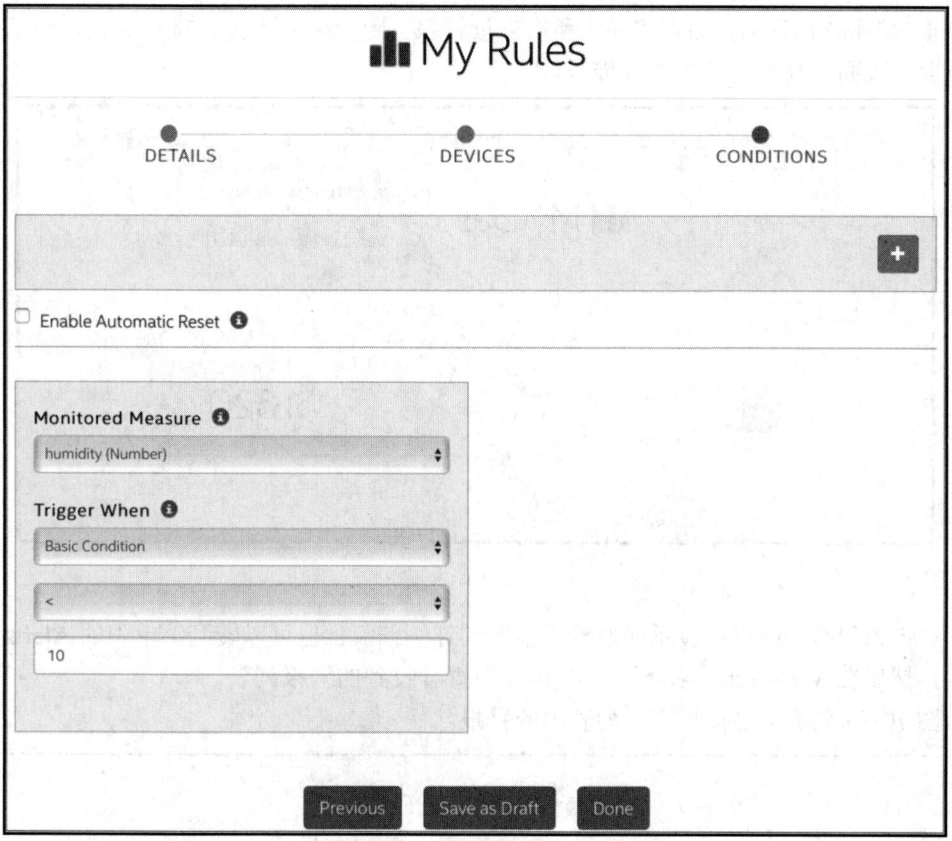

图 10-13

图 10-14

当湿度低于 10%时，将触发警报，并且警报图标（显示为一个撞钟图形）中将显示数字 1。单击该图标后，站点将显示所有未读警报。图 10-15 显示了 My Dashboard（我的仪表板）页面，其中有一个未读警报。

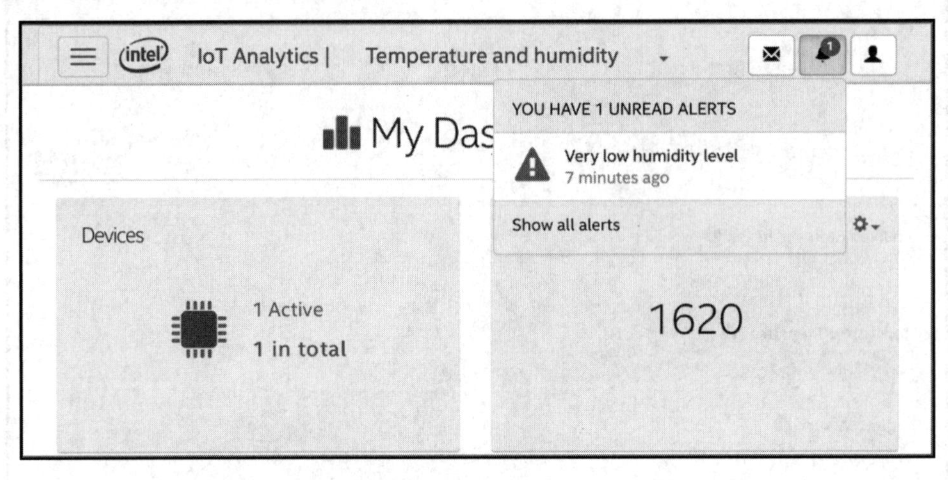

图 10-15

单击该警报，站点将显示触发警报情况的详细信息。也可以转到菜单中的 Alerts（警报），然后在 My Alerts（我的警报）页面中查看收到的警报列表。

图 10-16 显示了已接收警报列表中的警报。

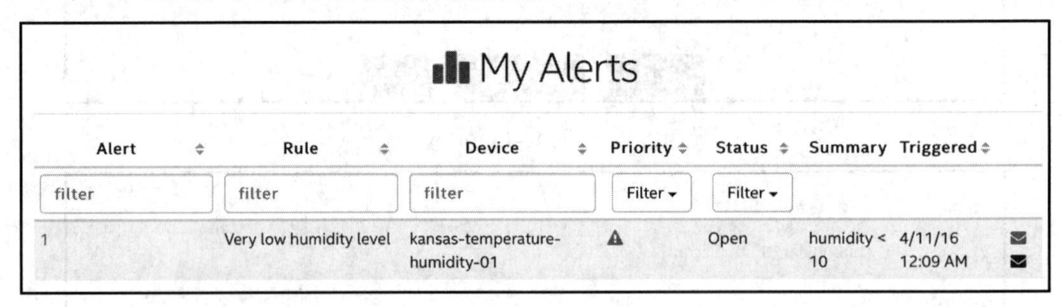

图 10-16

如果单击 Alert（警报）编号，站点将显示警报的详细信息，包括触发警报规则中定义的条件和测量值。在本示例中，警报的原因是湿度测量值为 7.99。也可以在警报中添加注释，图 10-17 显示了警报的详细信息。

此外，我们还会收到一封包含以下文本的电子邮件：

```
Alert Monitor has received an alert. Alert data:

- Alert Id: 1
```

```
- Device: kansas-temperature-humidity-01
- Reason: humidity < 10
- Priority: Low

Alert Data
Component Name  Values
humidity    7.99;


You can go here to check it on Dashboard
Regards
```

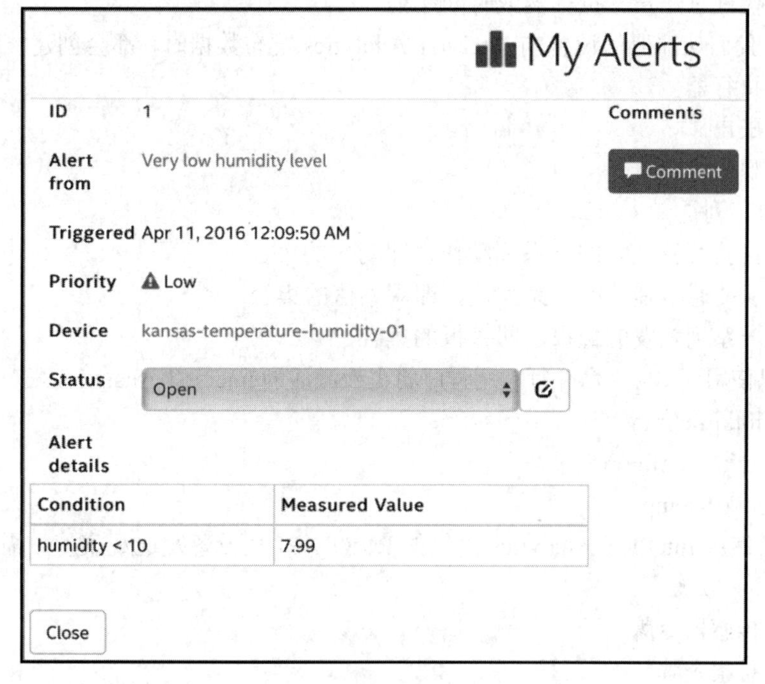

图 10-17

在本示例中，我们仅在规则中定义了一个非常简单的条件。其实，你也可以定义一个更复杂的条件，其中可以包括以下任何条件：

- 基于时间的条件。
- 基于统计的条件。
- 发现单传感器变化。
- 发现多传感器变化。

可以使用不同的选项来触发包含多个传感器和大量数据的大量设备的警报。Intel IoT Analytics 最有吸引力的功能之一就是，可以轻松地通过图表、规则和警报处理大量数据。

10.8 牛刀小试

1．Intel IoT Analytics 中每个设备的组件可以是（　　）。

A．执行器或时间序列

B．账户、执行器或时间序列

C．代理、账户、执行器或时间序列

2．每次我们从注册的设备向 Intel IoT Analytics 发布数据时，都会创建一个（　　）。

A．执行器

B．账户

C．观察

3．时间序列是（　　）。

A．由执行器执行的一系列动作，即动作的集合

B．从传感器捕获的一系列值，即观察值的集合

C．一系列触发的警报，即警报的集合

4．可以使用（　　）命令行实用程序将主板激活为 Intel IoT Analytics 账户中的设备。

A．iotkit-admin

B．iotkit-configure

C．iotkit-setup

5．为了使用 Intel IoT Analytics 提供的 REST API 从设备发送观察值，需要以下哪一种令牌？（　　）

A．传感器令牌

B．观察令牌

C．设备令牌

10.9 小　　结

本章阐述了物联网与大数据之间的紧密关系。我们使用了基于云的服务，该服务使开发人员能够组织多个设备及其传感器收集的大量数据。我们利用了 requests 包来编写

Python 代码，这些代码可以与 Intel IoT Analytics REST API 进行交互。

本章演示了使用 Intel IoT Analytics 网站来设置设备及其组件。然后，对其中的一个示例进行了更改，以从传感器收集数据并将观察结果发布到 Intel IoT Analytics。我们还介绍了 Intel IoT Analytics 提供的用于分析大量数据的不同选项。最后，我们定义了触发警报的规则。

现在，相信你已经能够利用 Intel IoT Analytics 功能分析海量数据，并且部署更多的物联网设备，以从多个传感器收集数据。

通过全书的学习，开发人员应该能够使用 Python 和 Intel Galileo Gen 2 主板来创建低成本设备，这些设备可以收集海量数据，彼此交互并利用云服务和基于云的存储。

开发人员还应该能够利用现有的 Python 知识来捕获现实世界中的数据，与物理对象进行交互，开发 API 并使用不同的物联网协议，掌握使用特定的库来处理低级硬件、传感器、执行器、总线和显示器。总之，我们已经有资格成为创客，着手构建以数千种物联网设备组成的生态系统，为组建令人兴奋的物联网世界贡献自己的智慧。

各章牛刀小试答案

第 1 章　了解和设置基础物联网硬件

题　号	答　案
1	B
2	A
3	B
4	C
5	A

第 2 章　结合使用 Intel Galileo Gen 2 和 Python

题　号	答　案
1	B
2	A
3	B
4	C
5	A

第 3 章　使用 Python 实现交互式数字输出

题　号	答　案
1	C
2	A
3	A
4	B
5	B

第 4 章　使用 RESTful API 和脉宽调制

题　号	答　案
1	C
2	C
3	B
4	A
5	B

第 5 章　使用数字输入

题　号	答　案
1	A
2	B
3	A
4	B
5	C

第 6 章　使用模拟输入和本地存储

题　号	答　案
1	C
2	A
3	B
4	A
5	C

第 7 章　使用传感器从现实世界中检索数据

题　号	答　案
1	B
2	A

续表

题　号	答　案
3	B
4	C
5	A

第8章　显示信息和执行操作

题　号	答　案
1	A
2	A
3	C
4	C
5	B

第9章　使　用　云

题　号	答　案
1	B
2	A
3	C
4	B
5	A

第10章　使用基于云的IoT Analytics服务分析海量数据

题　号	答　案
1	A
2	C
3	B
4	A
5	C